通信工程与自动化系列

数字电子技术基础

主　编　孙　越　计耀伟　肖　笛
副主编　和　珊　李美璇　史　锐
参　编　黄剑楠　刘　旭　张哲千

哈尔滨工程大学出版社
Harbin Engineering University Press

内 容 简 介

“数字电子技术基础”是电子信息类专业学生的必修课程之一，通过学习该教材，学生可以掌握数字电子技术的基本原理及应用技能，为后续的专业学习和实践打下坚实的基础。

本教材主要针对应用型本科高等院校学生，内容覆盖面广，注重基础，突出重点，共包括8章。其中，第1章数字逻辑基础、第3章组合逻辑电路、第5章时序逻辑电路为本教材重点讲解部分，阐述详细、深入浅出，配备典型例题，方便学生自学并建立数字电路逻辑与时序思维。其他章节为次要讲解部分，既简要复习了模拟电子技术相关内容，又能为后续单片机类课程的学习打下良好的基础。

图书在版编目(CIP)数据

数字电子技术基础 / 孙越，计耀伟，肖笛主编. —
哈尔滨：哈尔滨工程大学出版社，2024.3
ISBN 978-7-5661-4340-2

Ⅰ. ①数… Ⅱ. ①孙… ②计… ③肖… Ⅲ. ①数字电路-电子技术 Ⅳ. ①TN79

中国国家版本馆 CIP 数据核字(2024)第 064442 号

数字电子技术基础
SHUZI DIANZI JISHU JICHU

选题策划 石 岭
责任编辑 张 昕
封面设计 李海波

出版发行 哈尔滨工程大学出版社
社　　址 哈尔滨市南岗区南通大街 145 号
邮政编码 150001
发行电话 0451-82519328
传　　真 0451-82519699
经　　销 新华书店
印　　刷 哈尔滨午阳印刷有限公司
开　　本 787 mm×1 092 mm 1/16
印　　张 13.75
字　　数 351 千字
版　　次 2024 年 3 月第 1 版
印　　次 2024 年 3 月第 1 次印刷
书　　号 ISBN 978-7-5661-4340-2
定　　价 48.00 元
http://www.hrbeupress.com
E-mail:heupress@hrbeu.edu.cn

前　　言

数字电子技术所依赖的逻辑代数早在200年之前就由英国科学家布尔创立了，但数字电子技术的诞生一般以1946年美国人发明计算机为标志。随着全球数字化时代的到来，电子计算机和集成电路得到了广泛的应用。数字设备和数码产品已经渗入人们生活的每一个角落。每一款数字设备的最底层都基于数字电路的理论和应用。数字电子技术的发展对科学技术、国民经济和国防等各个领域影响深远。因此“数字电子技术基础”课程是高等学校电子信息类、计算机类、仪器仪表类、机电类等专业的必修课之一。

“数字电子技术基础”是一门介绍数字逻辑理论、逻辑电路设计和数字电路应用入门知识的技术基础课程。这门课程的特点是将自然界的模拟信号逻辑扩展到数字逻辑领域，这种转变使得课程涉及的概念性、工程性和实践性均有所增强。对于初学者而言，往往会遇到概念理解困难和不知知识点用途的问题。为改变这种情况，本书在编写过程中对基本理论采用概念性的介绍与具体实例相结合的方式，使读者在学习基本概念的同时明确知识点的应用场景，双向作用，学以致用。

本书具有以下主要特点：

1. 注重基础阐述，结合实际应用。本书内容包括数字逻辑基础、逻辑门电路基础、逻辑电路分析和设计、模/数与数/模转换电路及可编程逻辑器件等几大部分。基础内容全面、阐释思路清晰、图文并茂，结合典型实例进行分析，实用性、实践性强，理论联系实际，侧重实用，使读者在实践中掌握数字电子技术的基本概念、基本方法和基本应用。

2. 为方便学生巩固所学理论，本书每章末尾都有针对性地设置了练习题，包括选择题、填空题、简答题，习题经典，能够帮助学生加深对知识内容的理解。

3. 结合信息类专业特点，同时为了更好地满足学生实验和实践需求，本书对中规模集成芯片进行了详细介绍，包括电路原理、电路符号及管脚介绍，便于学生自学及后续实际应用。

本书的主要内容如下：

第1章　数字逻辑基础，主要介绍信号由模拟到数字转变、数字信号的特点及不同数制之间的转换，为整个数字电子技术的学习建立基本的理论模型。

第2章　逻辑门电路，主要介绍逻辑门电路的基础知识，包括晶体管门电路、CMOS集成门电路及TTL集成门电路等，为数字电路的分析和设计提供基本的运算单元。

第3章　组合逻辑电路，主要介绍组合逻辑电路的工作原理及分析和设计方法，以及常用的组合逻辑电路，包括编码器、译码器、选择器、分配器、比较器、加法器等。本章注重组合逻辑电路的模块化和应用场景分析，为后续数字设备功能的分析、设计和实际应用提供基本模块。

第4章　触发器，主要介绍触发器的工作原理，包括锁存器及触发器的逻辑工能、电路结构和触发器之间的转换等，为时序逻辑电路的学习打下基础。

第5章　时序逻辑电路，主要介绍时序逻辑电路的工作原理及分析和设计方法，以及常用的时序逻辑电路,包括寄存器、计数器等。与第 3 章类似,本章内容注重时序逻辑电路的模块化和应用场景分析,为后续数字设备功能的分析、设计和实际应用提供基本模块。

第 6 章　脉冲产生与变换电路,主要是时序逻辑电路的一个典型应用。本章从电路原理到主要参数等方面介绍了几种触发器集成电路,方便学生更深入地理解触发器的工作原理和应用。

第 7 章　数/模与模/数转换电路,主要介绍数字信号和模拟信号之间相互转换的原理过程、电路结构和技术指标。

第 8 章　半导体存储器与可编程逻辑器件,主要介绍存储器和可编程逻辑器件的工作原理,并分别对两者的不同类型产品进行对比。

本书的出版得到了哈尔滨工程大学出版社的帮助与支持,在此深表感谢。同时感谢本书成书过程中教研室诸位教师的鼎力相助。在本书的编写过程中,我们参阅了大量的文献,在此对相关作者表示诚挚的感谢。

限于编者水平,疏漏与不妥之处在所难免,敬请广大同行和读者斧正指导。

编　者

2023 年 11 月 30 日

目　录

第 1 章　数字逻辑基础

1.1　数字量与数字电路

1.1.1　数字量

在实际生活中,除了时间及幅值都连续的模拟量外,还有一类在时间及幅值上都不连续的量,叫作数字量。例如:楼梯的台阶数、工厂产品的个数、班级人数、学生成绩、电路开关的状态等。

1.1.2　数字信号

我们将表示数字量的电信号称为数字信号。

如自动生产线上的产品统计量用电路显示为十进制数 5 时,电路内部实际为二进制数 101,这个 101 就称为数字信号,它是用电信号来表示的数字量。

这个数字量转换为数字信号的过程是怎样的呢? 假设自动生产线上已经生产了 5 个产品,电路统计时是一个一个进行累加的,图形表示如图 1-1 所示。

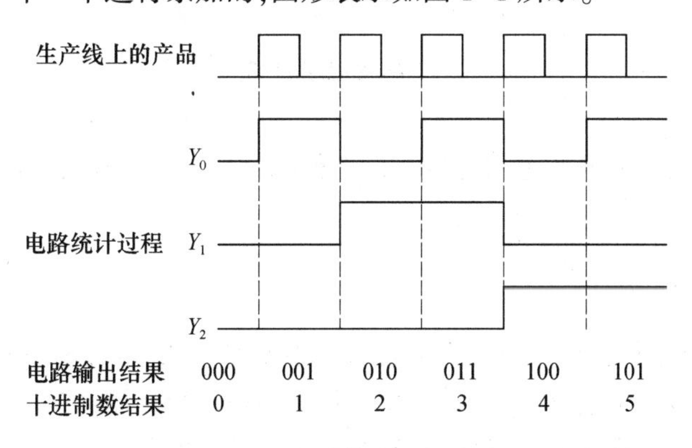

图 1-1　数字量转换为数字信号

从图 1-1 所示统计过程可以看出:电路用了三个器件,每个器件只记录 0 和 1,计满后向高位产生进位,这样可以记录及统计很多产品的数量。

1.1.3　逻辑电平

在实际电路中,数字"0"和"1"用电压的高低来表示。在图 1-2(a)所示的二极管电路中,当输入电压 u_I 为 0 V 时,二极管加正向电压而导通,相当于图 1-2(b)中开关 S 闭合,输出电压 u_O 为 0 V,我们称其为低电平,表示数字"0";当输入电压 u_I 为 V_{CC} 时,二极管电压为 0 V,二极管截止,相当于图 1-2(b)中开关 S 断开,输出电压 u_O 为 V_{CC} ,我们称其为高电平,表示数字“1”。这种用高电平表示数字“1”、用低电平表示数字“0”的方法称为正逻辑，也可以用相反的方法表示，称为负逻辑，如图 1-2(c)所示。一般默认用正逻辑，这种电路中的高低电平就是数字信号。

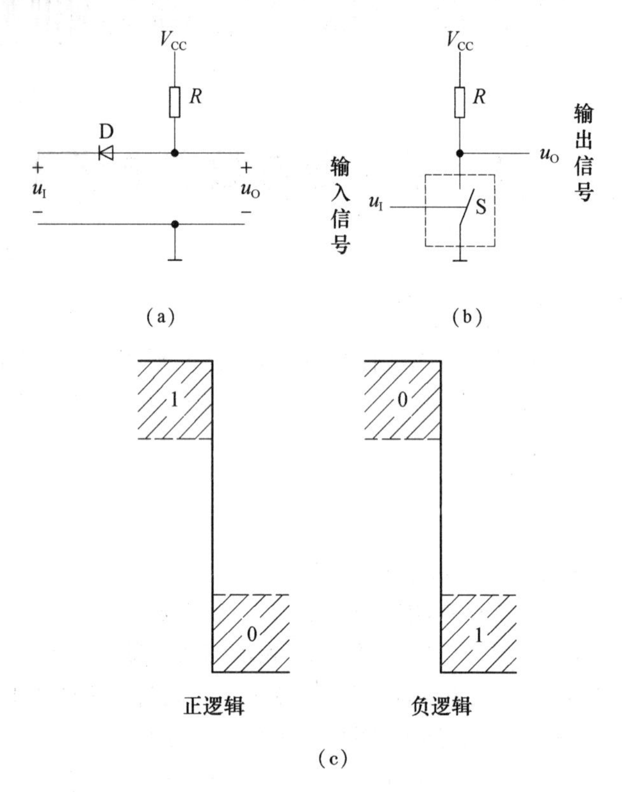

图 1-2　二极管电路的“0”和“1”

除了二极管电路可以表示电路电压高低两种状态外，三极管电路也可以表示电路电压的高低。

1.1.4　数字电路

数字信号主要有两种用途：一是表示量的大小或多少；二是表示不同的事物，即对不同的事物进行编码区分。不论什么用途，都要对数字信号进行存储、传输、运算处理等操作。

用于存储、传输、处理数字信号的电子电路，称为数字电路。

数字电路，根据结构不同，有分立元件电路和集成电路两大类。分立元件电路是将二极管、三极管、MOS 管(金属-氧化物-半导体场效应晶体管)、电阻、电容等元器件用导线在线路板上连接起来的电路。集成电路是利用半导体制造工艺将上述元件和导线做在一块硅片上形成一个整体的电路。

数字电路的特点：

(1)工作信号是不连续变化的离散(数字)信号，表现为电路中电压的高低。

(2)研究对象是电路输入/输出之间的逻辑关系，每个输入/输出都是二值信号。

(3)分析工具是逻辑代数，是研究二值函数的数学工具。

(4)描述逻辑关系的工具有逻辑表达式、真值表、卡诺图、时序波形图、状态转换图。

数字电路的优点：

(1)集成度高。由于要求电路只有高低电平两个工作状态,所以电路的结构简单,有利于将众多基本单元电路集成在同一块硅片上进行批量生产。

(2)可靠性高。数字电路用高低电平表示信号的有无,而高低电平有较宽的范围,所以数字电路的工作可靠性高,抗干扰能力强。

(3)保存时间长。数字信号可借助介质(磁盘、光盘、半导体硬盘等)长期保存。

(4)通用性强。数字电路产品系列多,功能丰富。

(5)保密性好。数字信息容易进行加密处理,不易被窃取。

数字电路与模拟电路的区别：

(1)工作任务不同。模拟电路研究的是输出与输入信号之间的大小、相位、失真等方面的关系;数字电路主要研究的是输出与输入之间的逻辑关系。

(2)三极管的工作状态不同。模拟电路中的三极管工作在线性放大区,是一个放大元件;数字电路中的三极管工作在饱和或截止状态,起开关作用。

(3)基本单元电路不同。模拟电路的基本单元电路是放大电路;数字电路的基本单元电路是门电路及触发器。

(4)分析方法不同。模拟电路用微分变换等效电路法及图解法进行分析;数字电路用逻辑代数工具进行分析。

1.2　数制及其转换

1.2.1　数制

当一个数码用来表示大小时,一位数能够记录的数量是有限的,因此需要多位数来计数,多位数之间涉及进位问题。数制是对数量计数的一种方法,是进位计数制的简称。

一种数制包含基数和位权两个要素。

基数是指数制中所用到的数字符号的个数,即一位数能计数的最多个数。在基数为 R 的数制中,包含 0,1,2,…,$R-1$ 共 R 个数码,进位规律是“逢 R 进一”,称为 R 进制。

位权是指在一种数制表示的数中,用来表明不同数位上数值大小的一个固定常数。不同数位有不同的位权,某一个数位的数值等于这一位的数码乘以与该位对应的位权。

数制的表达式为

$$(N)_R = \sum_{i=-m}^{n-1} K_i R^i$$

式中　$(N)_R$—— 有 n 位整数、m 位小数的一个数,其中 R 为基数;

K_i—— 数码;

R^i—— 第 i 位的位权。

例如,十进制数 247.5 可以写成 $2\times10^2+4\times10^1+7\times10^0+5\times10^{-1}$,其中 2、4、7、5 为数码, 10^2、10^1、10^0、10^{-1} 为位权。

1.2.2　4 种常用的数制

在实际生产生活中,我们常用的数制有十进制(decimal)、二进制(binary)、十六进制

(hexadecimal)、八进制(octal)。

在日常生活中,十进制计数法广泛使用,我们从小习惯使用的就是十进制计数及运算。

在计算机的数字电路中,由于只有高、低电平两种状态,所以计算机中执行的是二进制数,如10110.011。当数值较大,二进制位数较多时,读写不方便,容易出错,如64位二进制数1100100111100011000101111111100001100110010011001011101110011 0011,如果中间没有分隔符,很难正确读写。

为了方便读写,人们引入了十六进制数,即每4位二进制数用1位十六进制数来表示。例如:二进制数0011用十六进制数3表示,二进制数1100用十六进制数C表示,二进制数1111用十六进制数F表示。上述的64位二进制数可以写成十六进制数C9E317F0CC997733,可见转换后的十六进制数读写起来比二进制数方便了很多。十六进制数的本质还是二进制数,所以十六进制计数器也可以称为二进制计数器。

在实际工程中,人们还会用到八进制数。例如,对可编程逻辑控制器(PLC)的输入输出端口编号时用的就是八进制规则,如X0.0、X0.1、X0.2、X0.3、X0.4、X0.5、X0.6、X0.7、X1.0、X1.1、X1.2、X1.3、X1.4、X1.5、X1.6、X1.7、X2.0、X2.1等。

4种常用数制的数码、基数、计数规律及表示方法如表1-1所示。

表1-1　4种常用数制的数码、基数、计数规律及表示方法

数制	数码 K	基数 R	计数规律	表示方法
十进制	0、1、2、3、4、5、6、7、8、9	10	逢十进一 借一当十	N 或 $(N)_{10}$ 或 $(N)_D$
二进制	0、1	2	逢二进一 借一当二	$(N)_2$ 或 $(N)_B$
十六进制	0、1、2、3、4、5、6、7、8、9、A、B、C、D、E、F	16	逢十六进一 借一当十六	$(N)_{16}$ 或 $(N)_H$
八进制	0、1、2、3、4、5、6、7	8	逢八进一 借一当八	$(N)_8$ 或 $(N)_O$

在实际生产生活中,还有很多其他数制,如日历时钟中用到的六十进制、二十四进制、十二进制,等等。

1.2.3　4种常用数制之间的转换

对于同样的数量,可以用不同进制进行计数,因此不同数制的数之间可以进行转换。

1. 任意进制数转换为十进制数

方法:将任意进制数按位权展开相加,所得结果即为转换的十进制数,即

$$(N)_R=(\sum_{i=-m}^{n-1}K_iR^i)_{10}$$

【例1-1】 将下列各进制数转换为十进制数:

(1) $(11001.101)_2$

（2）$(ABC.8)_{16}$

（3）$(746.5)_8$

解：（1）$(11001.101)_2 = 1 \times 2^4 + 1 \times 2^3 + 0 \times 2^2 + 0 \times 2^1 + 1 \times 2^0 + 1 \times 2^{-1} + 0 \times 2^{-2} + 1 \times 2^{-3} = (25.625)_{10}$

（2）$(ABC.8)_{16} = 10 \times 16^2 + 11 \times 16^1 + 12 \times 16^0 + 8 \times 16^{-1} = (2748.5)_{10}$

（3）$(764.5)_8 = 7 \times 8^2 + 6 \times 8^1 + 4 \times 8^0 + 5 \times 8^{-1} = (500.625)_{10}$

2. 十进制数转换为二进制数

十进制数转换为二进制数时，整数部分和小数部分转换的方法不同，要分别进行转换。

（1）十进制整数转换为二进制整数

方法1："除基逆向取余"，即将十进制的整数不断除以2，直到商为0，得到的余数按先得为低位，后得为高位的顺序排列，所得结果即为转换成的二进制整数，这是一种通用的方法。

原理：设N为十进制整数，可以转换为二进制数，写成表达式为

$$(N)_{10} = \sum_{i=0}^{n-1} K_i 2^i = K_{n-1}2^{n-1} + K_{n-2}2^{n-2} + \cdots + K_2 2^2 + K_1 2^1 + K_0 2^0$$

将两边同时除以2，结果为$\frac{(N)_{10}}{2} = K_{n-1}2^{n-2} + K_{n-2}2^{n-3} + \cdots + K_2 2^1 + K_1 2^0 + \frac{K_0}{2}$，$K_0$为第一次得到的余数，以此类推，可以得到最后的余数$K_{n-1}$。

【例1-2】 将十进制数37转换成二进制数。

解：用"除2逆向取余"法，按如下步骤转换：

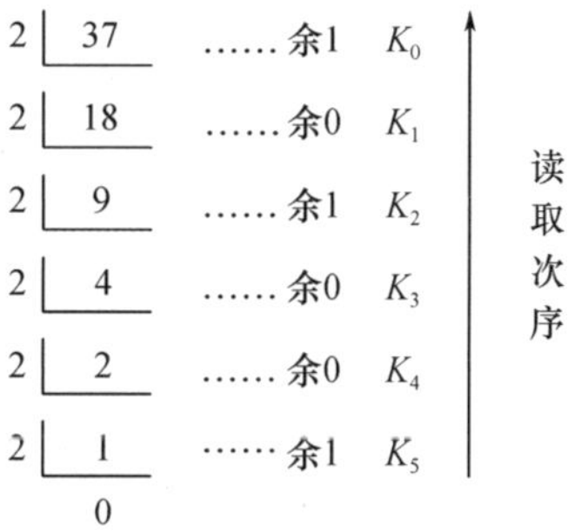

除数	被除数	余数	位
2	37	……余1	K_0
2	18	……余0	K_1
2	9	……余1	K_2
2	4	……余0	K_3
2	2	……余0	K_4
2	1	……余1	K_5
	0		

读取次序（由下向上）

所以，$(37)_{10} = (100101)_2$。

方法2："除权正向取商"，即把十进制数分解为不同位权的二进制数，将对应结果相加，再将对应的二进制数的位权的数码直接写出即得到二进制的结果。

这种方法要求熟悉数值较小的二进制数的位权与十进制数之间的关系。

二进制位权	2^7	2^6	2^5	2^4	2^3	2^2	2^1	2^0
十进制数	128	64	32	16	8	4	2	1
二进制数码	K_7	K_6	K_5	K_4	K_3	K_2	K_1	K_0

所以，$(37)_{10} = 32 + 4 + 1 = 2^5 + 2^2 + 2^0$，即$(37)_{10} = (100101)_2$，与上一种方法结果相同。

(2)十进制小数转换为二进制小数

方法 1:“乘 2 取整”,即将十进制的小数乘以 2,得到的整数作为二进制的小数,然后再将取整后的十进制小数乘以 2,再取整数,不断将十进制小数乘以 2 取整,直到乘积为 1(或者按照要求四舍五入),按先得整数部分为二进制小数的高位,后得整数部分为二进制小数的低位顺序排列,就将十进制数的小数部分转换成二进制小数了。

原理:设 0.N 为十进制小数,可以转换为二进制数,写成表达式为

$$(0.N)_{10} = \sum_{i=-1}^{-m} K_i 2^i = K_{-1}2^{-1} + K_{-2}2^{-2} + \cdots + K_{-m}2^{-m}$$

将两边同时乘以 2,结果为 $2 \times (0.N)_{10} = K_{-1} + K_{-2}2^{-1} + \cdots + K_{-m}2^{-m+1}$,$K_{-1}$ 为第一次取得的整数,以此类推,可以得到 K_{-m}。

需要说明的是,十进制小数转换为二进制小数不一定能完全转换,会有误差。

【例 1-3】 将十进制数 $(0.562)_{10}$ 转换成误差 ε 不大于 2^{-6} 的二进制数。

解:用“乘 2 取整”法,按如下步骤转换:

		取整
0.562×2=1.124	...... 1	K_{-1}
0.124×2=0.248	...... 0	K_{-2}
0.248×2=0.496	...... 0	K_{-3}
0.496×2=0.992	...... 0	K_{-4}
0.992×2=1.984	...... 1	K_{-5}

由于最后的小数 0.984>0.5,按照四舍五入原则,K_{-6} 应为 1。因此

$$(0.562)_{10} = (0.100011)_2$$

其误差 $\varepsilon < 2^{-6}$。

方法 2:“位权相加”。

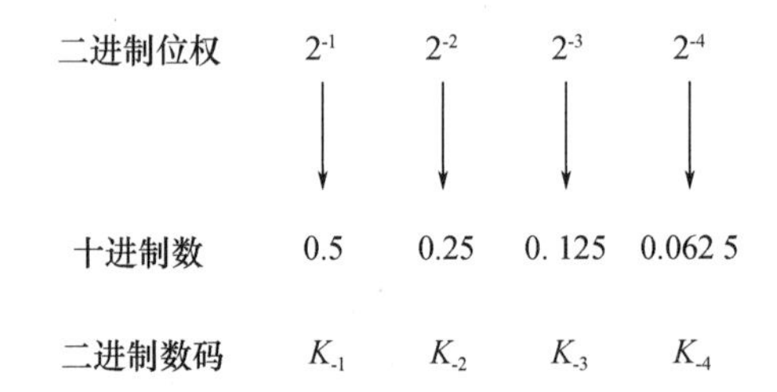

【例 1-4】 将十进制数 $(0.8125)_{10}$ 转换成二进制数。

解:$(0.8125)_{10} = 0.5 + 0.25 + 0.0625 = (0.1101)_2$

3. 二进制数与十六进制数之间的转换

由于 1 位十六进制数可以表示 4 位二进制数,所以二进制数与十六进制数之间可以进行快速转换。

(1)二进制数转换为十六进制数

将二进制数以小数点为界限,向左及向右每 4 位分为 1 组,每组二进制数用 1 位十六进制数表示即可。

需要注意的是,小数点的位置不动,整数最左面不够 4 位时在最左面补 0,小数最右面不够 4 位时在最右面补 0。

【例 1-5】 将二进制数 111100010101010110101. 1101101 转换为十六进制数。

解：

0001 1110 0010 1010 1011 0101 . 1101 1010

↓ ↓ ↓ ↓ ↓ ↓ ↓ ↓

1 E 2 A B 5 . D A

结果为 $(111100010101010110101.1101101)_2=(1E2AB5.DA)_{16}$

(2) 十六进制数转换为二进制数

十六进制数转换为二进制数时，小数点位置不动，将每 1 位十六进制数用 4 位二进制数表示即可，去掉整数部分最左面的 0 和小数部分最右面的 0。

【例 1-6】 将十六进制数 ABCD. EF95 转换为二进制数。

解：

A B C D . E F 9 5

↓ ↓ ↓ ↓ ↓ ↓ ↓ ↓

1010 1011 1100 1101 . 1110 1111 1001 0101

结果为 $(ABCD.EF95)_{16}=(1010101111001101.1110111110010101)_2$

4. 二进制数与八进制数之间的转换

1 位八进制数可以表示 3 位二进制数，所以二进制数与八进制数之间也可以进行快速转换。方法同二进制数与十六进制数之间的转换类似。

【例 1-7】 将二进制数 10101010110101. 1101101 转换为八进制数。

解：

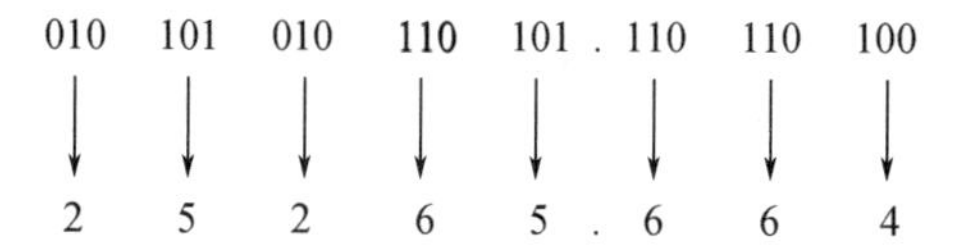

结果为 $(10101010110101.1101101)_2=(25265.664)_8$。

5. 十进制数与十六进制数之间的转换

十进制数转换为十六进制数时，先将十进制数转换为二进制数，再按照二进制数转换为十六进制数的方法进行转换。

【例 1-8】 将十进制数 123. 8125 转换为十六进制数。

解：整数部分 $(123)_{10}=64+32+16+8+2+1=2^6+2^5+2^4+2^3+2^1+2^0=(1111011)_2$

小数部分用“乘 2 取整”法。

	取整	
0.8125×2=1.625 ……	1	…… K_{-1}
0.625×2=1.25 ……	1	…… K_{-2}
0.25×2=0.5 ……	0	…… K_{-3}
0.5×2=1 ……	1	…… K_{-4}

因此，$(0.8125)_{10}=(0.1101)_2$

$$(123.8125)_{10}=(1111011.1101)_2$$

再将二进制数转换为十六进制数 $(1111011.1101)_2=(7B.7C)_{16}$，最后的结果为 $(123.8125)_{10}=(7B.7C)_{16}$。

4 种常用数制的数码对照关系如表 1-2 所示。

表 1-2　4 种常用数制的数码对照关系

十进制数	二进制数	八进制数	十六进制数
0	0000	0	0
1	0001	1	1
2	0010	2	2
3	0011	3	3
4	0100	4	4
5	0101	5	5
6	0110	6	6
7	0111	7	7
8	1000	10	8
9	1001	11	9
10	1010	12	A
11	1011	13	B
12	1100	14	C
13	1101	15	D
14	1110	16	E
15	1111	17	F

1.3　码制及常用编码

1.3.1　码制

在实际生产生活中，我们经常会遇到一些数字及字母的组合，它们没有大小的含义，只是区别不同事物的代号。如运动员的号码、学生的学号、考生的准考证号、产品的编号、器件型号等，这些数字及字母的组合就是代码。

为了便于记忆和查找，在编制代码时要有一定的规则，这些规则被称为码制。

在数字电路中，因为信号只有两种状态，所以编制的代码只有 0 和 1。数字电路中常用的代码有 BCD(binary coded decimal)码、可靠性编码、ASCII 码等。

1.3.2 BCD 码

在日常生活中,我们习惯用十进制数,但计算机中只有二进制数,BCD 码就是用 4 位二进制数码表示 1 位十进制数码的代码,也称为二-十进制代码。它既有二进制数的形式,又有十进制数的特点,便于传输和处理。

十进制数中有 0~9 共 10 个数字符号,4 位二进制代码可以组成 16 种不同状态,从 16 种状态中取出 10 种状态来表示 10 个数字符号的编码方案很多,每种方案都有 6 种状态不允许出现。

根据代码中每位是否有固定的位权,通常将 BCD 码分为有权码和无权码两种类型。常用的 BCD 有权码有 8421 码、2421 码、5211 码,无权码有余 3 码。它们与十进制字符对应的编码如表 1-3 所示。

表 1-3 常用的 4 种 BCD 码与十进制字符对应的编码

十进制字符	有权码				无权码
	8421 码	2421A 码	2421B 码	5211 码	余 3 码
0	0000	0000	0000	0000	0011
1	0001	0001	0001	0001	0100
2	0010	0010	0100	0100	0101
3	0011	0011	0011	0101	0110
4	0100	0100	0100	0111	0111
5	0101	1011	0101	1000	1000
6	0110	1100	0110	1001	1001
7	0111	1101	0111	1100	1010
8	1000	1110	1110	1101	1011
9	1001	1111	1111	1111	1100

BCD 码的特点如下:

(1)有权码可以写成通用表达式:

$$(N)_D = A_3a_3 + A_2a_2 + A_1a_1 + A_0a_0$$

式中 A_i ——各位权值,对于 8421 码, $A_3A_2A_1A_0 = 8421$;对于 2421 码, $A_3A_2A_1A_0 = 2421$;对于 5211 码, $A_3A_2A_1A_0 = 5211$。

a_i ——各位代码系数。

有权码与十进制数之间的转换都是按位进行的。

(2)8421 码的特点是它同十进制数的相互转换与二进制数同十进制数的转换是一样的,这样转换比较方便。

例如:$(67.92)_{10} = (01100111.10010010)_{8421码}$。

另外,8421 码的最低位具有奇偶性,即对应十进制数是奇数的码字,最低位为 1,而偶数码字的最低位是 0,利用这个性质很容易区分十进制数的奇偶性。

(3)2421 码有两种,2421A 码比较常用,它的特点是十进制字符的 0 和 9、1 和 8、2 和 7、3 和 6、4 和 5 的各码位互为相反,即前一个数的 2421 码只要自身按位取反,就得到后面一个数的 2421 码,这种特征称为对 9 的自补代码。具有这一特征的 BCD 码在运算时可以将对 9 的补数减法转化为加法运算。

例如:$(367)_{10}=(001111001101)_{2421码}$。

(4)5211 码的特点是后 5 个代码低 3 位与前 5 个代码低 3 位相同,只是最高位由 0 变为 1。4 位的十进制计数器对计数脉冲的分频比从低位到高位是 5:2:1:1,这在构成某些数字系统时很有用。

(5)用余 3 码减去 3,得到的结果恰好是 8421 码,余 3 码比 8421 码多 3,因此称为余 3 码。

我们日常习惯的数制及加法运算是十进制的,而计算机中只能运算二进制数,十进制数是逢十进位,而二进制数是逢二进位。给计算机输入十进制数,让它进行加法运算需要把输入的十进制数转换为二进制数,最方便的方法是将每 1 位十进制数转换为 8421BCD 码。需要把十进制变为十六进制,把输入的每 1 位十进制数的 BCD 码换成余 3 码,用余 3 码做加法时,就变成了十六进制的运算,输出结果就是十进制数的 BCD 码了。

例如,计算十进制数 7+6,如果直接输入它们的 BCD 码,则为 0111+0110=1101,这个结果不是 BCD 码。若换成输入余 3 码,则为 1010+1001=10011,结果看成 BCD 码,是 13。多位十进制数运算时,对结果也要进行处理。MCS-51 系列单片机的指令系统中专门有一条指令是做二进制与十进制之间调整的,它必须在加法指令之后使用。

需要注意的是,十进制数用 BCD 码表示时,是按每 1 位十进制数用 4 位二进制数表示的,用余 3 码表示时,每 1 位十进制数都要用余 3 码。

例如:$(367)_{10}=(011010011010)_{余3码}$。

1.3.3 可靠性编码

代码在形成和传输过程中可能发生错误,错误的原因有很多种,如设备的临界工作状态、电源偶然瞬变、器件延时、高频干扰等。为了使代码形成时不易出错,或者出错后容易被发现甚至自行校正,出现了几种代码。具有检错纠错能力的代码称为可靠性代码,它的目的是提高系统的可靠性。常用的可靠性编码有格雷码(Gray 码)、奇偶校验码和 8421 海明码(Hamming 码)。

1. 格雷码(Gray 码)

格雷码的特点是任意相邻两个数的代码只有 1 位码不同,而且最小数与最大数代码也具有这个特点,所以又称为循环码。

格雷码有多种形式,典型的格雷码是从普通二进制数转换得到的,如表 1-4 所示。

表 1-4 4 位二进制数对应的典型格雷码

十进制数	4 位二进制数	典型格雷码
0	0000	0000
1	0001	0001

表 1-4(续)

十进制数	4 位二进制数	典型格雷码
2	0010	0011
3	0011	0010
4	0100	0110
5	0101	0111
6	0110	0101
7	0111	0100
8	1000	1100
9	1001	1101
10	1010	1111
11	1011	1110
12	1100	1010
13	1101	1011
14	1110	1001
15	1111	1000

由二进制数转换为格雷码的规则为:设二进制数为 $B = B_{n-1}B_{n-2}\cdots B_{i+1}B_i\cdots B_1B_0$,与其对应的格雷码为 $G = G_{n-1}G_{n-2}\cdots G_{i+1}G_i\cdots G_1G_0$,则有

$$\begin{cases} G_{n-1} = B_{n-1} \\ G_i = B_{i+1} \oplus B_i \end{cases}$$

表达式中 $\oplus$ 为逻辑异或运算符号,运算规则是

$$0 \oplus 0 = 0, 1 \oplus 0 = 1, 0 \oplus 1 = 1, 1 \oplus 1 = 0$$

口诀:两输入相同,输出为 0;两输入不同,输出为 1。

例如,求二进制数 1110 的格雷码的过程如下:

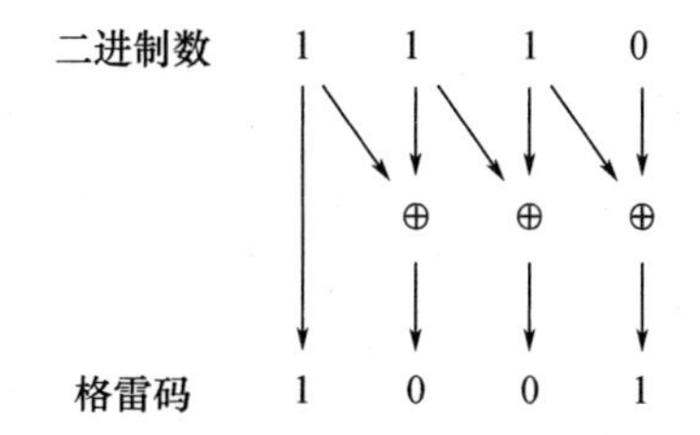

所以,二进制数 1110 的格雷码为 1001,与表 1-4 中的相同。

反过来,若给出一组格雷码,也可以找出与之对应的二进制数。

例如,格雷码为 111010,其对应的二进制数求解过程如下:

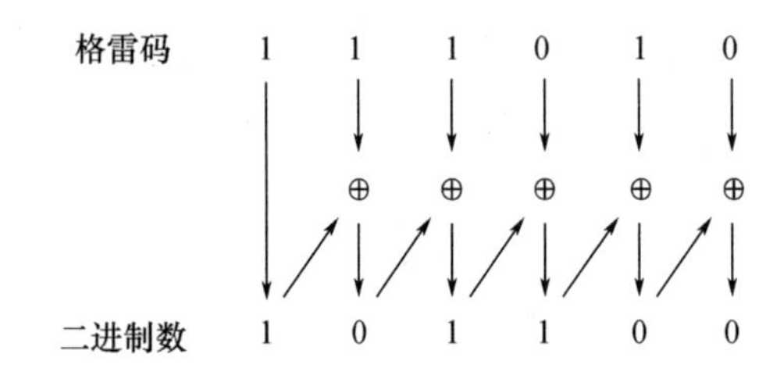

所以,与格雷码 111010 对应的二进制数是 101100。

格雷码是一种无权码,每 1 位都没有固定的权值,因而很难识别单个代码所代表的数值。

格雷码的可靠性表现在,设备产生或传输相邻二进制数时,只有 1 位格雷码发生变化,不容易出错。

例如,当十进制数由 3 变为 4 时,如果采用 8421 码,其编码将由 0011 变为 0100,此时四位二进制数中有 3 位数的状态发生变化。对于具体实现 8421 码的电路,每 1 位变化的速度可能不同,那么可能出现下列情况:

$$\underset{3}{0011} \longrightarrow \underset{7}{0111} \longrightarrow \underset{6}{0110} \longrightarrow \underset{4}{0100}$$

虽然最后的结果是从 3 变成了 4,但中间有两个错误的过程。如果不采取其他的措施,中间错误结果会产生非常严重的后果。但若采用格雷码,变化过程是 0010→0110,只有第二位发生变化,不会有错误的过程,因此提高了数据产生及传输的可靠性。

2. 奇偶校验码

奇偶校验码由两部分组成:前一部分是传输位数不限的二进制信息本身,后一部分为 1 位的奇偶校验位 0 或 1。如果加上校验位使整个代码中 1 的个数为奇数,则称为奇校验,1 的个数为偶数,则称为偶校验。在数字检错应用中,一般采用奇校验码,因为奇校验码不存在全 0 代码,便于判断。

8421 码同一信息的两种检验码是相反的,如表 1-5 所示。

表 1-5 8421 码的奇偶检验码

8421 码	8421 奇校验码					8421 偶校验码				
	信息位				校验位	信息位				校验位
	A	B	C	D	P	A	B	C	D	P′
0000	0	0	0	0	1	0	0	0	0	0
0001	0	0	0	1	0	0	0	0	1	1
0010	0	0	1	0	0	0	0	1	0	1
0011	0	0	1	1	1	0	0	1	1	0
0100	0	1	0	0	0	0	1	0	0	1
0101	0	1	0	1	1	0	1	0	1	0
0110	0	1	1	0	1	0	1	1	0	0

表 1-5(续)

8421 码	8421 奇校验码					8421 偶校验码				
	信息位				校验位	信息位				校验位
	A	B	C	D	P	A	B	C	D	P′
0111	0	1	1	1	0	0	1	1	1	1
1000	1	0	0	0	0	1	0	0	0	1
1001	1	0	0	1	1	1	0	0	1	0

奇偶校验码的可靠性表现在,数字信息在传输过程中如果出现了错误,会出现校验位错误。

例如,要传输的信息是 11001001,进行奇校验,校验位是 1,这个信息连同校验位传输到接收端时应该是 110010011。接收端进行 8 位数据接收时,如果有 1 位出现错误,它的奇校验位就是 0。接收端通过比较发射数据与接收数据的校验位便可知有数据传输错误。

这种简单奇偶校验的局限性是,它只能判断有 1 位或奇数位出错的情况,而不能确定是哪一位出错,没有定位功能,更不能纠正错误。当有偶数个错误时,它也不能检测识别。

可将多个数据组成数据块,用双向奇偶校验法定位错误信息,并纠正。

双向奇偶校验法如图 1-3 所示,将要检测的数据排列成矩阵形式,形成阵列码。然后每行加 1 位校验码,每列加 1 位校验码。当信息的奇偶性无错误时指示为 0,当信息的奇偶性有错误时指示为 1。如果信息有 1 位出错,则可以从行列指示中确定错误的位置,并对该位进行纠正。

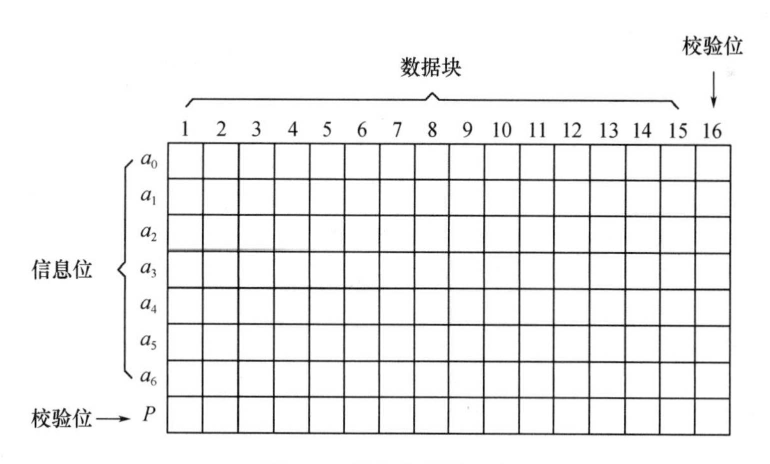

图 1-3　双向奇偶校验法

双向奇偶校验法的不足:只能纠正 1 位错码,而对于成双出错的错码则不能纠正,而且需要增添很多设备。

3. 8421 海明码(Hamming 码)

8421 海明码是 7 位代码,前 4 位为 8421 码 $B_4B_3B_2B_1$,后 3 位为校验码 $P_3P_2P_1$,3 位校验码按下式确定:

$$P_3 = B_4 \oplus B_3 \oplus B_2$$
$$P_2 = B_4 \oplus B_3 \oplus B_1$$
$$P_1 = B_4 \oplus B_2 \oplus B_1$$

也就是说3位校验码都是偶校验,7位8421海明码的顺序是$B_4B_3B_2P_3B_1P_2P_1$。完整的8421海明码如表1-6所示。

表1-6　完整的8421海明码

8421码	8421海明码						
	B_4	B_3	B_2	P_3	B_1	P_2	P_1
0000	0	0	0	0	0	0	0
0001	0	0	0	0	1	1	1
0010	0	0	1	1	0	0	1
0011	0	0	1	1	1	1	0
0100	0	1	0	1	0	1	0
0101	0	1	0	1	1	0	1
0110	0	1	1	0	0	1	1
0111	0	1	1	0	1	0	0
1000	1	0	0	1	0	1	1
1001	1	0	0	1	1	0	0

从校验位的定义可知$P_3P_2P_1$是偶校验,那么用每位校验码再去和它本身做异或运算应该为0。设

$$S_3 = B_4 \oplus B_3 \oplus B_2 \oplus P_3$$
$$S_2 = B_4 \oplus B_3 \oplus B_1 \oplus P_2$$
$$S_1 = B_4 \oplus B_2 \oplus B_1 \oplus P_1$$

当接收的代码正确时,$S_3 = S_2 = S_1 = 0$。

如果接收到的代码有1位错误,则按表1-7可查出其错误代码的位置。

表1-7　8421海明码校验位编码表

校验和	位序						
	7	6	5	4	3	2	1
	B_4	B_3	B_2	P_3	B_1	P_2	P_1
S_3	1	1	1	1			
S_2					1	1	
S_1					1		
$S_3S_2S_1$	111	110	101	100	011	010	001

例如,发送和接收的 8421 海明码如下:

位序　　　7654321

发送码　　0110100

接收码　　0100100

计算接收端的 8421 海明码校验和为

$$S_3 = B_4 \oplus B_3 \oplus B_2 \oplus P_3 = 0 \oplus 1 \oplus 0 \oplus 0 = 1$$
$$S_2 = B_4 \oplus B_3 \oplus B_1 \oplus P_2 = 0 \oplus 1 \oplus 1 \oplus 0 = 0$$
$$S_1 = B_4 \oplus B_2 \oplus B_1 \oplus P_1 = 0 \oplus 0 \oplus 1 \oplus 0 = 1$$

按照表 1-7 查计算结果,位序 5 的码 B_2 出错,查看发送、接收结果,证明确实是 B_2 出错了。

1.3.4　字符编码

数字电路中处理的数据除了数字之外,还有字母、运算符号、标点符号、特殊符号,这些符号统称为字符。

这些字符在数字电路中必须用二进制编码表示,称其为字符编码。

最常用的字符编码是美国信息交换标准代码,简称 ASCII 码。

ASCII 码是用 7 位二进制码表示 128 个字符,其中包括表示数字 0~9 的 10 个代码、表示英文字母及其大小写的 52 个代码、表示符号的 32 个代码及 34 个控制码,如表 1-8 所示。

表 1-8　7 位 ASCII 码编码表

低 4 位代码 ($a_3a_2a_1a_0$)	高 3 位代码($a_6a_5a_4$)							
	000	001	010	011	100	101	110	111
0000	NUL	DLE	SP	0	@	P	、	p
0001	SOH	DC1	!	1	A	Q	a	q
0010	STX	DC2	“	2	B	R	b	r
0011	ETX	DC3	#	3	C	S	c	s
0100	EOT	DC4	$	4	D	T	d	t
0101	ENQ	NAK	%	5	E	U	e	u
0110	ACK	SYN	&	6	F	V	f	v
0111	BEL	ETB	′	7	G	W	g	w
1000	BS	CAN	(	8	H	X	h	x
1001	HT	EM	)	9	I	Y	i	y
1010	LF	SUB	*	:	J	Z	j	z
1011	VT	ESC	+	;	K	[	k	{
1100	FF	FS	‘	<	L	\	l	|
1101	CR	GS	-	=	M	]	m	}
1110	SO	RS	.	>	N	^	n	~
1111	SI	US	/	?	O	_	o	DEL

每个控制码在计算机操作中的含义如表 1-9 所示。

表 1-9　ASCII 码中控制码在计算机操作中的含义

控制码	含义	控制码	含义	控制码	含义
NUL	空字符	EF	换页键	CAN	取消
SOH	标题开始	CR	回车键	EM	介质中断
STX	正文开始	SO	不用切换	SUB	替补
ETX	正文结束	SI	启用切换	ESC	扩展
EOT	传输结束	DLE	数据链路转义	FS	文件分割符
ENQ	请求	DC1	设备控制 1	GS	分组符
ACK	收到通知	DC2	设备控制 2	RS	记录分离符
BEL	响铃	DC3	设备控制 3	US	单元分隔符
BS	退格	DC4	设备控制 4	SP	空格
HT	水平制表符	NAK	拒绝接收	DEL	删除
LF	换行键	SYN	同步空闲		
VT	垂直制表符	ETB	传输块结束		

由于实际数字电路中是用一个字节表示一字符，所以使用 ASCII 码时，通常在最左边增加一位奇偶校验位。

1.4　二进制数的运算

数字可以进行运算，我们熟悉的十进制数也可以进行加减乘除、乘方开方、指数对数等运算。

1.4.1　算术运算

当二进制数码表示数量大小时，它们之间可以进行加减乘除运算，称为算术运算。

二进制数之间的算术运算规则与十进制数运算规则相同，只不过是将逢十进一改为逢二进一。

加法：$0+0=0$　　$0+1=1$　　$1+0=1$　　$1+1=0$（有进位）

减法：$0-0=0$　　$0-1=1$（有借位）　　$1-0=1$　　$1-1=0$

乘法：$0\times0=0$　　$0\times1=0$　　$1\times0=0$　　$1\times1=1$

除法：$0\div1=0$　　$1\div1=1$

【例 1-9】　求下列二进制数程式运算结果。

（1）101101+11011；　　（2）101101-11011；

(3) 101101×11011；　　　　(4) 101101÷11011。

解：(1)

```
   101101
+   11011
---------
  1001000      101101+11011=1001000
```

(2)

```
   101101
-   11011
---------
    10010      101101-11011=10010
```

(3)

```
        101101
  ×      11011
  ------------
        101101
       101101
      000000
     101101
+   101101
--------------
   10010111111      101101×11011=10010111111
```

(4)

```
              1.1010
        -------------
  11011 / 101101
        -  11011
        -------------
            100100
        -    11011
        -------------
             100100
        -     11011
        -------------
              10010      101101÷11011=1.1010，除不尽
```

在典型的数字电路中，只有加法器电路，没有其他算术运算电路。观察以上计算过程发现，二进制的乘法可以用移位再相加的方法进行运算，二进制数的除法可以用移位再相减的方法进行运算，这样4种算术运算就变成加减两种了。模是计数的最大范围，在运算时超过最大范围就会溢出。在不考虑模会溢出的前提下，可以将减法转换为加法。

假设十进制数的模为100，现在计算67-35。67-35=67-35+100-100=67+(100-35)-100=67+65-100=32，显然结果是正确的。100-35称作-35的补码，-35称作原码，也就是负数可以转换成它的补码，变成正数，这样减法运算就变成加法运算了。

二进制数用相同的原理可以将减法转换为加法，在计算机中正负数也用0、1来区分。通常把用“+”“-”表示的正、负二进制数称为符号数的真值，而把符号和数值一起编码表示的二进制数称为机器数或机器码。常用的机器码有原码、反码和补码3种。二进制数N的原码、反码、补码分别用 $[N]_{原}$、$[N]_{INV}$、$[N]_{COMP}$ 表示。

正数：原码、反码、补码相同，最高位为符号位0，其他位数为真值。

现在讨论负数的原码、反码和补码。

(1)原码:最高位为符号位1,其他位数为真值;

(2)反码:最高位为1,其他位数为对原码取反;

(3)补码:最高位为1,其他位数为对反码加1。

补码与模值有关,同一个数在不同的模值下的补码是不同的。

设 N 为 $n-1$ 位二进制数,用 n 位二进制编码表示,则:

$$[N]_{原}=\begin{cases}N & 当 N 为正数\\ 2^{n-1}-N & 当 N 为负数\end{cases}$$

$$[N]_{INV}=\begin{cases}N & 当 N 为正数\\ (2^{n}-1)+N & 当 N 为负数\end{cases}$$

$$[N]_{COMP}=\begin{cases}N & 当 N 为正数\\ 2^{n}+N & 当 N 为负数\end{cases}$$

例如,$N=+1110111$,则 $[N]_{原}=01110111$, $[N]_{INV}=01110111$, $[N]_{COMP}=01110111$; $N=-1110111$,则 $[N]_{原}=11110111$, $[N]_{INV}=10001000$, $[N]_{COMP}=10001001$。

N 为负数时,N 的真值 $+[N]_{COMP}=$ 模值,即 $-N+[N]_{COMP}=2^{n}\rightarrow N=[N]_{COMP}-2^{n}$(溢出),这样减法可以用转换为负数的加法,再用负数加它的补码表示,减法就变成了加法。

对于一个8位二进制数,原码表示范围为+127~-127,0的原码有两种,$[+0]_{原}=00000000$, $[-0]_{原}=10000000$, $[+127]_{原}=01111111$, $[-127]_{原}=11111111$。反码表示范围为+127~-127, $[+0]_{INV}=00000000$, $[-0]_{INV}=11111111$, $[+127]_{INV}=01111111$, $[-127]_{INV}=10000000$。补码表示范围为+127~-128, $[+0]_{COMP}=[-0]_{COMP}=00000000$, $[+127]_{COMP}=01111111$, $[-128]_{COMP}=10000000$。

【例1-10】 用二进制补码运算求出13+10、13-10、-13+10、-13-10。

解:用8位带符号数表示:

$[+13]_{原}=[+13]_{INV}=[+13]_{COMP}=00001101$

$[-13]_{原}=10001101$ $[-13]_{INV}=11110010$ $[-13]_{COMP}=11110011$

$[+10]_{原}=[+10]_{INV}=[+10]_{COMP}=00001010$

$[-10]_{原}=10001010$ $[-10]_{INV}=11110101$ $[-10]_{COMP}=11110110$

因为 $[13+10]_{COMP}=[+13]_{COMP}+[+10]_{COMP}=00001101+00001010=00010111=[23]_{COMP}$,

所以13+10=23。

因为 $[13-10]_{COMP}=[+13]_{COMP}+[-10]_{COMP}=00001101+11110110=00000011=[+3]_{COMP}$,

所以13-10=3。

因为 $[-13+10]_{COMP}=[-13]_{COMP}+[+10]_{COMP}=11110011+00001010=11111101=[-3]_{COMP}$,

所以-13+10=-3。

因为 $[-13-10]_{COMP}=[-13]_{COMP}+[-10]_{COMP}=11110011+11110110=11101001=[-23]_{COMP}$,

所以-13-10=-23。

1.4.2 逻辑运算

当二进制数码不是用来表示数量大小,而是用来表示一个事物的两种状态或表示不同的事物时,它们之间可以进行逻辑运算,研究逻辑运算规律的工具是逻辑代数。

逻辑代数和普通代数的相同点是二者都会用到字母和数字。不同点有两方面:一是变量名称的区别,如表达式 $L = AB + C$,在普通代数中,A、B、C 称为自变量,L 称为因变量;在逻辑代数中,A、B、C 称为输入变量,L 称为输出变量,输入变量和输出变量统称为逻辑变量。二是变量取值范围的区别,普通代数的自变量和因变量取值为从 $-\infty$ 到 $+\infty$ 的连续值,而逻辑变量的取值只有 0 和 1 两种,它代表输入或输出变量的两种逻辑状态,如开关的断开和闭合,电灯的灭和亮,表决时不同意和同意,表决结果不通过和通过等,0 和 1 称为逻辑常量。

逻辑函数是描述输入变量与输出变量之间因果关系的函数,若输入逻辑变量 A,B,C,… 的取值确定以后,输出逻辑变量 L 的值也唯一确定了,称 L 是 A,B,C,… 的逻辑函数,写作:$L = F(A,B,C,\cdots)$ 。输入变量之间的运算遵从逻辑代数的运算法则。

逻辑运算有三种基本运算:与、或、非,以及它们之间的复合运算。

1. 与

(1)定义:如果决定一件事情的多个条件必须同时具备,这件事情才会发生,则称这种因果关系为与逻辑。

例如,在图 1-4(a)所示的电路中,两个开关控制同一个灯。以 A、B 表示开关的状态,以 L 表示灯的状态,其逻辑关系如图 1-4(b)所示,当且仅当两个开关都闭合时,灯才能亮,否则,灯是灭的。灯的状态与开关的状态之间的关系符合逻辑与的关系,与运算输入变量可以是 2 个及 2 个以上。

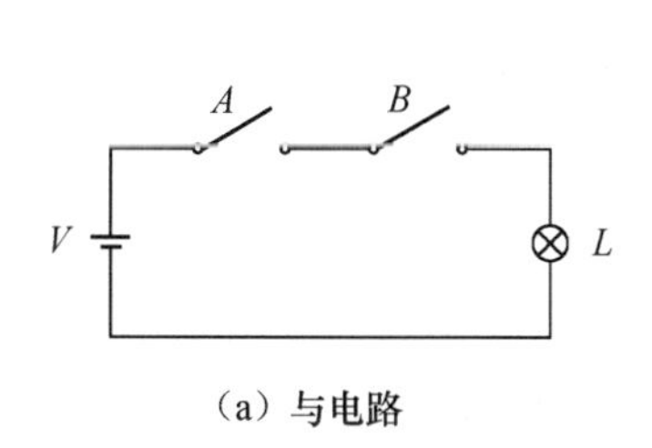

(a) 与电路

开关状态A	开关状态B	灯状态L
不闭合	不闭合	不亮
不闭合	闭合	不亮
闭合	不闭合	不亮
闭合	闭合	亮

(b) 与逻辑关系

图 1-4 与电路及其逻辑关系

在逻辑代数中,与逻辑关系用与运算描述,与运算又称为逻辑乘,其运算符号为“·”,书写时可以省略。

(2)运算规则及表示方法:与运算规则及表示方法如表 1-10 所示。

表 1-10　与运算规则及表示方法

运算规则	逻辑表达式	真值表			逻辑符号
		A	B	$L=AB$	
$0\cdot 0=0$　$0\cdot 1=0$ $1\cdot 0=0$　$1\cdot 1=1$ 口诀： 输入有 0,输出为 0; 输入全 1,输出为 1	$L=A\cdot B=AB$ 读作： L 等于 A 与 B	0	0	0	国标　A、B — & — $L=A\cdot B$
		0	1	0	
		1	0	0	国际标准　A、B — $L=A\cdot B$
		1	1	1	

真值表是将输入变量的所有取值组合及对应的输出变量用列表的方式来表示,它是逻辑函数特有的一种表达方式,因为在逻辑代数中,输入变量及输出变量只能取 0、1 两种状态,因此可以将输入变量的所有取值组合逐一列出,这是普通代数中的函数不能实现的一种表达方式。

列真值表的方法:先将 n 个输入的所有 2^n 种组合列出,再根据逻辑表达式计算出每一种输入组合对应的输出变量的值。

在数字电路中实现与运算的电路称为与门逻辑电路,其电路逻辑符号有国标和国际标准两种,本书采用国标逻辑符号。

2. 或

(1)定义:如果决定一件事情的几个条件中,只要有一个或一个以上具备,这件事情就会发生,则称这种因果关系为或逻辑。

例如,在图 1-5(a)所示的电路中,两个开关控制同一个灯。以 A、B 表示开关的状态,以 L 表示灯的状态,其关系如图 1-5(b)所示,只要有一个开关闭合,灯就亮,只有开关全断开时,灯才灭。灯的状态与开关的状态之间的关系符合逻辑或的关系。或运算输入变量可以是 2 个及 2 个以上。

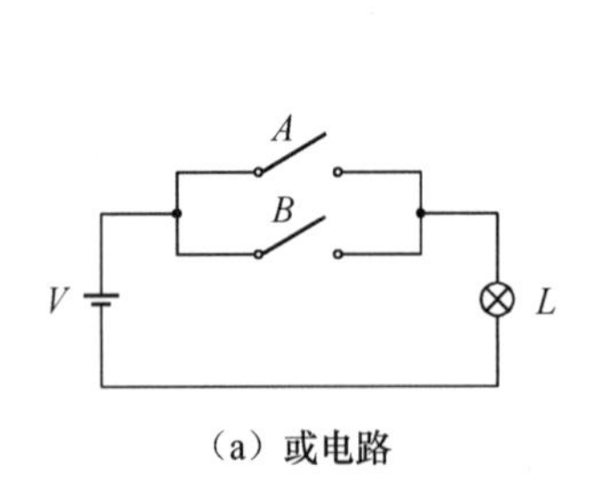

(a) 或电路

开关状态A	开关状态B	灯状态L
不闭合	不闭合	不亮
不闭合	闭合	亮
闭合	不闭合	亮
闭合	闭合	亮

(b) 或逻辑关系

图 1-5　或电路及其逻辑关系

在逻辑代数中,或逻辑关系用或运算描述,或运算又称为逻辑加,其运算符号为“+”。

(2)运算规则及表示方法:或运算规则及表示方法如表 1-11 所示。

表 1-11　或运算规则及表示方法

运算规则	逻辑表达式	真值表			逻辑符号
0+0=0　0+1=1 1+0=1　1+1=1 口诀: 输入有 1,输出为 1; 输入全 0,输出为 0	$L=A+B$ 读作: L 等于 A 或 B	A	B	$L=A+B$	国标　A, B —[≥1]— $L=A+B$ 国际标准　A, B — $L=A+B$
		0	0	0	
		0	1	1	
		1	0	1	
		1	1	1	

3. 非

(1)定义:一件事情发生与否,仅取决于一个条件,而且是条件具备时这件事情不发生,条件不具备时这件事情才发生,则称这种因果关系为非逻辑。

例如,在如图 1-6(a)所示的电路中,一个开关控制一个灯。以 A 表示开关的状态,以 L 表示灯的状态,其关系如图 1-6(b)所示,如果开关闭合,灯就灭,只有开关断开时,灯才是亮的。灯的状态与开关的状态之间的关系符合逻辑非的关系,非运算输入变量只能是 1 个。

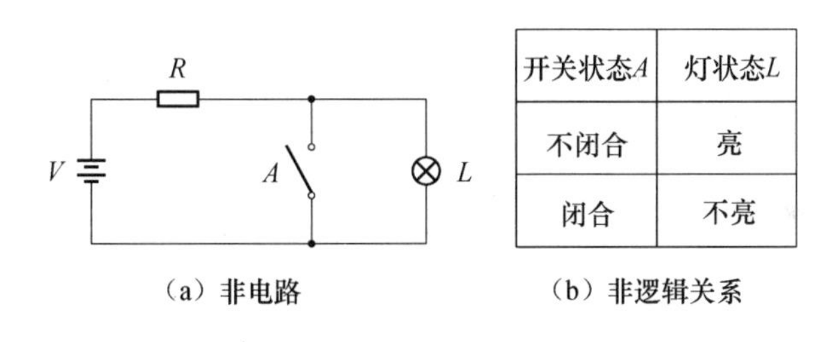

(a) 非电路　　(b) 非逻辑关系

图 1-6　非电路及其逻辑关系

(2)运算规则及表示方法:非运算规则及表示方法如表 1-12 所示。

表 1-12　非运算规则及表示方法

运算规则	逻辑表达式	真值表		逻辑符号
$\overline{0}=1$　$\overline{1}=0$ 口诀: 输入为 0,输出为 1; 输入为 1,输出为 0	$L=\overline{A}$ 读作: L 等于 A 非	A	$L=\overline{A}$	国标　A —[1]o— $L=\overline{A}$ 国际标准　A —▷o— $L=\overline{A}$
		0	1	
		1	0	

4. 复合运算

常用的复合运算有与非、或非、与或非、异或、同或等。

(1)与非:与非运算是与运算和非运算的结合,它的运算规则及表示方法如表 1-13 所示。

表 1-13 与非运算规则及表示方法

逻辑表达式	真值表			逻辑符号
$L=\overline{A \cdot B}$ 简写为: $L=\overline{AB}$	A	B	$L=\overline{AB}$	国标 & $L=\overline{A \cdot B}$ 国际标准 $L=\overline{A \cdot B}$
	0	0	1	
	0	1	1	
	1	0	1	
	1	1	0	

(2)或非:或非运算是或运算和非运算的结合,它的运算规则及表示方法如表 1-14 所示。

表 1-14 或非运算规则及表示方法

逻辑表达式	真值表			逻辑符号
$L=\overline{A+B}$	A	B	$L=\overline{A+B}$	国标 ≥1 $L=\overline{A+B}$ 国际标准 $L=\overline{A+B}$
	0	0	1	
	0	1	0	
	1	0	0	
	1	1	0	

(3)与或非:与或非运算是与运算、或运算和非运算的结合,四变量的与或非表达式为 $L=\overline{AB+CD}$,国标及国际标准逻辑符号如图 1-7 所示。

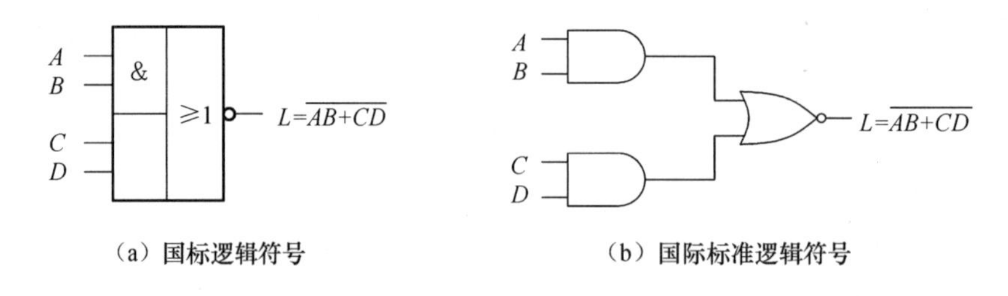

(a)国标逻辑符号　　(b)国际标准逻辑符号

图 1-7 与或非运算的逻辑符号

(4)异或:异或运算只有两个输入变量,当两个输入变量相同时,输出为 0;当两个输入变量不同时,输出为 1。异或运算符号为⊕。异或运算规则及表示方法如表 1-15 所示,异或运算又叫作判奇偶运算。

表 1-15　异或运算规则及表示方法

运算规则	逻辑表达式	真值表			逻辑符号
$0\oplus0=0$　$0\oplus1=1$ $1\oplus0=1$　$1\oplus1=0$ 口诀： 输入不同，输出为1； 输入相同，输出为0	$L=A\oplus B$ 读作： L 等于 A 异或 B	A	B	$L=A\oplus B$	国标　A、B —[=1]— $L=A\oplus B$ 国际标准　A、B — $L=A\oplus B$
		0	0	0	
		0	1	1	
		1	0	1	
		1	1	0	

(5)同或：同或运算也只有两个输入变量，当两个输入变量相同时，输出为1；当两个输入变量不同时，输出为0。同或运算规则及表示方法如表1-16所示，它是异或运算的非运算，又叫作判一致运算。

表 1-16　同或运算规则及表示方法

运算规则	逻辑表达式	真值表			逻辑符号
$0\odot0=1$　$0\odot1=0$ $1\odot0=0$　$1\odot1=1$ 口诀： 输入不同，输出为0； 输入相同，输出为1	$L=A\odot B$ 读作： L 等于 A 同或 B	A	B	$L=A\odot B$	国标　A、B —[=]— $L=A\odot B$ 国际标准　A、B — $L=A\odot B$
		0	0	1	
		0	1	0	
		1	0	0	
		1	1	1	

1.5　逻辑运算公式及定理

在计算复杂的逻辑函数时，除了要用到基本的逻辑运算，还要用到一些常用的公式和定理。

1.5.1　逻辑运算公式

常用的逻辑运算公式如表1-17所示。

表 1-17　常用的逻辑运算公式

名称	公式1	公式2	说明
0-1律	$A\cdot1=A$ $A\cdot0=0$	$A+0=A$ $A+1=1$	变量与常量的关系

表 1-17(续)

名称	公式 1	公式 2	说明
互补律	$A\bar{A}=0$	$A+\bar{A}=1$	逻辑代数特殊规律
重叠律	$AA=A$	$A+A=A$	
对合律	$\bar{\bar{A}}=A$		
交换律	$AB=BA$	$A+B=B+A$	与普通代数规律相同
结合律	$A(BC)=(AB)C$	$A+(B+C)=(A+B)+C$	
分配律	$A(B+C)=AB+AC$	$A+BC=(A+B)(A+C)$	逻辑代数特殊规律
反演律	$\overline{AB}=\bar{A}+\bar{B}$	$\overline{A+B}=\bar{A}\,\bar{B}$	

简单的公式可以用基本逻辑运算规则及真值表证明，反演律也叫作德·摩根定理。

【例 1-11】 用真值表证明反演律 $\overline{AB}=\bar{A}+\bar{B}$ 和 $\overline{A+B}=\bar{A}\,\bar{B}$。

证明：见表 1-18 所示的真值表。

表 1-18 证明反演律所用的真值表

A	B	$\overline{AB}$	$\bar{A}+\bar{B}$	$\overline{A+B}$	$\bar{A}\,\bar{B}$
0	0	1	1	1	1
0	1	1	1	0	0
1	0	1	1	0	0
1	1	0	0	0	0

【例 1-12】 证明分配律 $A+BC=(A+B)(A+C)$。

证明：$(A+B)(A+C)=AA+AC+BA+BC=A+AB+AC+BC=A(1+B+C)+BC$

$$=A+BC$$

除了这些基础公式，还有一些常用公式，如表 1-19 所示。

表 1-19 逻辑函数的常用公式

名称	公式
吸收式	$A+AB=A$
消因子式	$A+\bar{A}B=A+B$
并项式	$AB+\bar{A}C+BC=AB+\bar{A}C$
消多余项式	$AB+\bar{A}C+BCD=AB+\bar{A}C$

【例 1-13】 用基本公式证明消多余项式 $AB+\overline{A}C+BCD=AB+\overline{A}C$。

证明：$AB+\overline{A}C+BCD=AB+\overline{A}C+(A+\overline{A})BCD=AB+\overline{A}C+ABCD+\overline{A}BCD$

$$=AB+ABCD+\overline{A}C+\overline{A}CBD=AB+\overline{A}C$$

1.5.2 逻辑运算定理

逻辑函数在运算或变换中，遵循以下三个定理。

1. 对偶定理

(1)对偶式：对于任何一个逻辑表达式 L，如果把式中的“+”换成“·”，“·”换成“+”，“1”换成“0”，“0”换成“1”，并保持原表达式的运算优先顺序，就可得到一个新的表达式 L'，称 L' 为 L 的对偶式。例如：

$L_1=A+BC$　　　　$L_1'=A(B+C)$

$L_2=AB+\overline{A}C+BC$　　　　$L_2'=(A+B)(\overline{A}+C)(B+C)$

(2)对偶定理：如果两个逻辑表达式相等，则它们的对偶式也一定相等。

使用对偶定理时要特别注意保持原表达式运算符号的优先顺序：先括号、再与、后或，必要时可加括号。

表 1-17 中的公式 1 及公式 2 两列就满足对偶定理。由此可见，利用对偶定理可以减少很多的公式记忆量。

2. 代入定理

代入定理：在任何逻辑等式中，如果等式两边所有出现某一变量的地方，都代之以同一个函数，等式仍然成立，则用代入定理可以将一些公式进行扩展。

【例 1-14】 用代入定理证明反演律 $\overline{AB}=\overline{A}+\overline{B}$ 适用于三变量函数。

证明：将 $B=BC$ 代入反演律的两边，得 $\overline{ABC}=\overline{A}+\overline{BC}=\overline{A}+\overline{B}+\overline{C}$。

3. 反演定理

反演定理：对于任何一个逻辑表达式 L，如果把式中的“+”换成“·”，“·”换成“+”，“1”换成“0”，“0”换成“1”，原变量换成反变量，反变量换成原变量，所得到的表达式 $\overline{L}$ 就是 L 的反函数。

利用反演定理可以方便地求取一个函数的反函数，使用时注意两点：

(1)运算符号的优先顺序：先括号、再与、后或，必要时加括号；

(2)只是单个的原变量与反变量互换，不是单个变量的反号保持不变。

【例 1-15】 已知函数 $L=AE+\overline{(A+B)C+\overline{A}D}+(\overline{A}+E)B$，用反演定理求取反函数 $\overline{L}$。

解：由反演定理得 $\overline{L}=(\overline{A}+\overline{E})\overline{(\overline{A}\,\overline{B}+\overline{C})(A+\overline{D})}(A\overline{E}+\overline{B})$。

1.6 逻辑函数的表示方法及其转换

1.6.1 逻辑函数的表示方法

1. 逻辑函数表达式

(1)用与或非逻辑运算符表示逻辑函数中各个变量之间的逻辑关系的代数式叫作逻辑函数表达式,如 $L = AE + \overline{(A + B)C + \overline{A}D} + (\overline{A} + E)B$ 。

这种表示方法的优点:

① 便于用逻辑代数的公式和定理进行运算变换;

② 便于画出逻辑图。

这种表示方法的缺点:逻辑函数比较复杂时逻辑功能不直观。

(2)同一个逻辑函数可以用不同的器件实现,不同形式的表达式之间可以进行变换。

如一个逻辑函数的与或表达式为 $L = AC + \overline{A}B$,可以用与门、或门实现。如果只用与非门实现,那么就要将上式转换为与非-与非的形式,即 $L = \overline{\overline{AC}\,\overline{\overline{A}B}}$ 。

常见的逻辑式主要有5种形式:与或表达式、或与表达式、与非-与非表达式、与或非表达式、或非-或非表达式。以与或表达式 $L = AC + \overline{A}B$ 为例,常见逻辑式的5种形式如表1-20所示。

表1-20 常见逻辑式的5种形式

表达式形式	逻辑式
与或表达式	$L = AC + \overline{A}B$
或与表达式	$L = (A + B)(\overline{A} + C)$
与非-与非表达式	$L = \overline{\overline{AC}\,\overline{\overline{A}B}}$
与或非表达式	$L = \overline{A\overline{C} + \overline{A}\,\overline{B}}$
或非-或非表达式	$L = \overline{\overline{A + B} + \overline{\overline{A} + C}}$

(3)最小项表达式是一种逻辑函数标准表达式,在逻辑函数变换及分析设计中有广泛应用。

① 最小项的定义

在 n 个变量的逻辑函数中,由 n 个变量构成一个乘积项 m,该乘积项中包含全部 n 个变量,每个变量都以原变量或反变量的形式出现且仅出现一次,则此乘积项 m 就称为这 n 个变量的一个最小项。例如:2个变量的最小项有4个,即$\overline{A}\,\overline{B}$、$\overline{A}B$、$A\overline{B}$、$AB$,$n$个变量构成的全部最小项共有 2^n 个。

② 最小项的编号

为了叙述和书写方便，常用“ m_i ”来表示最小项，规定下标“i”的值为原变量取 1、反变量取 0 时得到的二进制数所对应的十进制的值，三变量的全部最小项的编号及其取值如表 1-21 所示。

表 1-21　三变量的全部最小项的编号及其取值

A	B	C	$\bar{A}\bar{B}\bar{C}$	$\bar{A}\bar{B}C$	$\bar{A}B\bar{C}$	$\bar{A}BC$	$A\bar{B}\bar{C}$	$A\bar{B}C$	$AB\bar{C}$	ABC
0	0	0	1	0	0	0	0	0	0	0
0	0	1	0	1	0	0	0	0	0	0
0	1	0	0	0	1	0	0	0	0	0
0	1	1	0	0	0	1	0	0	0	0
1	0	0	0	0	0	0	1	0	0	0
1	0	1	0	0	0	0	0	1	0	0
1	1	0	0	0	0	0	0	0	1	0
1	1	1	0	0	0	0	0	0	0	1
最小项编号			m_0	m_1	m_2	m_3	m_4	m_5	m_6	m_7

③最小项的基本性质

a. 对于任意一个最小项，只有一组变量取值使它为 1，而其余各种变量取值均使它为 0；

b. 对于变量的任一组取值，任意两个不同最小项的乘积为 0；

c. 对于变量的任一组取值，全体最小项的和为 1。

④最小项表达式

以最小项组成的“与或”式逻辑函数称为最小项表达式。

例如，$L=F(A,B,C,D)=\bar{A}\bar{B}\bar{C}\bar{D}+\bar{A}\bar{B}\bar{C}D+\bar{A}\bar{B}C\bar{D}+\bar{A}B\bar{C}\bar{D}+\bar{A}B\bar{C}D+A\bar{B}\bar{C}\bar{D}+A\bar{B}C\bar{D}$

$$=m_0+m_1+m_2+m_4+m_5+m_8+m_{10}=\sum m(0,1,2,4,5,8,10)$$

2. 逻辑函数真值表

同基本运算的真值表定义及列写方法相同，真值表的每一行相当于逻辑函数的一个最小项，以四变量逻辑函数 $L=\bar{A}\bar{C}+\bar{B}\bar{D}$ 为例，其真值表如表 1-22 所示。

表 1-22　四变量真值表

A	B	C	D	L
0	0	0	0	1
0	0	0	1	1
0	0	1	0	1

表 1-22(续)

A	B	C	D	L
0	0	1	1	0
0	1	0	0	1
0	1	0	1	1
0	1	1	0	0
0	1	1	1	0
1	0	0	0	1
1	0	0	1	0
1	0	1	0	1
1	0	1	1	0
1	1	0	0	0
1	1	0	1	0
1	1	1	0	0
1	1	1	1	0

3. 卡诺图

当逻辑变量个数较多时,用真值表表示逻辑函数比较烦琐,将真值表的每一行最小项变为一个小方块,而且几何相邻的最小项逻辑也相邻,就得到了卡诺图。

(1)最小项逻辑相邻:两个最小项只有一个变量不同,两个相邻最小项可以合并为一项。

(2)卡诺图的结构:为保证几何相邻的最小项逻辑相邻,逻辑变量排序时要符合格雷码规则。

二变量、三变量、四变量的卡诺图分别如图 1-8(a)(b)(c)所示。

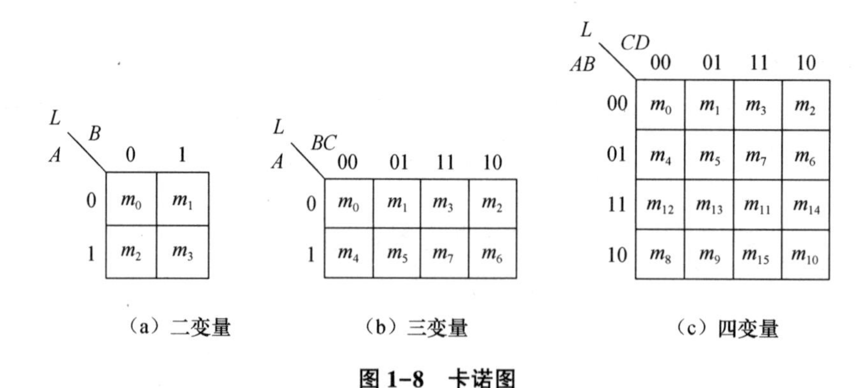

(a) 二变量 (b) 三变量 (c) 四变量

图 1-8 卡诺图

(3)用卡诺图表示逻辑函数:逻辑函数用最小项表达式表示,在表达式包含的最小项对应的卡诺图小方块位置中写 1,其余位置写 0 或空白。

【例 1-16】 画出逻辑函数 $L = F(A,B,C,D) = \sum m(0,1,2,4,5,8,10)$ 的卡诺图。

解：

L $AB \backslash CD$	00	01	11	10
00	1	1	0	1
01	1	1	0	0
11	0	0	0	0
10	1	0	0	1

图 1-9 例 1-16 卡诺图

4. 波形图

波形图就是各个逻辑变量的逻辑值随时间变化的规律图，即将逻辑函数输入变量可以出现的每一种取值与对应的输出值用相对于时间的波形变化来表示变量之间的逻辑关系，又称为时序图，逻辑函数 $L = A(B + C)$ 的波形图如图 1-10 所示。

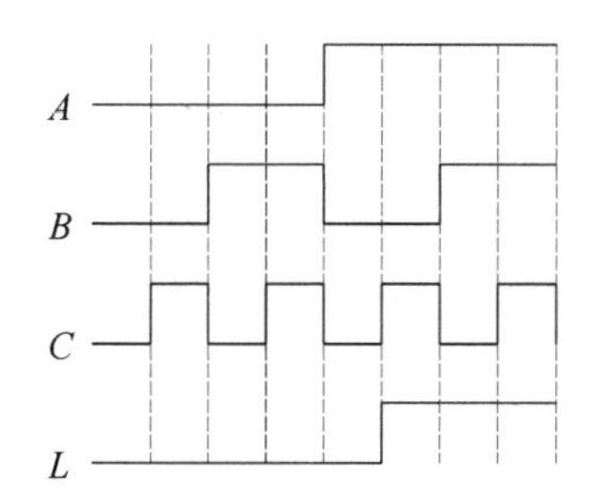

图 1-10 逻辑函数 $L=A(B+C)$ 的波形图

5. 逻辑图

将逻辑关系用逻辑符号表示出来的方法，称为逻辑图，如逻辑函数 $L - AB+\overline{A}\,\overline{B}$，其逻辑图如图 1-11 所示。

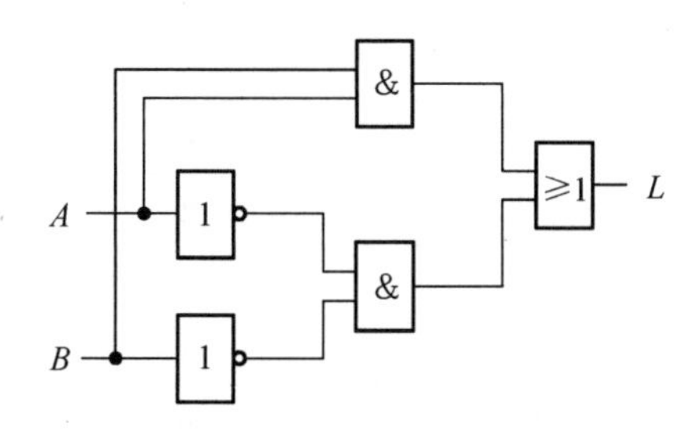

图 1-11 逻辑函数 $L=AB+\overline{A}\,\overline{B}$ 的逻辑图

1.6.2 逻辑函数表示方法的转换

1. 逻辑函数与真值表之间的相互转换

(1)逻辑函数转换为真值表:将输入变量按最小项排列,分别代入逻辑函数中得到输出变量,也就得到了逻辑函数的真值表。

【例 1-17】 已知逻辑函数 $L=\overline{A}B+\overline{B}C+A\overline{C}$,列出它的真值表。

解:逻辑函数真值表如表 1-23 所示。

表 1-23 逻辑函数 $L=\overline{A}B+\overline{B}C+A\overline{C}$ 的真值表

A	B	C	$\overline{A}B$	$\overline{B}C$	$A\overline{C}$	L
0	0	0	0	0	0	0
0	0	1	0	1	0	1
0	1	0	1	0	0	1
0	1	1	1	0	0	1
1	0	0	0	0	1	1
1	0	1	0	1	0	1
1	1	0	0	0	1	1
1	1	1	0	0	0	0

(2)真值表转换为逻辑函数最小项表达式:将真值表输出为 1 的各行对应的输入变量写成最小项,然后将所有输出为 1 的对应最小项相加,即可得到输出函数。

【例 1-18】 逻辑函数输入输出变量真值表如表 1-24 所示,写出它的逻辑函数表达式。

表 1-24 例 1-18 真值表

A	B	C	L
0	0	0	0
0	0	1	1
0	1	0	1
0	1	1	1
1	0	0	1
1	0	1	1
1	1	0	1
1	1	1	0

解:将真值表输出为 1 的各行对应的输入变量写成最小项形式,再将所有输出为 1 的对应最小项相加,就得到逻辑函数表达式 $L=\overline{A}\,\overline{B}C+\overline{A}B\overline{C}+\overline{A}BC+A\overline{B}\,\overline{C}+A\overline{B}C+AB\overline{C}$。

2. 逻辑函数与卡诺图之间的相互转换

(1)逻辑函数转换为卡诺图:将逻辑函数整理为与或表达式,根据输入变量的个数,画出卡诺图结构,保证每个乘积项为1,在卡诺图中相应的小方块中填1。

【例1-19】 用卡诺图表示逻辑函数 $L = AB + CD$ 。

解:由逻辑表达式可知,输入变量有4个,画四变量卡诺图结构,保证 $AB = 1$, $CD = 1$,得到该逻辑函数的卡诺图,如图1-12所示。

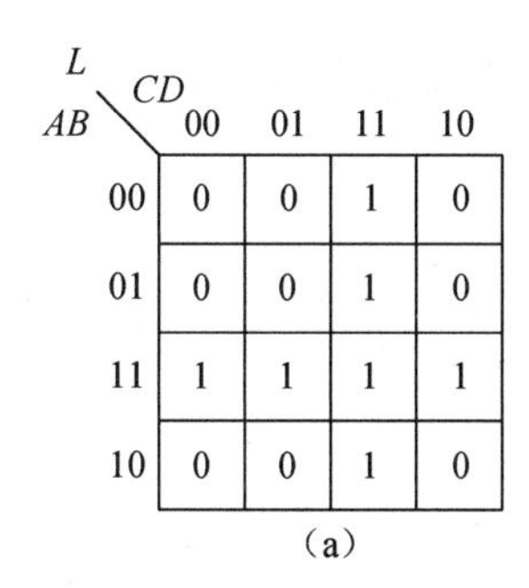

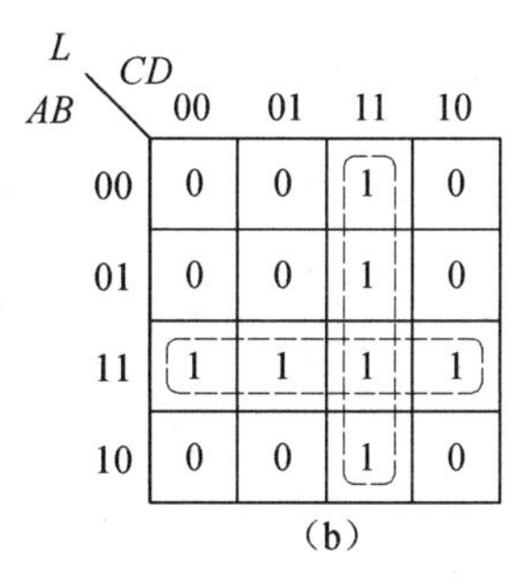

图1-12 例1-19卡诺图

(2)将卡诺图转换为逻辑函数的方法将后续讲解。

3. 逻辑函数与波形图之间的相互转换

(1)逻辑函数转换为波形图:将输入变量的所有最小项用波形图表示,分别代入逻辑函数中,将得到的输出变量也用波形图表示。

(2)波形图转换为最小项表达式:将波形图中输出为1的对应的输入变量写成最小项,然后将所有输出为1的对应的输入最小项相加,即可得到输出函数最小项表达式。

4. 逻辑函数与逻辑图之间的相互转换

(1)逻辑函数转换为逻辑图:将逻辑函数表达式中的运算符号用图形符号表示,即可得到逻辑图。

(2)逻辑图转换为逻辑函数:将逻辑图中的图形符号从输入端到输出端依次用运算符号表示,即可得到逻辑函数表达式。

1.7 逻辑函数的化简

为了使逻辑函数表达式的逻辑关系明显,且用最少的器件实现逻辑函数,常常需要将逻辑函数化简为最简与或式。

最简与或式的标准:

① 与项最少,即表达式中“+”号最少。

② 每个与项中的变量数最少,即表达式中“·”号最少。

要得到最简与或式,需要消去多余乘积项和多余的因子,化简的方法有公式法和卡诺图法。

1.7.1 公式化简法

用表 1-17 和表 1-19 中的公式,将复杂逻辑函数化简。

【例 1-20】 化简逻辑函数 $L = A(BC + \bar{B}\bar{C}) + A(B\bar{C} + \bar{B}C)$。

解:$L = A(BC + \bar{B}\bar{C}) + A(B\bar{C} + \bar{B}C) = ABC + A\bar{B}\bar{C} + AB\bar{C} + A\bar{B}C$(分配律)

$= AB(C + \bar{C}) + A\bar{B}(C + \bar{C}) = AB + A\bar{B} = A(B + \bar{B}) = A$(并项法)

【例 1-21】 化简逻辑函数 $L = A + \overline{\bar{A}\,\overline{BC}}(A + D + \overline{B\bar{C} + E\bar{D}})$。

解:$L = A + \overline{\bar{A}\,\overline{BC}}(A + D + \overline{B\bar{C} + E\bar{D}}) + BC$

$= (A + BC) + (A + BC)(A + D + \overline{B\bar{C} + E\bar{D}})$(德·摩根定理)

$= A + BC$(吸收法)

【例 1-22】 化简逻辑函数 $L = AB + \bar{A}C + \bar{B}C$。

解:$L = AB + \bar{A}C + \bar{B}C = AB + (\bar{A} + \bar{B})C = AB + \overline{AB}C = AB + C$(消因子法)

【例 1-23】 化简逻辑函数 $L = \bar{A}\bar{B}C + ABC + \bar{A}B\bar{D} + A\bar{B}\bar{D} + \bar{A}BC\bar{D} + BC\bar{D}\bar{E}$。

解:$L = \bar{A}\bar{B}C + ABC + \bar{A}B\bar{D} + A\bar{B}\bar{D} + \bar{A}BC\bar{D} + BC\bar{D}\bar{E}$

$= (\bar{A}\bar{B} + AB)C + (\bar{A}B + A\bar{B})\bar{D} + (\bar{A}B + B\bar{E})C\bar{D}$(结合律)

$= (\overline{A \oplus B})C + (A \oplus B)\bar{D} + (\bar{A}B + B\bar{E})C\bar{D}$(异或运算)

$= (\overline{A \oplus B})C + (A \oplus B)D$(消多余项)

【例 1-24】 化简逻辑函数 $L = A\bar{B} + \bar{A}B + B\bar{C} + \bar{B}C$。

解:$L = A\bar{B} + \bar{A}B + B\bar{C} + \bar{B}C = A\bar{B} + \bar{A}B(C + \bar{C}) + B\bar{C} + \bar{B}C(A + \bar{A})$

$= A\bar{B} + \bar{A}BC + \bar{A}B\bar{C} + B\bar{C} + A\bar{B}C + \bar{A}\bar{B}C$

$= (A\bar{B} + A\bar{B}C) + (\bar{A}BC + \bar{A}\bar{B}C) + (\bar{A}B\bar{C} + B\bar{C})$(结合律)

$= A\bar{B} + \bar{A}C + B\bar{C}$(并项法)

由以上例题可以看出,公式化简法的优点是比较简捷、方便,但有时也存在以下缺点:

(1)逻辑代数与普通代数的公式易混淆,化简过程要求对所有公式熟练掌握;

(2)公式化简法没有固定的步骤,没有一套完善的方法可循,依赖于人的经验;

(3)公式化简法技巧强,较难掌握;

(4)对化简后得到的逻辑表达式是否是最简式的判断有一定困难。

1.7.2 卡诺图化简法

之前介绍了用卡诺图表示逻辑函数的方法,它的特点是几何相邻时逻辑也相邻,利用卡诺图这个特点可以化简逻辑函数。

1. 卡诺图化简法原理

(1)最小项合并

2 个相邻的最小项可以合并为一项,消去 1 个变量;4 个相邻的最小项可以合并为一项,消去 2 个变量;8 个相邻的最小项可以合并为一项,消去 3 个变量,分别如图 1-13(a)(b)(c)所示。每一个圈写一个最简与项,规则是:取值为 1 的变量用原变量表示,取值为 0 的变量用反变量表示,将这些变量相与。

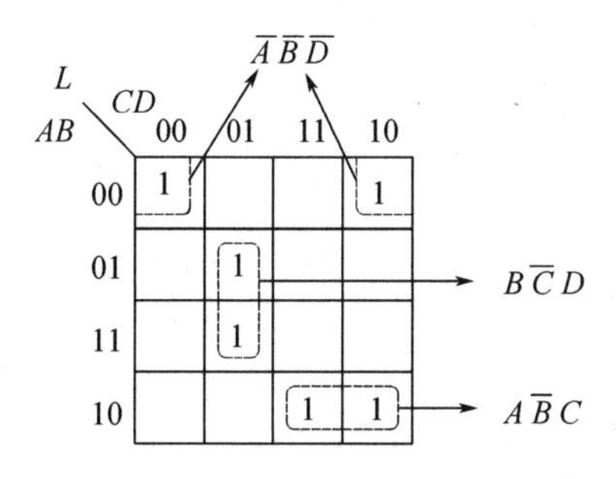

（a）2个相邻最小项合并

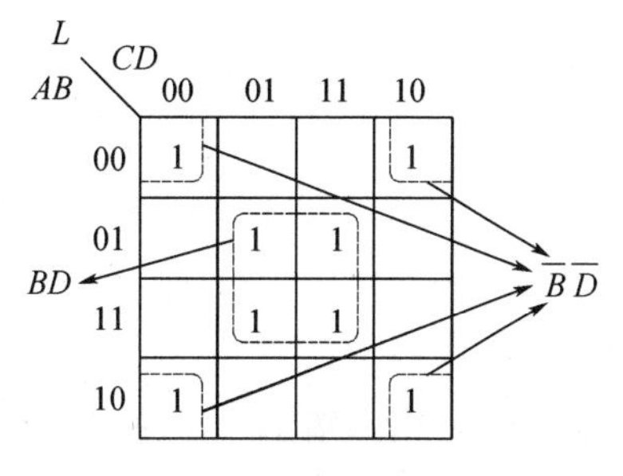

（b）4个相邻最小项合并

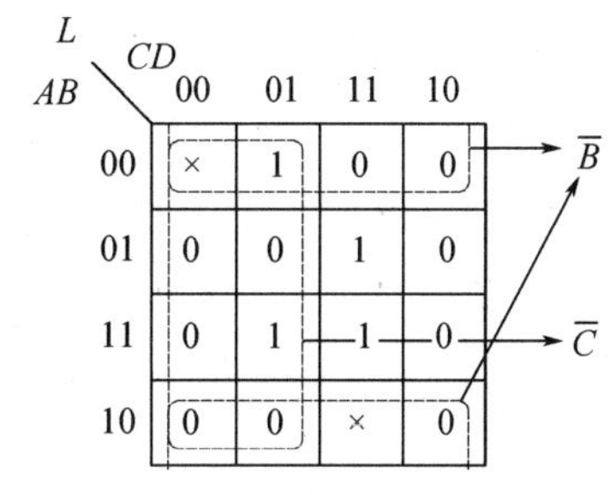

（c）8个相邻最小项合并

图 1-13　相邻最小项合并示意图

2^n 个相邻的最小项结合,可以消去 n 个变量而合并为一项。

(2)合并最小项原则

① 圈要尽可能大,但每个圈内只能含有 2^n 个相邻项,这样消去的变量多,与项因子少。小方块对边相邻、四角相邻,取值为 1 的方块可以被重复圈在不同的包围圈中。

② 卡诺图中所有的 1 都必须圈到,不能合并的 1 必须单独画圈。

③ 圈的个数尽量少,在新画的包围圈中至少要含有 1 个未被圈过的 1 方块,这样化简后的逻辑函数的与项就少,否则该包围圈是多余的。

2. 卡诺图化简法步骤

(1)将逻辑函数用卡诺图表示。

(2)合并相邻的最小项,即根据前述原则画圈,每个圈用一个与项表示。

(3)将所有与项进行逻辑加,即得最简与或表达式。

【例 1-25】　用卡诺图法化简逻辑函数 $L(A,B,C,D)=\sum m(0,1,2,5,6,8,9,13,14)$ 。

解:该逻辑函数的卡诺图如图 1-14 所示。

则最简与或式为 $L=\overline{B}\,\overline{C}+\overline{C}D+\overline{A}C\overline{D}+BC\overline{D}$ 。

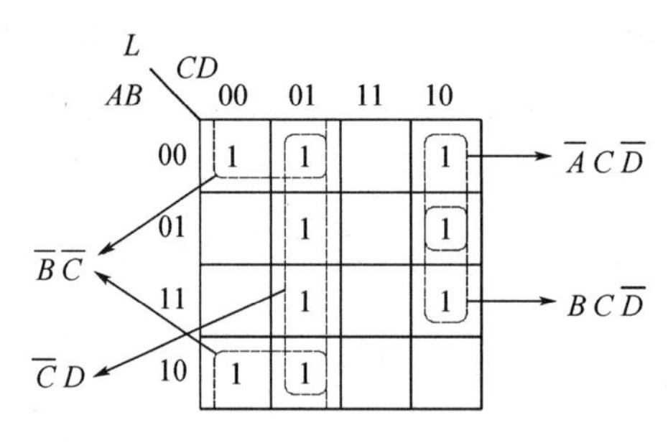

图 1-14 例 1-25 卡诺图

【例 1-26】 用卡诺图法化简逻辑函数 $L = A\overline{C} + \overline{A}C + B\overline{C} + \overline{B}C$。

解:按图 1-15(a)所示卡诺图画圈方法得 $L = A\overline{B} + \overline{A}C + B\overline{C}$ 。

按图 1-15(b)所示卡诺图画圈方法得 $L = \overline{A}B + A\overline{C} + \overline{B}C$ 。

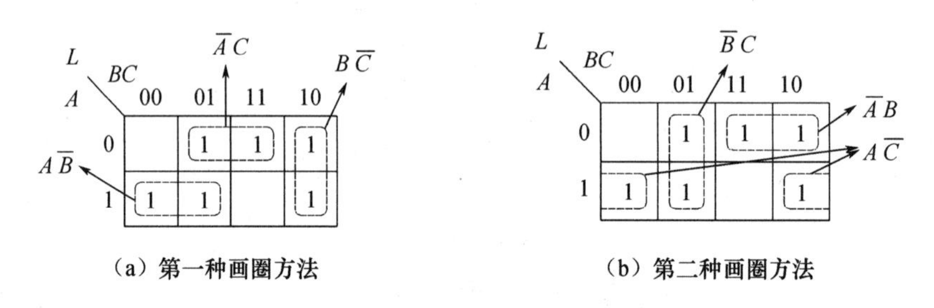

(a)第一种画圈方法　　(b)第二种画圈方法

图 1-15 例 1-26 卡诺图

1.7.3 具有无关项的逻辑函数及其化简

1. 无关项

在解决实际逻辑问题时,会出现一些不应该或不允许出现的情况。

例如,交通信号灯系统在正常情况下,红绿黄 3 个灯只能有 1 个亮,不允许出现 2 个、3 个灯同时亮或者 3 个灯都不亮的状态。如果红绿黄 3 个灯的状态分别用变量 A、B、C 表示,变量为 1 时表示灯亮,变量为 0 时表示灯灭,它们的关系是 $ABC = 0$、$AB\overline{C} = 0$、$A\overline{B}C = 0$、$\overline{A}BC = 0$、$\overline{A}\,\overline{B}\,\overline{C} = 0$,即 $ABC + AB\overline{C} + A\overline{B}C + \overline{A}BC + \overline{A}\,\overline{B}\,\overline{C} = 0$,这 5 个最小项叫作任意项。如果出现这 5 种状态,车可以行也可以停,即逻辑值任意。

在电动机控制系统中,用 3 个按键分别控制电动机的正转、反转、停止,任何时刻电动机只能有 1 种工作状态,所以只能按 1 个按键。如果正转、反转、停止 3 个输入按键分别用变量 A、B、C 表示,则 ABC 、$AB\overline{C}$ 、$A\overline{B}C$ 、$\overline{A}BC$ 、$\overline{A}\,\overline{B}\,\overline{C}$ 这 5 种情况是不可能出现的,也可以表达为:$ABC + AB\overline{C} + A\overline{B}C + \overline{A}BC + \overline{A}\,\overline{B}\,\overline{C} = 0$,这 5 个最小项叫作约束项。

任意项和约束项统称为无关项,带有无关项的逻辑函数的最小项表达式为:$L = \sum m(\ ) + d(\ )$,在卡诺图中用符号×来表示其逻辑值。

2. 具有无关项的逻辑函数的化简

无关项为 0,在化简时根据需要可以将它计入逻辑表达式,也可以不计入逻辑表达式。用卡诺图法化简时,根据圈要尽可能大的原则可以将×圈入,也可以不圈入。

【例 1-27】 逻辑函数 $Y(A,B,C,D)=\sum m(0,2,4,5,6,8,9)+d(10,11,12,13,14,15)$,用卡诺图法化简为最简与或式。

解:该逻辑函数的卡诺图如图 1-16 所示。

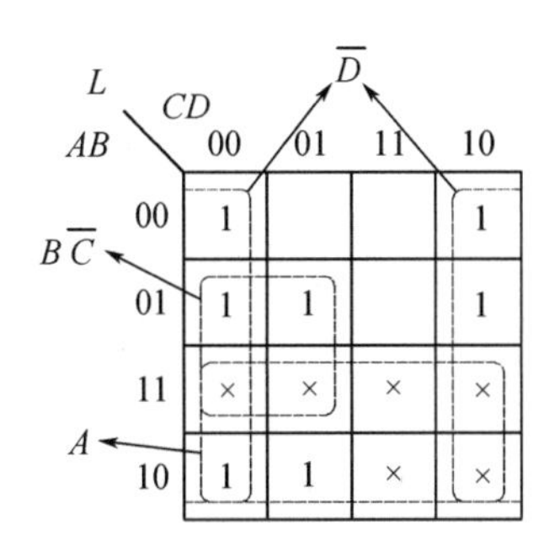

图 1-16　例 1-27 卡诺图

通过卡诺图化简后,得到 $Y=A+B\overline{C}+\overline{D}$。

第 1 章习题

1.1　将下列十进制数分别转换为二进制数、八进制数和十六进制数(要求转换误差不大于 2^{-4})。

(1)43

(2)127

(3)254.25

(4)2.718

1.2　将下列二进制数转换为十六进制数。

(1) $(101001)_2$

(2) $(11.01101)_2$

1.3　将下列十六进制数转换为二进制数。

(1) $(23F.45)_{16}$

(2) $(A040.51)_{16}$

1.4　将下列十六进制数转换为十进制数。

(1) $(103.2)_{16}$

(2) $(A45D.0BC)_{16}$

1.5　写出下列二进制数的原码、反码和补码。

(1) $(+1110)_2$

(2) $(+10110)_2$

(3) $(-1110)_2$

(4) $(-10110)_2$

1.6　写出下列有符号二进制补码所表示的十进制数。

(1)0010111

(2)11101000

1.7　用8位二进制补码计算下列各式,并用十进制数表示结果。

(1)43

(2)127

(3)254.25

(4)2.718

1.8　将下列数码作为自然二进制数或8421BCD码时,分别写出相应的十进制数。

(1)10010111

(2)100010010011

(3)000101001001

(4)10000100.10010001

1.9　用十六进制数写出下列的ASCII码。

(1)+

(2)@

(3)you

(4)43

1.10　根据图1-17所示输入信号 A、B 的波形,画出各门电路输出 L 的波形。

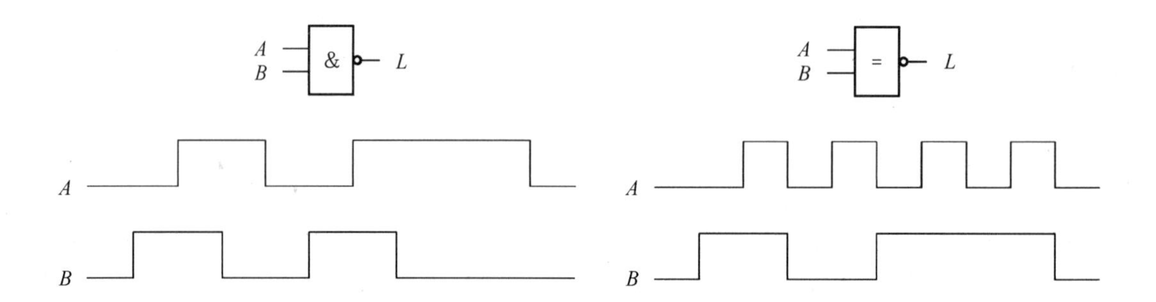

图1-17　1.10题图

1.11　用真值表证明下列恒等式。

(1) $(A \oplus B) \oplus C = A \oplus (B \oplus C)$

(2) $(A + B)(A + C) = A + BC$

(3) $\overline{A \oplus B} = \overline{A}\,\overline{B} + AB$

1.12　写出三变量的德·摩根定理表达式,并用真值表验证其正确性。

1.13　用逻辑代数定律证明下列等式。

(1) $A + \overline{A}B = A + B$

(2) $ABC + A\overline{B}C + AB\overline{C} = AB + AC$

(3) $A+A\bar{B}\,\bar{C}+\bar{A}CD+(\bar{C}+\bar{D})E=A+CD+E$

1.14　用代数法化简下列各式。

(1) $AB(BC+A)$

(2) $(A+B)(A\bar{B})$

(3) $\overline{\bar{A}BC}(B+\bar{C})$

(4) $\overline{A\bar{B}+ABC+A(A+A\bar{B})}$

(5) $\overline{AB+\bar{A}\,\bar{B}+\bar{A}B+A\bar{B}}$

(6) $\overline{\overline{(\bar{A}+B)}+\overline{A+B}+\overline{\bar{A}B}\,\overline{A\bar{B}}}$

(7) $\bar{B}+ABC+\overline{AC}+\overline{AB}$

(8) $\bar{A}\,\bar{B}\,\bar{C}+A\bar{B}C+ABC+A+B\bar{C}$

(9) $ABC\bar{D}+ABD+BC\bar{D}+ABC+BD+B\bar{C}$

(10) $\overline{\overline{AC+\bar{A}BC}+\bar{B}C+AB\bar{C}}$

1.15　将下列各式转换成与-或形式。

(1) $\overline{A\oplus B}\oplus\overline{C\oplus D}$

(2) $\overline{\overline{A+B}+\overline{C+D}}+\overline{\overline{C+D}+\overline{A+D}}$

(3) $\overline{\overline{\overline{AC}\;\overline{BD}}\;\overline{\overline{BC}\;\overline{AB}}}$

1.16　已知逻辑函数表达式为 $L=\bar{A}BC\bar{D}$，画出实现该表达式的逻辑电路图，限使用非门和二输入与非门。

1.17　画出实现下列逻辑函数表达式的逻辑电路图，限使用非门和二输入与非门。

(1) $L=AB+AC$

(2) $L=\overline{D(A+C)}$

(3) $L=\overline{(A+B)(C+D)}$

1.18　已知逻辑函数表达式为 $L=A\bar{B}+\bar{A}C$，画出实现该表达式的逻辑电路图，限使用非门和二输入或非门。

1.19　用卡诺图法将下列函数展开为最小项表达式。

(1) $L=A\bar{C}D+\bar{B}C\bar{D}+ABCD$

(2) $L=\overline{\bar{A}(B+\bar{C})}$

(3) $L=\overline{\overline{AB}+ABD(B+\bar{C}D)}$

1.20　已知逻辑函数 $L(A,B,C,D)$ 的卡诺图如图 1-18 所示，写出 L 的最简与或表达式。

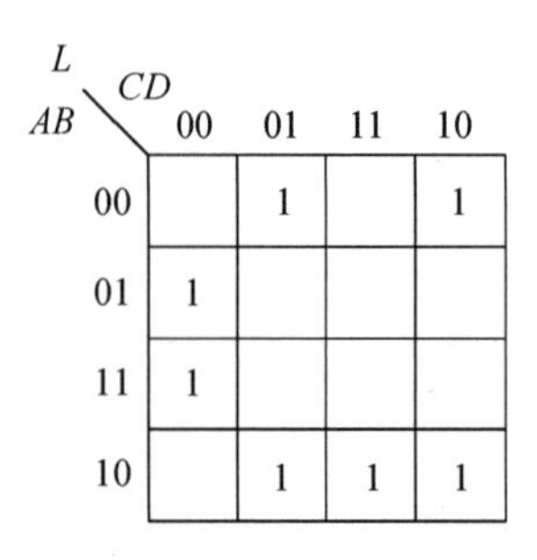

图 1-18　1.20 题图

1.21　用卡诺图法化简下列各式。

(1) $A\bar{B}CD+AB\bar{C}D+A\bar{B}+A\bar{D}+A\bar{B}C$

(2) $(\bar{A}\bar{B}+B\bar{D})\bar{C}+BD\overline{\bar{A}\bar{C}}+\bar{D}\overline{\bar{A}+\bar{B}}$

(3) $A\bar{B}CD+\bar{B}\bar{C}D+(A+C)B\bar{D}+\bar{A}\overline{\bar{B}+C}$

(4) $L(A,B,C,D)=\sum m(0,2,4,8,10,12)$

(5) $L(A,B,C,D)=\sum m(0,1,2,5,6,8,9,10,13,14)$

(6) $L(A,B,C,D)=\sum m(0,1,4,6,9,13)+d(3,5,7,11,15)$

(7) $L(A,B,C,D)=\sum m(0,13,14,15)+d(1,2,3,9,10,11)$

1.22　用真值表、卡诺图和逻辑图(限用非门和与非门)表示逻辑函数 $L=A\bar{B}+\bar{A}C+B\bar{C}$。

第 2 章　逻辑门电路

2.1　概　　述

用以实现基本逻辑运算和复合逻辑运算的单元电路称为逻辑门电路(简称门电路),门电路是组成数字系统的最小单元,常用的门电路有与门、或门、非门、与非门、或非门、与或非门等。

在最初的数字逻辑电路中,每个门电路都用若干个分立的半导体器件和电阻、电容连接而成,称为分立元件门电路。随着半导体器件制造工艺和集成工艺的发展,分立元件门电路已被集成门电路所取代。按照内部有源器件的不同,集成门电路分为 TTL(transistor transistor logic)集成门电路和 CMOS(complementary metal oxide semiconductor)集成门电路。TTL 集成门电路是由双极型晶体管构成的,而 CMOS 集成门电路则是由绝缘栅型场效应管(简称 CMOS 管)构成的。同样的集成门电路,可以有 TTL 和 CMOS 之分,它们的逻辑功能是一样的,但特性参数不同。

TTL 集成门电路的工作速度较快,但功耗较大,集成度不高,适用于中小规模的集成电路;CMOS 集成门电路的抗干扰能力强,功耗小,集成度高,适用于大规模集成电路。

在数字电路中,用高、低电平分别表示二值逻辑 1 和 0 两种逻辑状态,高电平 U_H 和低电平 U_L 并不是一个固定的数值,都允许有一定的变化范围(图 2-1)。高、低电平可由图 2-2 所示的开关电路获得,图 2-2(a)是单开关电路,当开关 S 接通时,输出 u_O 为低电平;当开关 S 断开时,输出 u_O 为高电平。图 2-2(b)是互补开关电路,比单开关电路的功耗要小得多。图中的开关 S_1 和 S_2 受同一个输入信号 u_I 控制,两个开关的状态相反。若 u_I 使 S_1 接通而使 S_2 断开,则 u_O 输出高电平;若 u_I 使 S_2 接通而使 S_1 断开,则 u_O 输出低电平。电路中的两个开关总是一个接通,一个断开,开关中始终没有电流通过,降低了电路的功耗。互补开关电路中的开关可由晶体管构成,这种电路广泛应用于数字集成电路中。

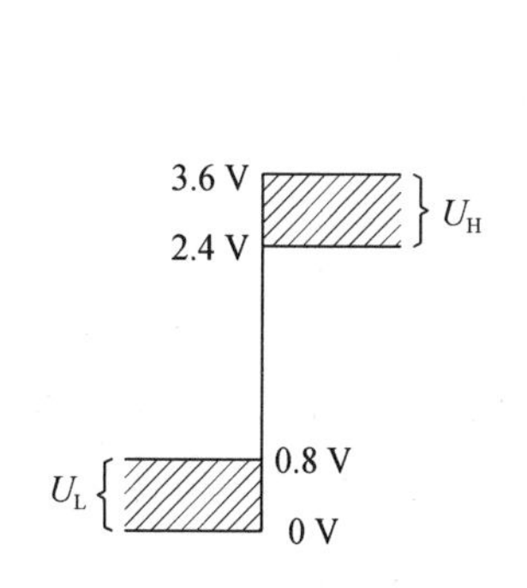

图 2-1　高、低电平示意图

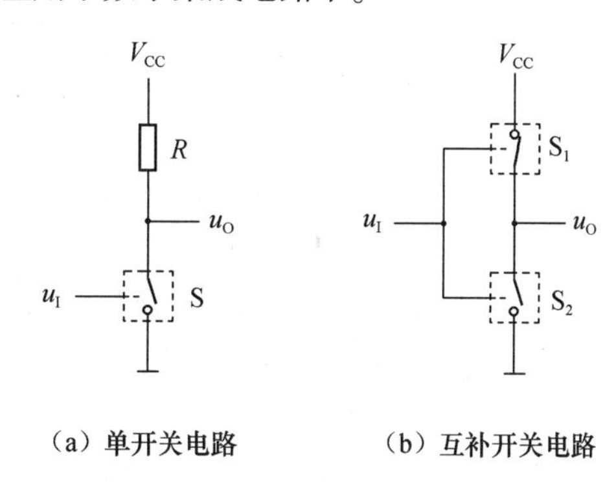

图 2-2　获得高、低电平的开关电路

2.2 门电路中开关器件的开关特性

通常，开关器件应具有两种对立的工作状态，即接通和断开。接通状态要求器件的阻抗很小，电路近似于短路；断开状态要求器件的阻抗很大，电路近似于开路。数字电路中经常使用半导体二极管、半导体三极管以及 MOS 管作为开关器件。

2.2.1 半导体二极管的开关特性

半导体二极管具有单向导电特性，相当于受外加电压控制的开关，二极管加正向电压时导通，加反向电压时截止，其符号和伏安特性曲线如图 2-3 所示。

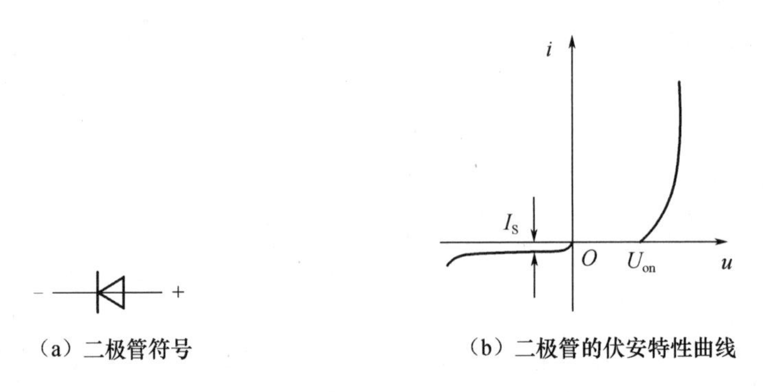

（a）二极管符号　　（b）二极管的伏安特性曲线

图 2-3　二极管的符号和伏安特性曲线

从图 2-3(b)中可以看出，二极管加正向电压时处于正向导通区，有很大的正向电流，相当于开关的接通状态；二极管加反向电压时处于反向截止区，有极小的反向电流，相当于开关的断开状态。用二极管代替图 2-2 中的开关 S，可得到图 2-4 所示的二极管开关电路。

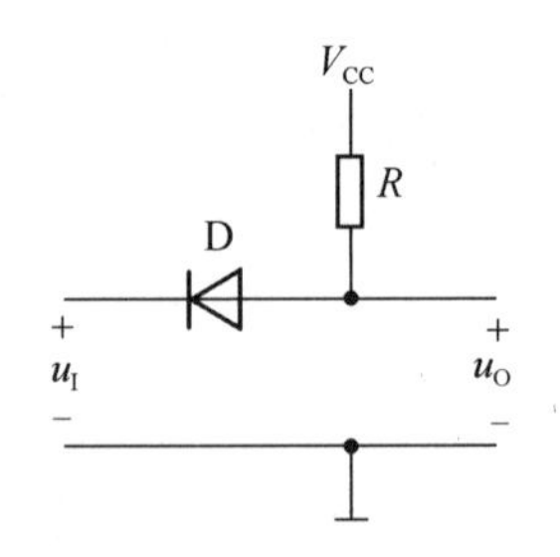

图 2-4　二极管开关电路

假设二极管是理想的开关器件，即二极管正向导通时电阻为 0，反向截止时电阻为无穷大，则当输入 u_I 为高电平时，二极管 D 导通，输出 u_O 为低电平。

实际上，二极管的特性并非理想的开关特性，其伏安特性曲线并不像图 2-3(b)所示的那样，二极管反向截止时电阻不是无穷大，正向导通时电阻也不是 0，电压与电流之间也不是线性关系,这给二极管应用电路的分析带来一定的困难。为便于分析,在实际应用中,常在一定的条件下,用由线性元件构成的电路来近似模拟二极管的特性,并用其来代替电路中的二极管。能够模拟二极管特性的电路称为二极管的等效电路,也称为二极管的等效模型。

根据二极管的伏安特性可以构造出多种等效电路,对于不同的应用场合、不同的分析要求,应选择其中某一种使用。

当二极管的正向导通电压和正向电阻与电源电压和外接电阻相比可以忽略时,可以将二极管看作图 2-5(a)所示的理想开关模型。模型中的伏安特性曲线表明,二极管导通时正向压降为 0,截止时反向电流为 0,称为理想二极管。理想二极管的电路符号用二极管的符号去掉中间的横线表示。

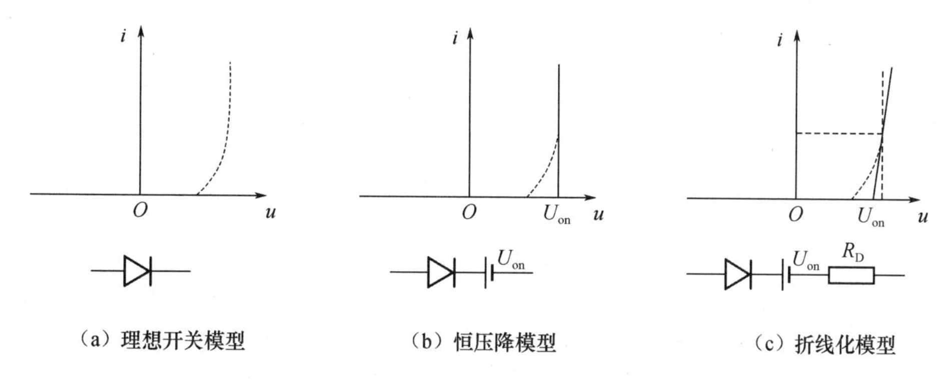

(a) 理想开关模型　(b) 恒压降模型　(c) 折线化模型

图 2-5　二极管的几种常用等效模型

当二极管的正向导通电压和电源电压相比不能忽略,但正向电阻与外接电阻相比可以忽略时,可将二极管看作图 2-5(b)所示的恒压降模型。模型中的伏安特性曲线表明,二极管导通时正向压降为一个常量 U_{on},截止时反向电流为 0,因此等效电路是理想二极管串联电压源 U_{on}。

当外电路的等效电源和等效电阻都很小时,二极管的正向导通电压和正向电阻都不能忽略,这时可将二极管看作图 2-5(c)所示的折线化模型。模型中的伏安特性曲线表明,当二极管正向电压 u 大于 U_{on} 后,其电流 i 与电压 u 呈线性关系,直线斜率为 $\frac{1}{R_D}$,二极管截止时反向电流为 0,因此等效电路是理想二极管串联电压源 U_{on} 和电阻 R_D,且 $R_D=\frac{\Delta u}{\Delta i}$。

需要注意的是,在动态情况下,二极管两端的电压突然反向时,电路的状态不能立即改变,电流的变化过程如图 2-6 所示。

由图 2-6 可以看出,当二极管电压由反向突然变为正向时,要等到 PN 结内部建立起足够的电荷梯度后才有扩散电流形成,所以正向导通电流的建立要延迟一段时间 t_{on},该时间称为开通时间;当二极管电压由正向突然变为反向时,由于 PN 结内还有一定数量的存储电荷,因此有较大的瞬态反向电流产生。存储电荷逐渐消散,反向电流迅速衰减并趋近于稳态的反向饱和电流,所经历的时间称为反向恢复时间,又称为关断时间,用 t_{off} 表示。

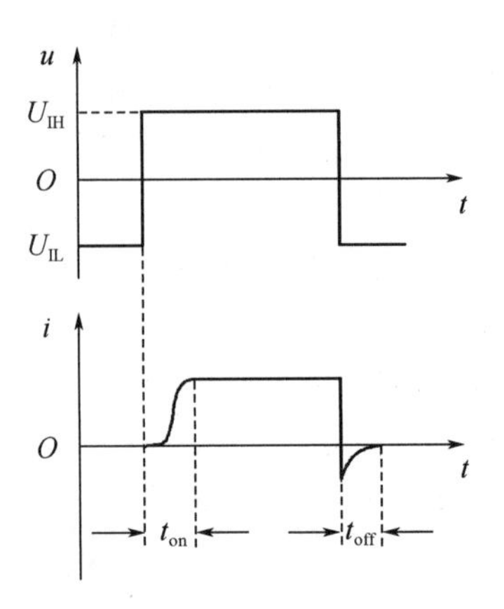

图 2-6　二极管的动态电流波形

2.2.2　半导体三极管的开关特性

半导体三极管又称双极型晶体管，简称三极管或晶体管。其按结构可以分为 NPN 型和 PNP 型两种。三极管有放大、饱和、截止三种工作状态，它的显著特点是具有放大能力。在数字电路中，三极管作为开关器件来使用，交替工作在饱和状态和截止状态。

图 2-7 是 NPN 型三极管的结构图和电路符号，它是由三层半导体制成的。中间是一块 P 型半导体，两边各为一块 N 型半导体。从三块半导体上各自接出一根电极，分别叫作基极 b、集电极 c 和发射集 e。与三个电极各自连接的半导体对应地称为基区、集电区和发射区，三块半导体之间形成两个 PN 结，分别称为发射结和集电结。

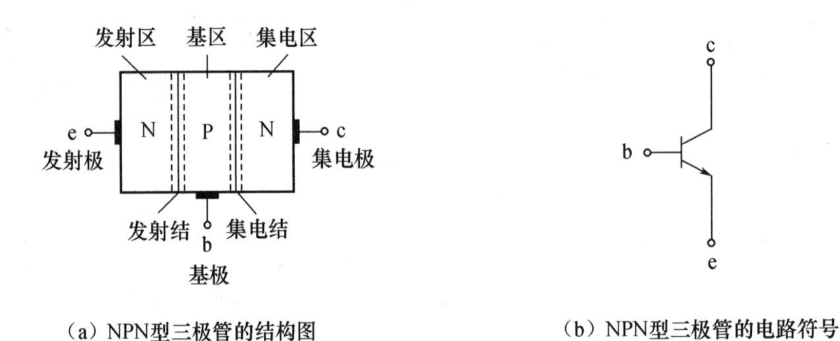

（a）NPN型三极管的结构图　（b）NPN型三极管的电路符号

图 2-7　NPN 型三极管的结构图和电路符号

图 2-8 所示为 NPN 型三极管构成的共射极电路及输出特性曲线，从输出特性曲线上看，三极管分成三个工作区，即截止区、饱和区和放大区，这三个工作区的特点如下：

（1）截止区。在图 2-8（b）所示输出特性曲线中，$I_B = 0$ 以下的区域称为截止区。截止区的特点是发射结和集电结均反偏，即 $U_{BE} < 0$，$I_B = 0$，$I_C \approx 0$；三极管集电极和发射极之间相当于开路。

（2）饱和区。在图 2-8（b）所示的特性曲线中，虚线和纵坐标轴之间的区域称为饱和区。饱和区的特点是发射结和集电结均正偏；三极管集电极和发射极之间饱和压降 U_{CE}很小（临界饱和时 $U_{CE} = U_{BE}$；深度饱和时，硅三极管 U_{CE}为 0.2~0.3 V，锗三极管 U_{CE}为 0.1~

0.2 V),近似于短路。

(3)放大区。在图 2-8(b)所示的特性曲线中,截止区和饱和区之间的广大区域称为放大区(也叫作线性区)。三极管处于放大区的特点是发射结正偏,集电结反偏;i_C 与 u_{CE} 基本无关,满足 $\Delta i_C=\beta\Delta i_B$ 的关系。其中,β 表示交流电流放大系数,其等于变化的集电极电流除以变化的基极电流。

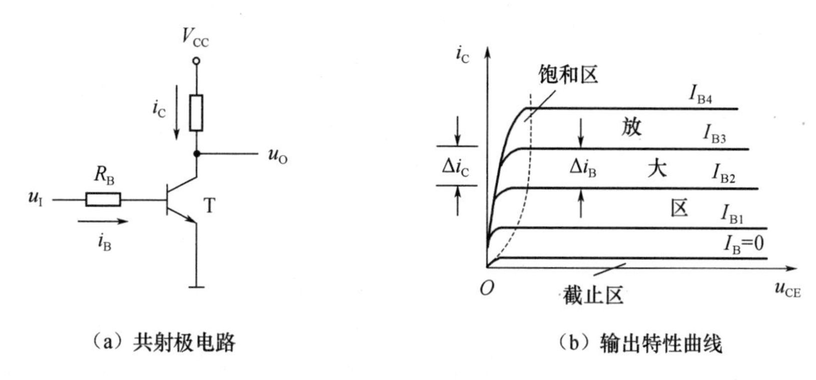

(a)共射极电路　　(b)输出特性曲线

图 2-8　NPN 型三极管电路及输出特性

可见,三极管工作在饱和区时,其饱和压降很小,相当于开关闭合;三极管工作在截止区时,集电极电流近似为 0,相当于开关断开,所以三极管可以替代图 2-2 中的开关 S。

2.2.3　MOS 管的开关特性

MOS 管是金属-氧化物-半导体(metal oxide semiconductor)场效应管的简称,即绝缘栅型场效应管,也是具有放大能力的半导体器件。但它的导电机理却与半导体三极管不同,它是通过栅极电压来控制漏极电流的,是数字电路中广泛采用的开关器件。

MOS 管从导电沟道来分,有 N 沟道和 P 沟道两种类型,无论 N 沟道类型还是 P 沟道类型,又都可以分为增强型和耗尽型两种。图 2-9 是增强型 MOS 管的电路符号。

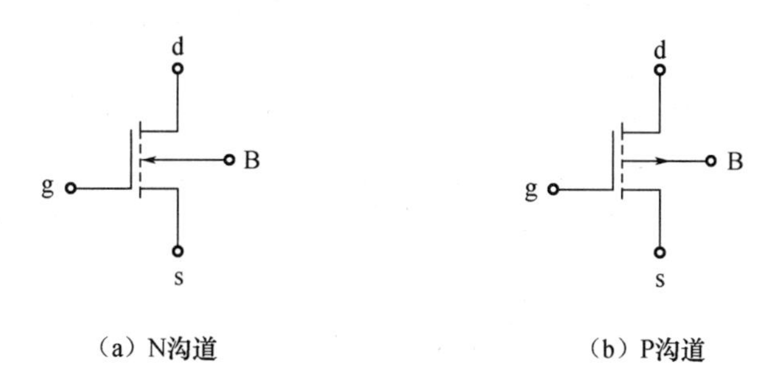

(a)N沟道　　(b)P沟道

图 2-9　增强型 MOS 管的电路符号

N 沟道增强型 MOS 管的转移特性和输出特性曲线如图 2-10 所示。

转移特性曲线是反映漏极电流 i_D 与栅源电压 u_{GS} 关系的曲线,由图 2-10(a)的转移特性曲线可见,当 $u_{GS} < U_{GS(th)}$(开启电压)时,由于导电沟道尚未形成,因此漏极电流 i_D 基本为 0。当 $u_{GS} \geqslant U_{GS(th)}$ 时,导电沟道形成,而且随着 u_{GS} 的增大,导电沟道变宽,沟道电阻减小,于是 i_D 也随之增大。该曲线可以近似表示为

$$i_D = I_{DO}\left(\frac{u_{GS}}{U_{GS(th)}} - 1\right)^2, u_{GS} > U_{GS(th)}$$

式中，I_{DO} 是 $u_{GS} = 2U_{GS(th)}$ 时的 i_D 值。

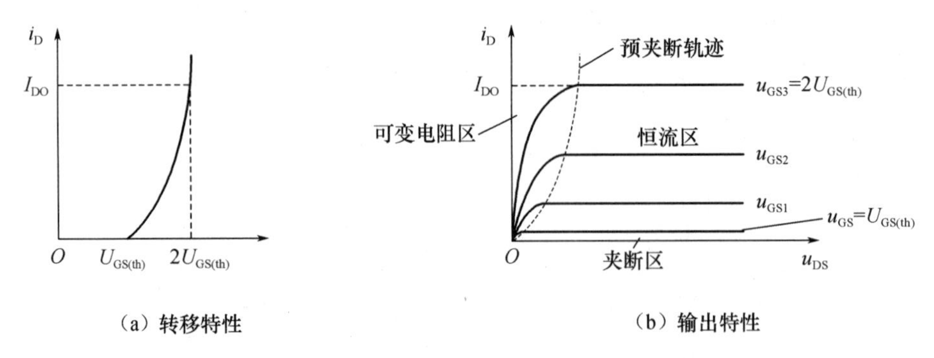

（a）转移特性　　（b）输出特性

图 2-10　N 沟道增强型 MOS 管的特性曲线

反映漏极电流 i_D 和漏源电压 u_{DS} 之间的关系曲线称为漏极特性曲线，又称为输出特性曲线。N 沟道增强型 MOS 管在正常工作时的输出特性曲线可以分为夹断区、可变电阻区和恒流区三个区域，如图 2-10(b)所示。

(1)当 u_{GS} 小于开启电压时，导电沟道未能形成，漏源之间呈现的电阻趋于无穷大，故 $i_D = 0$，此时的工作区域为夹断区(也称截止区)。若利用 MOS 管作为开关，工作在该区域时漏源之间相当于一个断开的开关。

(2)当 u_{GS} 大于开启电压时，i_D 基本上不随 u_{DS} 的变化而变化，它的值主要取决于 u_{GS}。各条特性曲线近似为水平的直线，如图 2-10(b)中预夹断轨迹虚线右边区域，称为恒流区，也称为饱和区。

(3)当 u_{DS} 很小时，u_{DS} 的变化直接影响整个沟道的电场强度，从而影响 i_D 的大小。该区域中 u_{DS} 增加会引起漏极电流 i_D 显著增加。如图 2-10(b)所示的预夹断轨迹虚线左边区域，在此区域可通过改变 u_{GS} 的值来改变漏源之间电阻的大小，故称这个区域为可变电阻区。

P 沟道增强型 MOS 管的符号及特性曲线与 N 沟道增强型 MOS 管有明显的对偶关系，其衬底为 N 型硅半导体，漏极、源极是 P^+ 区，u_{GS}、u_{DS} 都是负极性，开启电压也是负值。

由 N 沟道增强型 MOS 管构成的开关电路如图 2-11 所示，当输入 u_I 较小时，MOS 管 T 截止，$u_O = U_{OH} = V_{DD}$，为高电平；当输入 u_I 较大时，MOS 管 T 导通，相当于一个远小于 R_D 的小电阻，所以输出 $u_O = U_{OL}$，为低电平。

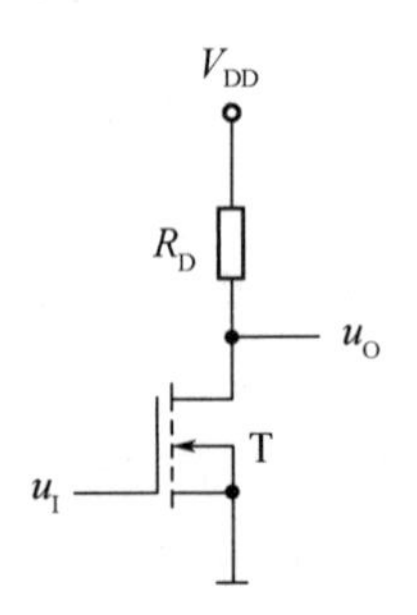

图 2-11　N 沟道增强型 MOS 管构成的开关电路

在如图 2-11 所示的开关电路中，当输入 u_I 为矩形脉冲时，相应 i_D 、u_O 的波形如图 2-12 所示。

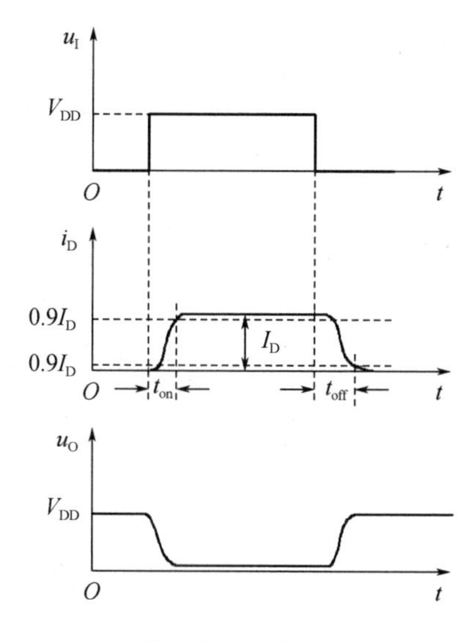

图 2-12 MOS 管开关电路中的 u_I、i_D、u_O 波形图

由于 MOS 管三个电极之间存在电容，当 u_I 由低电平跳变到高电平时，MOS 管要经过一段时间才能从截止状态转换到导通状态，这段时间称为开通时间 t_{on} ；同样，当 u_I 由高电平跳变到低电平时，MOS 管也要经过一段时间才能从导通状态转换到截止状态，这段时间称为关断时间 t_{off} 。

2.3 分立元件门电路

由分立的二极管、三极管和 MOS 管以及电阻等元件组成的门电路称为分立元件门电路。

2.3.1 二极管与门

二极管双输入与门电路如图 2-13 所示，图中 A、B 为两个输入变量，Y 为输出变量。

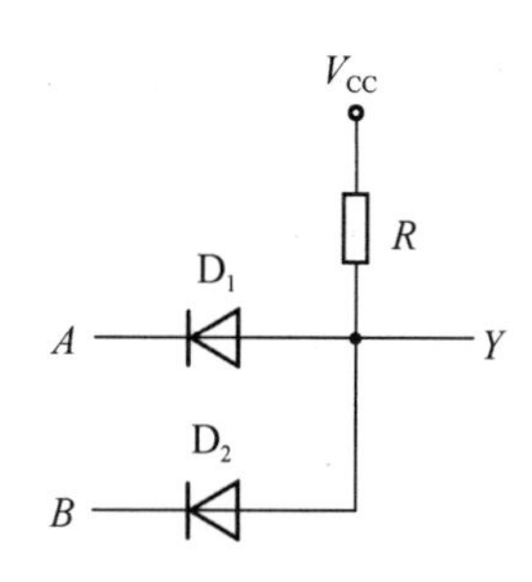

图 2-13 二极管双输入与门电路

设 $V_{CC}=5$ V，A、B 输入端的高、低电平分别为 $U_{IH}=3$ V、$U_{IL}=0$ V，二极管 D_1、D_2 正向导通压降 $U_D=0.7$ V，由图 2-13 可知：

(1)A、B 端同时为低电平 0 V，二极管 D_1、D_2 均导通，使输出 Y 为 0.7 V。

(2)A、B 中任一端为低电平 0 V 时，如 A 端输入为 0 V，B 端输入为 3 V，则二极管 D_1 先导通，使输出 Y 的电位钳制在 0.7 V。二极管 D_2 受反向电压作用而截止，此时输出 Y 保持为 0.7 V。

(3)A、B 端同时为高电平 3 V 时，二极管 D_1、D_2 均截止，使输出 Y 为 3.7 V。

综合上述分析结果，可将图 2-13 所示电路的输入与输出逻辑电平关系列于表 2-1 中。

表 2-1　图 2-13 电路的逻辑电平关系

A/V	B/V	Y/V
0	0	0.7
0	3	0.7
3	0	0.7
3	3	3.7

若规定 3 V 以上为高电平，用逻辑 1 表示，0.7 V 以下为低电平，用逻辑 0 表示，则可以得到图 2-13 所示电路的真值表，如表 2-2 表示。

表 2-2　图 2-13 电路的真值表

A	B	Y
0	0	0
0	1	0
1	0	0
1	1	1

2.3.2　二极管或门

图 2-14 所示为二极管双输入或门电路，图中 A、B 为两个输入变量，Y 为输出变量。

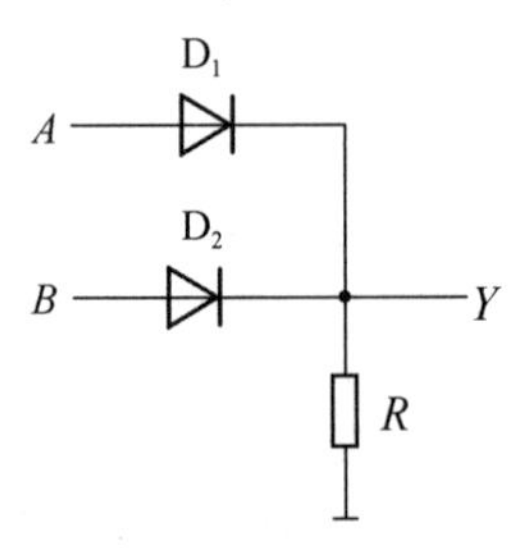

图 2-14　二极管双输入或门

设 A、B 输入端的高、低电平分别为 $U_{IH}=3\ V$、$U_{IL}=0\ V$，二极管 D_1、D_2 的正向导通压降 $U_D=0.7\ V$，由图 2-14 可见：

(1)A、B 端同时为低电平 0 V 时，二极管 D_1、D_2 均处于截止状态，使输出 Y 为 0 V。

(2)A、B 中任一端为高电平 3 V 时，如 A 端输入为 3 V，B 端输入为 0 V，二极管 D_1 先导通，使输出 Y 的电位钳制在 2.3 V。二极管 D_2 受反向电压作用而截止，此时输出 Y 保持为 2.3 V。

(3)A、B 端同时为高电平 3 V 时，二极管 D_1、D_2 均导通，使输出 Y 为 2.3 V。

综合上述分析结果，可将图 2-14 所示电路的输入与输出逻辑电平关系列于表 2-3 中。

表 2-3 图 2-14 电路的逻辑电平关系

A/V	B/V	Y/V
0	0	0
0	3	2.3
3	0	2.3
3	3	2.3

若规定 2.3 V 以上为高电平，用逻辑 1 表示，0 V 以下为低电平，用逻辑 0 表示，则可以得到图 2-14 所示电路的真值表，如表 2-4 所示。

表 2-4 图 2-14 电路的真值表

A	B	Y
0	0	0
0	1	1
1	0	1
1	1	1

2.3.3 三极管非门

图 2-15 所示是三极管非门电路，图中 A 为输入变量，Y 为输出变量。

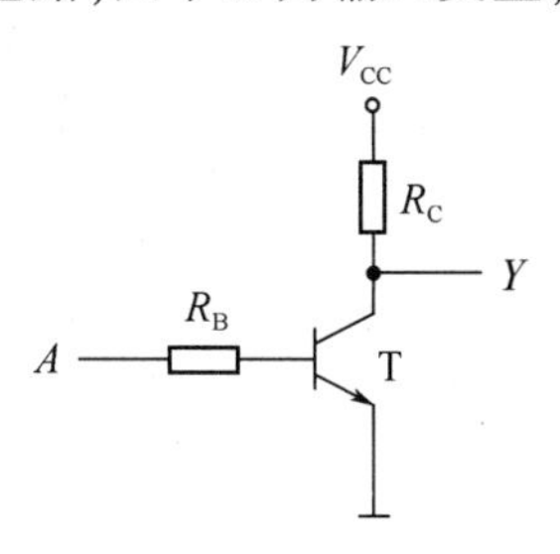

图 2-15 三极管构成的非门电路

如图 2-15 所示,设 $V_{CC}=5$ V,合理选择 R_B、R_C 的值,可保证当输入 A 为 5 V 时,三极管 T 饱和导通,输出 Y 为 0.3 V;当输入 A 为 0 V 时,三极管 T 截止,输出端 Y 的电压等于电源电压 5 V。

若规定 5 V 为高电平,用逻辑 1 表示,0.3 V 以下为低电平,用逻辑 0 表示,则可以得到图 2-15 所示电路的真值表,如表 2-5 所示。由表可见,图 2-15 所示电路可以实现非逻辑功能。

表 2-5　图 2-15 电路的真值表

A	Y
0	1
1	0

2.3.4　MOS 管非门

图 2-16 所示是 MOS 管非门电路,图中 A 为输入变量,Y 为输出变量。

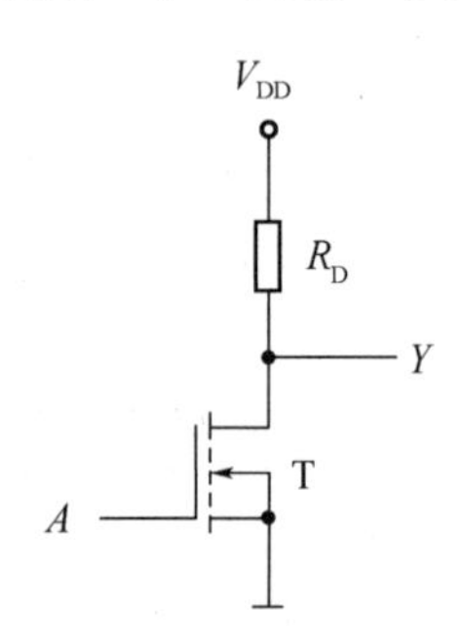

图 2-16　MOS 管构成的非门电路

如图 2-16 所示,设 $V_{DD}=10$ V,合理选择 R_D 的值,可保证当输入 A 为 10 V 时,栅源电压大于开启电压,MOS 管 T 导通且工作在可变电阻区,导通电阻很小,输出 Y 约为 0 V;当输入 A 为 0 V 时,栅源电压小于开启电压,MOS 管 T 截止,输出端 Y 的电压等于电源电压 10 V。

若规定 10 V 为高电平,用逻辑 1 表示,0 V 为低电平,用逻辑 0 表示,同样会得到如表 2-5 所示的真值表。由表可见,图 2-16 所示电路可以实现非逻辑功能。

分立元件门电路的结构简单,但使用中存在电平偏移、输出电阻大、负载能力差等缺点,目前广泛使用的是集成门电路。

2.4　TTL 集成门电路

TTL 集成系列门电路主要由双极型晶体管构成,由于输入端和输出端均采用晶体三极管,所以称为晶体管-晶体管逻辑(transistor-transistor-logic)电路,简称为 TTL 电路,是应用较广泛的双极型数字集成电路。国产 TTL 产品主要有 CT54/74 标准系列、CT54/74H 高速系列等。

2.4.1 TTL 反相器

1. TTL 反相器的电路结构

TTL 反相器的电路结构如图 2-17 所示,是 CT74 标准系列 TTL 反相器的典型电路,由输入级、中间级和输出级三部分组成。

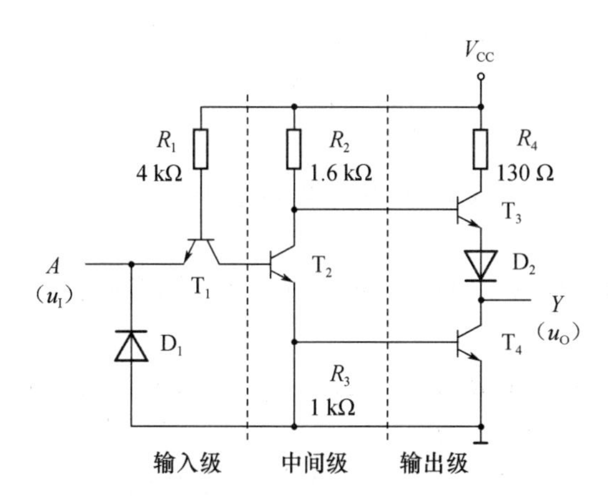

图 2-17 TTL 反相器的电路结构

三极管 T_1、电阻 R_1、二极管 D_1 组成输入级,D_1 是为防止输入电压过低而设置的保护二极管,在输入信号处于正常逻辑电平范围内时,D_1 为反偏状态,不影响电路的正常功能;当输入端出现负向干扰信号时,D_1 导通,使输入电压被钳制在-0.7 V,从而保护了 T_1 不会因发射极电流过大而被烧毁;三极管 T_2 和电阻 R_2、R_3 构成中间级(倒相级),三极管 T_3 和 T_4、电阻 R_4、二极管 D_2 构成输出级。

2. TTL 反相器的工作原理

TTL 电路正常的工作电压为 5 V,设三极管的发射结导通电压 U_{BE} 和二极管的导通电压 U_D 均为 0.7 V。若输入 u_I 为低电平,$U_{IL}=0.3$ V 时,三极管 T_1 的发射结导通,T_1 的基极电位 $u_{B1}=U_{IL}+U_{BE1}=0.3+0.7=1$ V 。此时 T_2、T_4 截止,T_3 和 D_2 导通,输出 u_O 为高电平 U_{OH}。若忽略电阻 R_2 上的电压,则得到

$$U_{OH}=V_{CC}-U_{BE3}-U_{D2}=5-0.7-0.7=3.6\ \text{V}$$

若输入 u_I 为高电平,$U_{IH}=3.6$ V 时,在输入电压由低电平开始上升过程中,T_1 的基极电位 u_{B1} 也随着升高,在 $u_{B1}=2.1$ V 以后,T_2、T_4 均进入饱和导通状态,T_3 和 D_2 截止,输出 u_O 为低电平 U_{OL}。若三极管的饱和导通压降 $U_{CES}=0.3$ V ,则得到

$$U_{OL}=U_{CES}=0.3\ \text{V}$$

分析结果表明,对于图 2-17 所示电路,当输入为低电平时,输出为高电平;当输入为高电平时,输出为低电平。因此,电路的输入和输出之间满足非逻辑关系。

2.4.2 TTL 与非门

图 2-18 所示为 CT74H 系列 TTL 与非门的典型电路,由输入级、中间级和输出级三部

分组成。

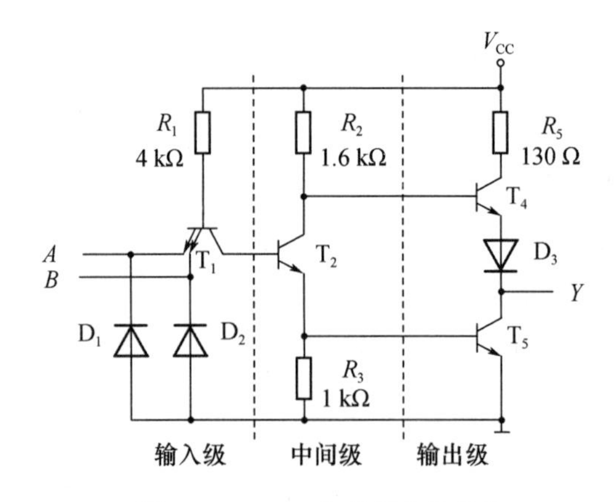

图 2-18　TTL 与非门电路结构

输入级由多发射极三极管 T_1 和电阻 R_1 组成，用以实现与逻辑功能。其中二极管 D_1 和 D_2 构成输入保护电路。

中间级由三极管 T_2 和电阻 R_2、R_3 组成，在 T_2 的集电极和发射极分别输出极性相反的电平，用来驱动输出级的三极管 T_4 和 T_5。

输出级由三极管 T_4、T_5、二极管 D_3 和电阻 R_5 组成，在正常工作时，T_4 和 T_5 总是一个处于截止状态，另一个处于饱和状态。

当输入 A、B 中有低电平时，对应于输入端接低电平的发射结导通，这时电源通过 R_1 为 T_1 提供基极电流。T_1 的基极电位 $U_{B1}=U_{IL}+U_{BE1}=0.3+0.7=1\ \text{V}$，不足以向 T_2 提供正向基极电流，因此 T_2 和 T_5 截止。此时，T_2 集电极电位 u_{C2} 接近电源电压 V_{CC}，使 T_4 的发射结正偏而导通，所以输出端 Y 为高电平。

当输入 A、B 均为高电平时，T_1 的基极电位被 T_1 集电结、T_2 和 T_5 的发射结钳位在 2.1 V，T_1 的发射结均反偏，电源 V_{CC} 通过 R_1 和 T_1 的集电极向 T_2 提供足够的基极电流，使 T_2 饱和，其发射极电流在 R_3 上产生的电压又为 T_5 提供了足够的基极电流，使 T_5 也饱和，T_2 的集电极电位为 $U_{C2}=U_{CES2}+U_{BE4}=0.3+0.7=1\ \text{V}$，$T_4$ 截止。

在 T_4 截止，T_5 饱和的状态下，输出 Y 的电位为 0.3 V，即输出 Y 为低电平。

综上所述，对于图 2-18 所示电路，当输入 A、B 中有低电平时，输出 Y 为高电平，当输入 A、B 均为高电平时，输出 Y 为低电平。因此，电路的输入和输出之间满足与非逻辑关系。

2.4.3　TTL 集电极开路门和三态门

一般 TTL 门电路的输出电阻都很低，若把两个或两个以上 TTL 门电路的输出端直接并接在一起，当其中一个输出为高电平，另一个输出为低电平时，就会在电源与地之间形成一个低阻串联电路，产生的电流将超过门电路的最大允许值，可能导致门电路因功耗过大而损坏。因此，一般的 TTL 门电路不能“线与”。所谓“线与”是不同门电路输出端直接连接形成“与”功能的方式，集电极开路门能实现“线与”功能。

1. 集电极开路门

这种电路由于输出管集电极开路，故称为集电极开路门电路，简称 OC（open collector）

门。这种门电路正常工作时，需要在输出端和电源 V_{CC} 之间直接外接上拉电阻 R_L。OC“与非”门电路图和逻辑符号如图 2-19 所示，与图 2-18 所示“与非”门的判别仅在于用外接电阻 R_L 取代了由 T_3 和 T_4 构成的有源负载。

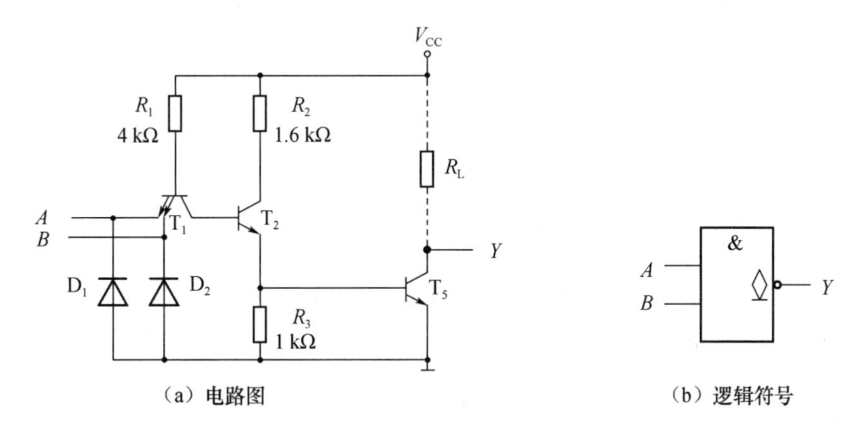

（a）电路图　　（b）逻辑符号

图 2-19　集电极开路“与非”门电路图和逻辑符号

当 A、B 输入中有低电平时，T_2 和 T_5 截止，Y 端输出高电平；当输入端全部是高电平时，T_2、T_5 导通。只要 R_L 的取值合适，T_5 就可以达到饱和，使 Y 输出低电平。

OC“与非”门与普通 TTL“与非”门不同的是它输出的高电平约为 V_{CC}，多个 OC“与非”门输出端相连时，可以共用一个上拉电阻 R_L，如图 2-20 所示。

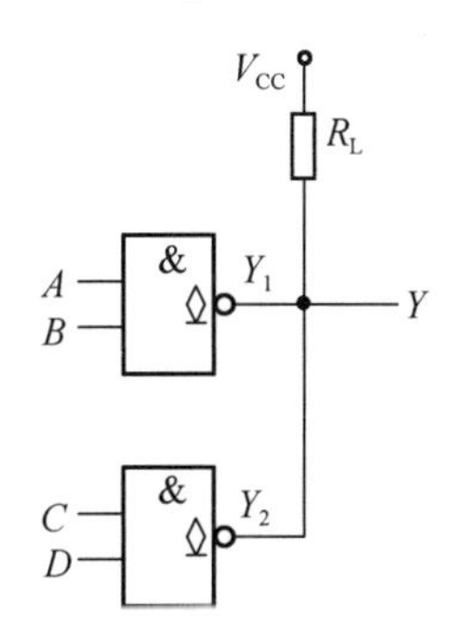

图 2-20　OC“与非”门“线与”逻辑图

由图 2-20 可知，$Y_1=\overline{AB}$，$Y_2=\overline{CD}$，按“线与”要求，$Y=Y_1Y_2=\overline{AB}\;\overline{CD}=\overline{AB+CD}$。

可见，将两个 OC“与非”门“线与”连接后，可实现“与或非”逻辑功能。

上拉电阻 R_L 的取值范围为

$$\frac{V_{CC}-U_{OLmax}}{I_{OL}-mI_{IL}}\leqslant R_L\leqslant\frac{V_{CC}-U_{OHmin}}{nI_{OH}-mI_{IH}}$$

式中　n——“线与”与 OC 门的个数；

m——后面连接的负载门个数；

U_{OLmax}——规定的产品低电平上限值；

U_{OHmin}——规定的产品高电平下限值；

I_{OL}——每个 OC 门所允许的最大负载电流；

I_{OH} ——OC 门输出管截止时的漏电流；

I_{IL} ——每个负载门的低电平输入电流；

I_{IH} ——每个负载门的高电平输入电流。

2. 三态门

三态门是在普通门电路基础上附加控制电路构成的，称为 TSL（three-state logic）门，TSL 门的输出有逻辑高电平、逻辑低电平和高阻态三种状态。

图 2-21 所示为 TTL 三态"与非"门电路图和逻辑符号，其中 A、B 为输入端，E 为控制端，又称为使能端，Y 为输出端。

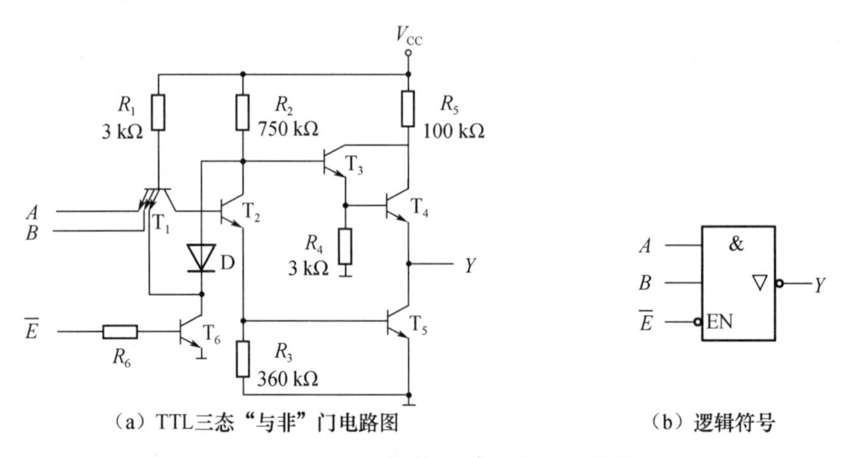

（a）TTL三态"与非"门电路图　　（b）逻辑符号

图 2-21　TTL 三态"与非"门电路图和逻辑符号

当 $\overline{E}$ 端输入低电平时，T_6 截止，其集电极电位 U_{c6} 为高电平，使与 T_6 集电极相连的 T_1 发射结也截止。由于和二极管 D 的 N 区相连的 PN 结全截止，故 D 截止，相当于开路，不起任何作用。此时三态门和普通门一样，能实现"与非"逻辑功能，即 $Y=\overline{AB}$，这是三态门的工作状态。

当 $\overline{E}$ 端输入高电平时，T_6 饱和导通，其集电极电位 U_{c6} 为低电平，D 导通，使 $U_{c2}=0.3+0.7=1\ \text{V}$，致使 T_4 截止。同时，U_{c6} 使 T_1 射极之一为低电平，T_2 和 T_5 截止。由于 T_4 和 T_5 同时截止，输出端相当于悬空或开路。此时，三态门相对于负载而言呈高阻状态，称为高阻态或截止状态。在此状态下，由于三态门与负载之间无信号联系，对负载不产生任何逻辑功能，所以截止状态不是逻辑状态，表 2-6 是三态"与非"门的真值表（高阻态用 Z 表示）。

表 2-6　三态"与非"门的真值表

A	B	$\overline{E}$	Y
0	0	0	1
0	1	0	1
1	0	0	1
1	1	0	0
×	×	1	Z

在计算机等复杂数字系统中,为了减少各单元电路之间的连线数目,往往采用总线结构来分时传送信号,这时可以用三态门组成总线,如图 2-22 所示。只要控制各个门电路的 E 端轮流等于 1,且任何时候仅有一个等于 1,就可以将各门电路的输出信号轮流传送到总线上而互不干扰。

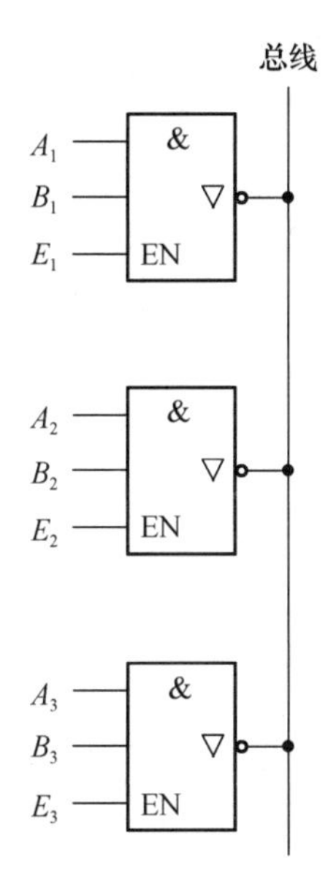

图 2-22 三态门组成的总线

【例 2-1】 某门电路的真值表如表 2-7 所示,说明其逻辑功能。

表 2-7 例 2-1 真值表

A	B	Y_1	Y_2
0	0	0	Z
0	1	Z	1
1	0	1	Z
1	1	Z	0

解:分析真值表,当 $B=0$ 时,$Y_1=A$;当 $B=1$ 时,Y_1 输出高阻态,因此它是一个控制端低电平有效的三态门,B 为控制端。

当 $B=1$ 时,$Y_2=\overline{A}$;当 $B=0$ 时,Y_2 输出高阻态,因此它是一个控制端高电平有效的三态“非”门,B 为控制端。

2.5 CMOS 集成门电路

CMOS 集成电路是由 P 沟道增强型 MOS 管和 N 沟道增强型 MOS 管按互补对称的形式连接构成的,故称为互补型 MOS 集成电路,简称为 CMOS 集成电路。这种集成电路具有功耗低、抗干扰能力强等特点,是目前应用最广泛的集成电路之一。

2.5.1 CMOS 反相器

1. CMOS 反相器的电路结构

CMOS 反相器的基本电路结构如图 2-23 所示,它是由两个增强型 MOS 管组成的,其中 T_1 是 P 沟道增强型 MOS 管,用作负载管;T_2 是 N 沟道增强型 MOS 管,用作驱动管。两管的栅极连在一起作为反相器的输入端,漏极连在一起作为反相器的输出端。P 沟道 MOS 管的源极接电源 V_{DD}。为保证电路正常工作,要求电源电压 V_{DD} 大于两个 MOS 管的开启电压的绝对值之和,即

$$\begin{cases} V_{DD} > |U_{GS(th)P}| + |U_{GS(th)N}| \\ U_{GS(th)P} = U_{GS(th)N} \end{cases}$$

其中,$U_{GS(th)P}$ 和 $U_{GS(th)N}$ 分别是 T_1 和 T_2 的开启电压。

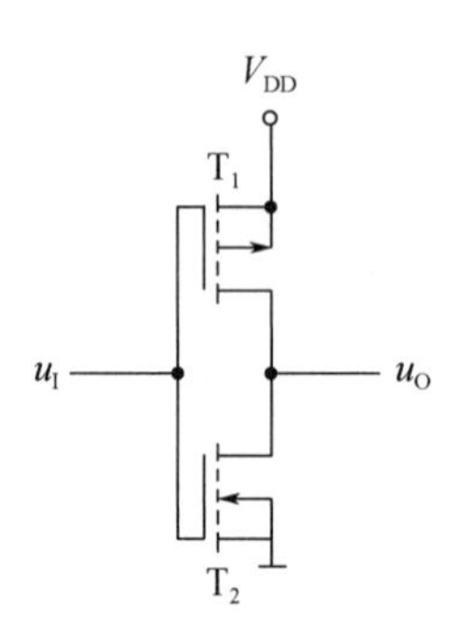

图 2-23 CMOS 反相器的基本电路结构

2. CMOS 反相器的工作原理

当电路输入为低电平,即 $u_I = 0$ V 时,T_2 的 $u_{GSN} = 0$ V,小于它的开启电压 $U_{GS(th)N}$,T_2 截止;此时 T_1 的 $u_{GSP} = 0 - V_{DD}$,小于它的开启电压 $U_{GS(th)P}$,T_1 导通,电路输出高电平,即 $u_O \approx V_{DD}$。

当电路输入为高电平,即 $u_I = V_{DD}$ 时,T_2 的 $u_{GSN} = V_{DD}$,大于它的开启电压 $U_{GS(th)N}$,T_2 导通;此时 T_1 的 $u_{GSP} = V_{DD} - V_{DD} = 0$ V,大于它的开启电压 $U_{GS(th)P}$,T_1 截止,电路输出低电平,即 $u_O \approx 0$ V。

综上所述,当输入为低电平时,输出为高电平;当输入为高电平时,输出为低电平。可见电路实现的是“非”逻辑功能。由于该电路输入信号与输出信号反相,故又称为 CMOS 反相器。

当 CMOS 反相器处于稳态时,无论输入的是高电平还是低电平,T_1 和 T_2 总是一个导通一个截止,流过 T_1 和 T_2 的漏极电流接近零,故 CMOS 反相器的静态功耗很低,这是 CMOS 电路的突出优点。

2.5.2 CMOS 与非门和或非门

1. CMOS 与非门

CMOS 与非门电路结构如图 2-24 所示,图中 T_2 和 T_4 是两个串联的 N 沟道增强型 MOS

管,用作驱动管;T_1 和 T_3 是两个并联的 P 沟道增强型 MOS 管,用作负载管。

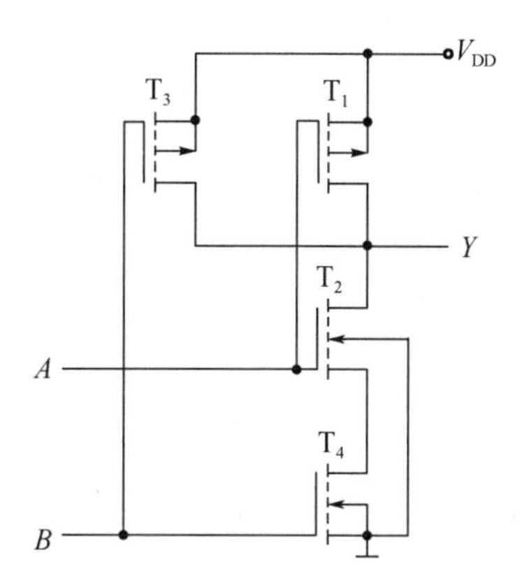

图 2-24 CMOS 与非门电路结构

当 $A=0$ V 、$B=V_{DD}$ 时,T_3 导通,T_4 截止,输出 Y 为高电平;当 $A=V_{DD}$ 、$B=0$ V 时,T_1 导通,T_2 截止,输出 Y 还是高电平;当 $A=B=V_{DD}$ 时,T_1 和 T_3 同时截止,T_2 和 T_4 同时导通,输出 Y 为低电平。因此,该电路实现的是与非门功能,即 $Y=\overline{AB}$ 。

2. CMOS 或非门

CMOS 或非门的电路如图 2-25 所示,图中 T_2 和 T_4 是两个并联的 N 沟道增强型 MOS 管,用作驱动管;T_1 和 T_3 是两个串联的 P 沟道增强型 MOS 管,用作负载管。

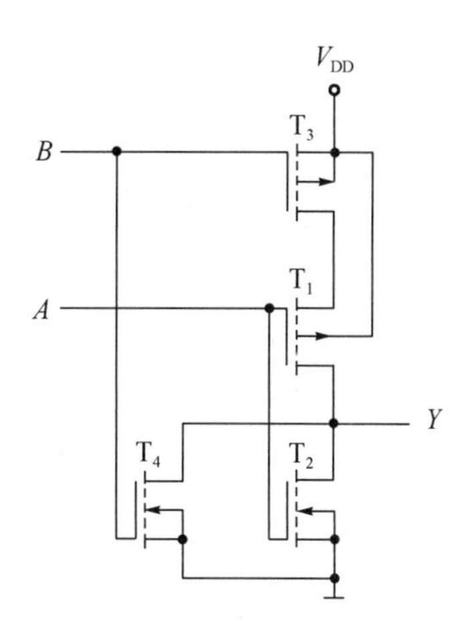

图 2-25 CMOS 或非门电路结构

当输入 A、B 中有一个是高电平时,则接高电平的驱动管导通,输出 Y 为低电平;当输入 A、B 同时为低电平时,驱动管 T_2 和 T_4 同时截止,负载管 T_1 和 T_3 同时导通,输出 Y 为高电平。因此,该电路实现的是或非门的功能,即 $Y=\overline{A+B}$ 。

2.5.3 CMOS 漏极开路门、传输门和三态门

1. CMOS 漏极开路门

同 TTL 电路中的 OC 门类似,CMOS 门的输出电路结构也可以做成漏极开路的形式。CMOS 门电路中漏极开路门电路简称为 OD(open drain)门,图 2-26 所示为 CMOS 漏极开路与非门的电路结构图和逻辑符号。OD 门必须外接电源 V_{DD2} 和电阻 R_L 电路才能工作,实现 $Y=\overline{AB}$ 逻辑功能。

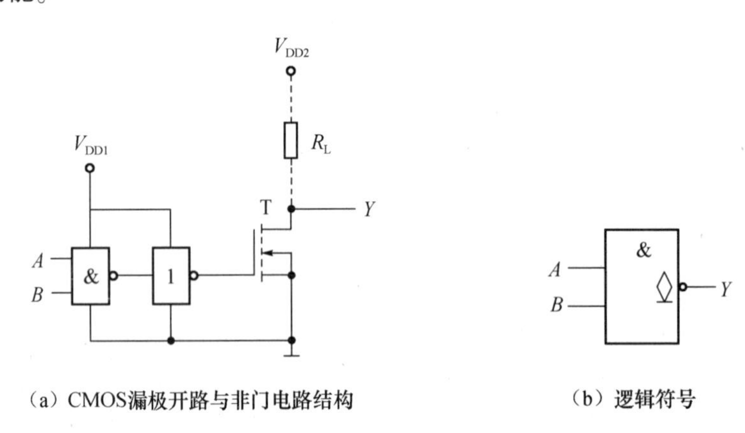

(a) CMOS漏极开路与非门电路结构　　(b) 逻辑符号

图 2-26　CMOS 漏极开路与非门电路结构和逻辑符号

OD 门输出低电平时,可吸收高达 50 mA 的负载电流,当输入级和输出级采用不同电源电压 V_{DD1} 和 V_{DD2} 时,可将输入的 $0\sim V_{DD1}$ 间的电压转换成 $0\sim V_{DD2}$ 间的电压,从而实现电平转换。

2. CMOS 传输门

CMOS 传输门电路结构和逻辑符号如图 2-27 所示,由两个结构对称、参数一致的 N 沟道增强型 MOS 管 T_1 和 P 沟道增强型 MOS 管 T_2 组成,T_1 和 T_2 的源极和漏极分别相连作为传输门的输入和输出端。C 和 $\overline{C}$ 是一对互补的控制信号。由于 MOS 管的结构对称,源极和漏极可以互换,电流可以从两个方向流通,所以传输门的输入端和输出端可以互换,即 CMOS 传输门是双向器件。

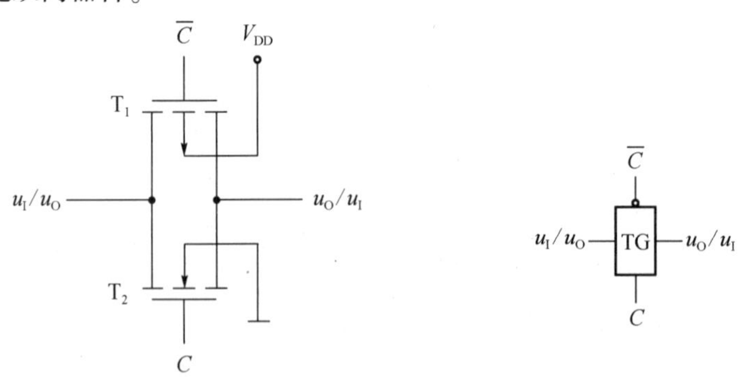

(a) CMOS传输门电路结构　　(b) 逻辑符号

图 2-27　CMOS 传输门电路结构和逻辑符号

设控制信号 C 和 $\overline{C}$ 的高、低电平分别为 V_{DD} 和 0 V。

当 $C=0$ V，$\overline{C}=V_{DD}$ 时，只要输入信号的变化范围为 $0\sim V_{DD}$，则 T_1 和 T_2 同时截止，输入与输出之间呈高阻状态，传输门截止。

当 $C=V_{DD}$，$\overline{C}=0$ V，输入信号在 $0\sim V_{DD}$ 变化时，T_1 和 T_2 至少有一个导通，输入与输出之间呈低阻状态，传输门导通。

3. CMOS 三态门

CMOS 三态门是在普通的 CMOS 门电路上，增加了控制端和控制电路构成的，其电路结构和逻辑符号如图 2-28 所示，其中 A 为信号输入端，E 为控制端，Y 为输出端。

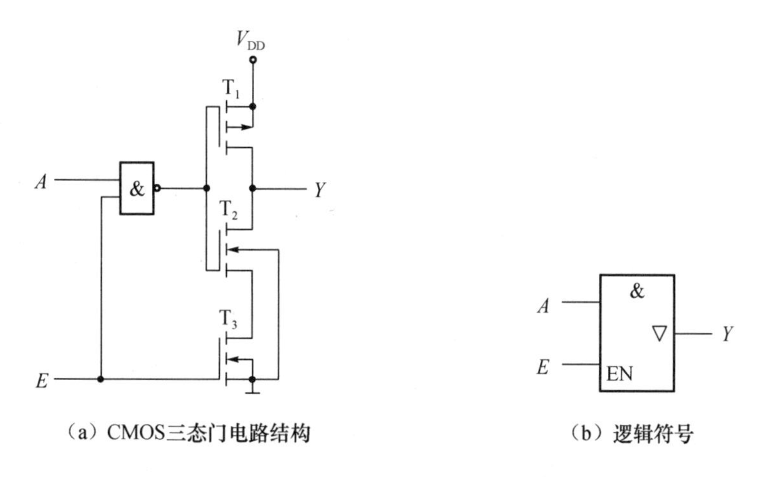

图 2-28 CMOS 三态门电路结构和逻辑符号

当 E 为高电平时，T_3 导通，与非门输出为 $\overline{A}$，由 T_1 和 T_2 组成的 CMOS 反相器处于工作状态，输出 $Y=A$。

当 E 为低电平时，T_3 截止，与非门输出为 1，使 T_1 截止，T_2 导通，输出 Y 呈高阻状态。

第 2 章习题

2.1 三态门的第三态是________状态。

2.2 CMOS 门电路中不用的输入端不允许________，CMOS 门电路中通过大电阻将输入端接地，相当于接________，而通过电阻接 V_{DD}，相当于接________。

2.3 CMOS 门功耗由________功耗和________功耗两部分组成。

2.4 在数字逻辑电路中，三极管主要工作在________两种稳定状态。

2.5 TTL 与非门的灌电流发生在输出________电平情况下，灌电流越大，则输出电平越________。

2.6 TTL 电路是由________组成的逻辑电路。

2.7 TTL 门电路高电位的典型值为________，低电位的典型值为________，阈值电压为________。

2.8 能够实现“线与”功能的电路有(　　)。

A. 与非门　　B. 三态输出门　　C. 集电极开路门　　D. 传输门

2.9 逻辑表达式 $Y=AB$ 可以利用(　　)实现。

A. 正或门　　B. 正非门　　C. 正与门　　D. 负与门

2.10 对于 TTL 与非门闲置输入端的处理,不可以(　　)。

A. 接电源　　B. 通过电阻 3 kΩ 接电源

C. 接地　　D. 与有用输入端并联

2.11 下列不属于 CMOS 数字集成电路比 TTL 数字集成电路突出的优点是(　　)。

A. 微功耗　　B. 高速度　　C. 高抗干扰能力　　D. 电源范围宽

2.12 以下电路中常用于总线的是(　　)。

A. TSL 门(三态门)　　B. OC 门

C. 漏极开路门　　D. CMOS 与非门

2.13 在不影响逻辑功能的情况下,CMOS 或非门的多余端可(　　)。

A. 接高电平　　B. 接低电平　　C. 悬空　　D. 以上均可

2.14 逻辑变量的取值不可以用 1 和 0 表示的是(　　)。

A. 电阻的大小　B. 电位的高低　　C. 真与假　　D. 电流的有无

2.15 一个四输入与非门,使其输出为 0 的输入变量组合有(　　)种。

A. 15　　B. 8　　C. 7　　D. 1

2.16 以下关于三态门输出高阻状态时的说法正确的是(　　)。

A. 用电压表测量指针不动　　B. 相当于悬空

C. 电压不高不低　　D. 测量电阻指针不动

2.17 TTL 门电路中三极管的作用是什么?

2.18 什么是线或逻辑?什么是三态门?

2.19 CMOS 传输门的工作原理是什么?

2.20 什么是传输延时?TTL 门和 CMOS 门传输延时的主要因素是什么?

2.21 二极管门电路如图 2-29 所示,已知二极管 VD_1、VD_2 导通压降为 0.7 V,计算下列各题。

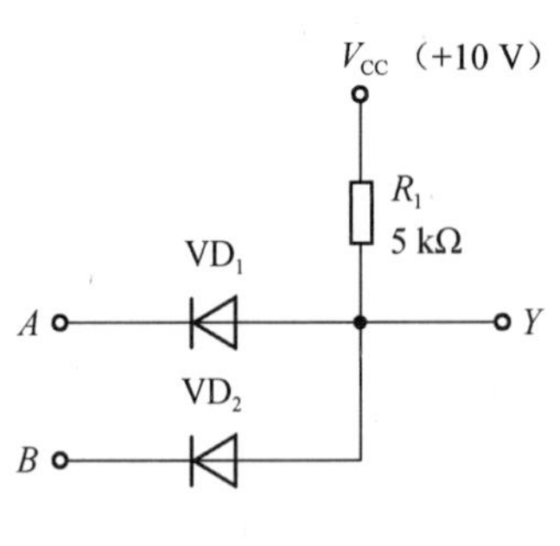

图 2-29　2.21 题图

(1)A 接 10 V,B 接 0.3 V 时,输出 Y 为多少伏?

(2)A、B 都接 10 V,输出 Y 为多少伏?

(3)A 接 10 V,B 悬空,用万用表测 B 端电压,U_B 为多少伏?

(4) A 接 0.3 V，B 悬空，测 U_B 时应为多少伏？

(5) A 接 5 kΩ 电阻，B 悬空，测 U_B 时应为多少伏？

2.22　门电路组成的电路如图 2-30(a)所示，请写出 Y_1、Y_2 的逻辑表达式。当输入如图 2-30(b)所示信号波形时，画出 Y_1、Y_2 端的波形。

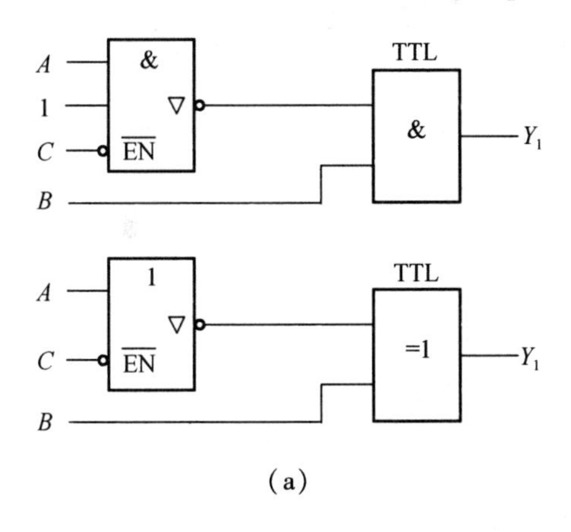

(a)

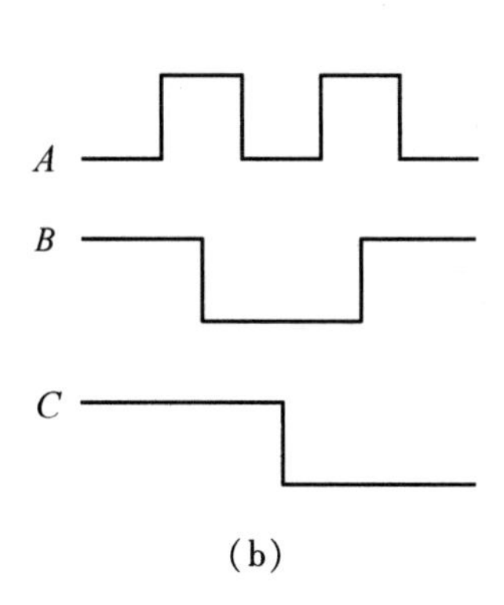

(b)

图 2-30　2.22 题图

第3章　组合逻辑电路

按照数字系统中器件的逻辑功能分类，数字电路可以分为组合逻辑电路和时序逻辑电路两类。

组合逻辑电路是构成数字系统的基础。本章首先对组合逻辑电路的基本概念以及分析与设计方法进行阐述，然后重点阐述常用组合逻辑器件的设计原理、功能与应用。

3.1　概　　述

如果数字电路任意时刻的输出只取决于当时的输入，与电路原来的状态无关，那么这种电路称为组合逻辑电路（combinational logic circuit），简称组合电路。由于组合电路与原来的状态无关，所以不包含任何存储电路，也没有从输出到输入的反馈连接。

从电路形式上看，组合逻辑电路由门电路构成。门电路的输出只与输入有关，所以它是最简单的组合逻辑电路，只是习惯于将门电路看作是构成组合逻辑电路的基本单元。

一般地，组合逻辑电路的结构框图如图3-1所示，其输出与输入之间的逻辑关系可用如下的逻辑函数来描述，其中 $x_1, x_2, \cdots, x_n$ 为输入变量，$y_1, y_2, \cdots, y_m$ 为输出。由于组合逻辑电路的输出只与输入有关，所以输出只是输入的函数，即

$$\begin{cases} y_1 = f_1(x_1, x_2, \cdots, x_n) \\ y_2 = f_2(x_1, x_2, \cdots, x_n) \\ \vdots \\ y_m = f_m(x_1, x_2, \cdots, x_n) \end{cases}$$

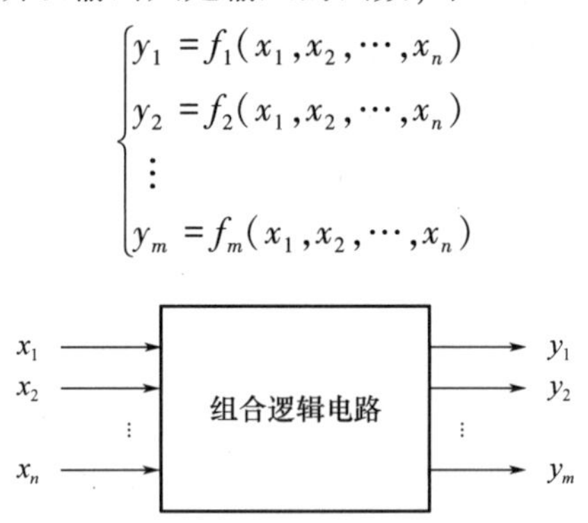

图3-1　组合逻辑电路的结构框图

若定义 $X = \{x_1, x_2, \cdots, x_n\}$，$Y = \{y_1, y_2, \cdots, y_m\}$，则上式可以简单表示为 $Y = F(X)$，其中 $F = \{f_1, f_2, \cdots f_m\}$ 表示一组函数关系。

组合逻辑电路的结构具有如下特点：

（1）输出、输入之间没有反馈延迟通路；

（2）电路中不含具有记忆功能的元件。

既然组合逻辑电路的输出是函数，那么逻辑代数中所述的逻辑函数的几种表示方法（真值表、函数表达式、逻辑图和卡诺图）都可以用来描述组合逻辑电路的逻辑功能。

3.2 组合逻辑电路的分析方法

逻辑代数是组合逻辑电路分析与设计的理论基础。本节主要阐述组合逻辑电路的设计方法,以便后续章节能以设计的思路讲解组合器件的原理和功能。

3.2.1 组合逻辑电路分析方法

组合逻辑电路分析就是找出给定组合逻辑电路输出和输入之间的逻辑关系,并描述出电路的逻辑功能。

分析组合逻辑电路的目的:

(1)用于检验电路是否能实现给定的逻辑命题;

(2)通过分析,用不同的逻辑门实现电路的功能;

(3)是学习、追踪最新技术的手段。

对于一个给定的组合逻辑电路,一般按以下步骤进行分析:

(1)写出逻辑函数表达式。从给定的组合逻辑电路的输入级逐级向后推,写出各级逻辑函数表达式,直到推导出其输出逻辑函数的表达式,并进行化简或变换,使表达式简单明了。

(2)写出电路的真值表。根据逻辑函数表达式,写出组合逻辑电路的真值表。真值表能直观详尽地描述电路输出与输入的关系。

(3)分析电路的逻辑功能。根据真值表,推断组合逻辑电路的逻辑功能。

综上所述,组合逻辑电路的分析步骤如图 3-2 所示。

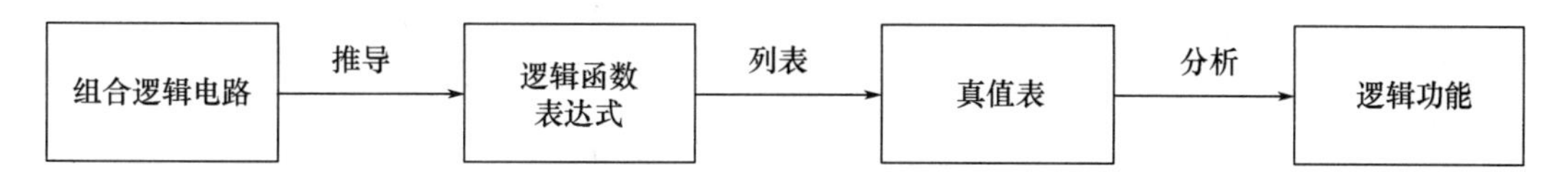

图 3-2 组合逻辑电路分析步骤

3.2.2 组合逻辑电路应用举例

本小节将通过举例来学习和理解组合逻辑电路的分析方法及功能。

【例 3-1】 试分析图 3-3 所示组合逻辑电路的逻辑功能。

解:(1)根据给定的组合逻辑电路写出各输入输出的逻辑表达式,并进行化简和变换。

$$X = A$$

$$Y = \overline{\overline{A\overline{B}} \cdot \overline{\overline{A}B}} = A\overline{B} + \overline{A}B$$

$$Z = \overline{\overline{A\overline{C}} \cdot \overline{\overline{A}C}} = A\overline{C} + \overline{A}C$$

(2)写出真值表,如表 3-1 所示。

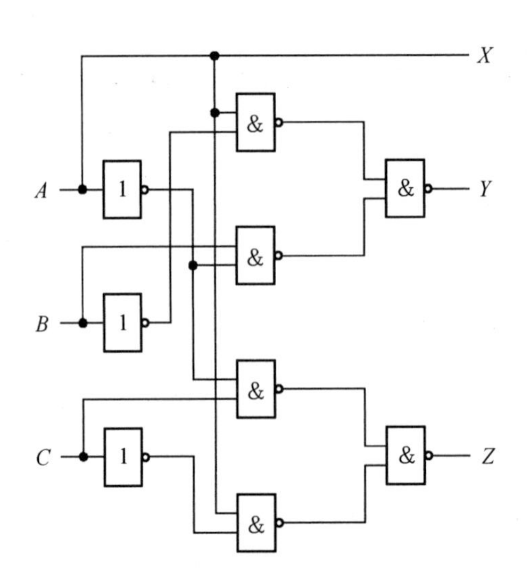

图 3-3　例 3-1 组合逻辑电路

表 3-1　例 3-1 的真值表

输入			输出		
A	B	C	X	Y	Z
0	0	0	0	0	0
0	0	1	0	0	1
0	1	0	0	1	0
0	1	1	0	1	1
1	0	0	1	1	1
1	0	1	1	1	0
1	1	0	1	0	1
1	1	1	1	0	0

(3)确定逻辑功能。从真值表可以看出,输出最高位 X 与输入最高位 A 相等。当 A 为 0 时,输出 Y、Z 分别与所对应的输入 B、C 相同;而当 A 为 1 时,输出 Y、Z 分别与所对应的输入 B、C 相反。这个电路逻辑功能是对输入的二进制码求反码。最高位为符号位,0 表示正数,1 表示负数,正数的反码与原码相同;负数的反码数值部分是在原码的基础上逐位求反。

【例 3-2】　分析图 3-4 所示组合逻辑电路的逻辑功能,指出该电路的用途。

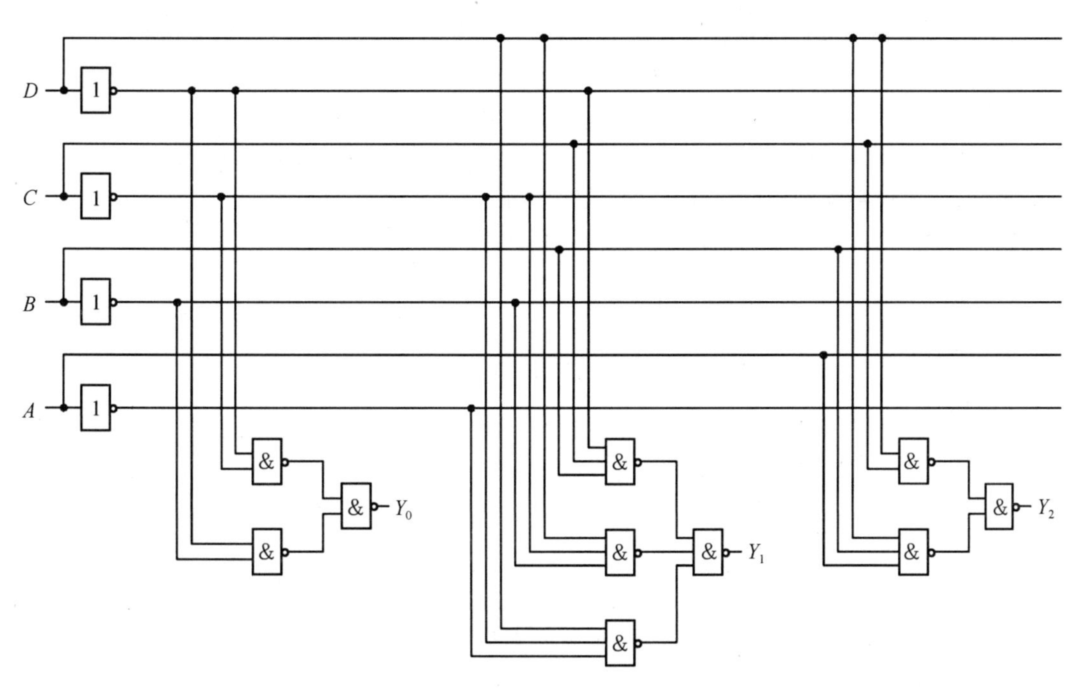

图 3-4　例 3-2 组合逻辑电路

解:(1)根据给定的组合逻辑电路写出逻辑函数 Y_2、Y_1 和 Y_0 的表达式,并进行化简和变换。

$$Y_2=\overline{\overline{DC}\cdot\overline{DBA}}=DC+DBA$$

$$Y_1=\overline{\overline{\overline{D}CB}\cdot\overline{D\overline{C}B}\cdot\overline{D\overline{C}A}}=\overline{D}CB+D\overline{C}B+D\overline{C}\,\overline{A}$$

$$Y_0=\overline{\overline{\overline{D}\,\overline{C}}\cdot\overline{\overline{D}\,\overline{B}}}=\overline{D}\,\overline{C}+\overline{D}\,\overline{B}$$

(2)写出真值表,如表 3-2 所示。

表 3-2　例 3-2 的真值表

D	C	B	A	Y_2	Y_1	Y_0	D	C	B	A	Y_2	Y_1	Y_0
0	0	0	0	0	0	1	1	0	0	0	0	1	0
0	0	0	1	0	0	1	1	0	0	1	0	1	0
0	0	1	0	0	0	1	1	0	1	0	0	1	0
0	0	1	1	0	0	1	1	0	1	1	1	0	0
0	1	0	0	0	0	1	1	1	0	0	1	0	0
0	1	0	1	0	0	1	1	1	0	1	1	0	0
0	1	1	0	0	1	0	1	1	1	0	1	0	0
0	1	1	1	0	1	0	1	1	1	1	1	0	0

(3)确定逻辑功能。从真值表可以看出,当输入 D、C、B、A 在 0 ~ 5 之间时,$Y_0 = 1$;当输入 D、C、B、A 在 6 ~ 10 之间时,$Y_1 = 1$;当输入 D、C、B、A 在 11 ~ 15 之间时,$Y_2 = 1$。因此,该组合电路具有根据输出状态判断输入数据范围的功能。

对于同一个逻辑电路,不同的人可能会有不同的认识,从而抽象出不同的逻辑功能。一般来说,需要从整体的角度考察电路的逻辑功能。

【例 3-3】 分析图 3-5 所示组合逻辑电路的逻辑功能。

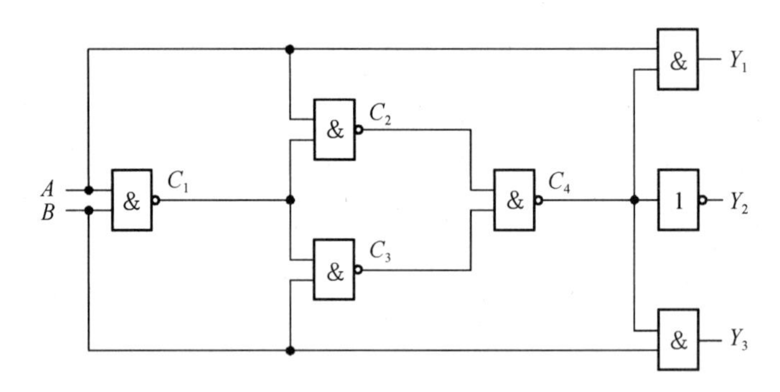

图 3-5　例 3-3 组合逻辑电路

解:(1)根据给定的组合逻辑电路写出输出与输入的逻辑关系表达式。

$$C_1 = \overline{AB}$$

$$C_2 = \overline{AC_1} = \overline{A\overline{B}}$$

$$C_3 = \overline{BC_1} = \overline{\overline{A}B}$$

$$C_4 = \overline{C_2C_3} = A\overline{B} + \overline{A}B = A \oplus B$$

$$Y_1 = AC_4 = A\overline{B}$$

$$Y_2 = \overline{C_4} = \overline{A \oplus B} = AB$$

$$Y_3 = BC_4 = \overline{A}B$$

(2)写出真值表,如表 3-3 所示。

由图 3-3 写出了各级的输出表达式,由于电路输入、输出级数较多,越往后表达式越复杂,列写、分析越困难。此时,可以直接一级一级列真值表,直至列出最终输出端的真值表,见表 3-3。

表 3-3　例 3-3 的真值表

A	B	C_1	C_2	C_3	C_4	Y_1	Y_2	Y_3
0	0	1	1	1	0	0	1	0
0	1	1	1	0	1	0	0	1
1	0	1	0	1	1	1	0	0
1	1	0	1	1	0	0	1	0

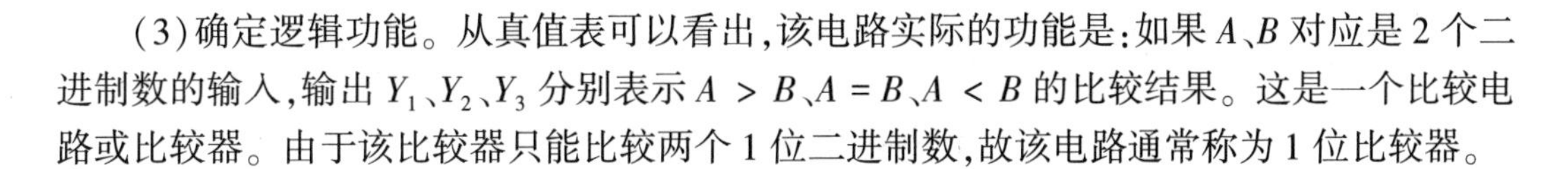
(3)确定逻辑功能。从真值表可以看出，该电路实际的功能是：如果 A、B 对应是2个二进制数的输入，输出 Y_1、Y_2、Y_3 分别表示 $A > B$、$A = B$、$A < B$ 的比较结果。这是一个比较电路或比较器。由于该比较器只能比较两个1位二进制数，故该电路通常称为1位比较器。

3.3　组合逻辑电路的设计方法

组合逻辑电路的设计与分析过程相反，是针对提出的实际逻辑问题，设计出满足这一逻辑问题的逻辑电路。电路设计的首要任务是满足功能要求，其次是优化，即用指定的器件实现逻辑函数时，力求成本低并且工作速度快。前面介绍的用代数法和卡诺图法来化简逻辑函数，是为了获得最简的逻辑函数表达式，根据最简逻辑函数表达式获得最低成本电路。电路的实现可以采用各种门电路，也可以利用数据选择器等基本模块，或者可编程逻辑器件。因此，逻辑函数的化简也要结合所选用的器件进行，有时还需要一定的变换，以便满足优化实现的要求。

3.3.1　组合逻辑电路的设计方法

在组合逻辑电路分析中，由给定的逻辑电路图开始，通过写出输入与输出之间的逻辑函数表达式，列真值表得到该电路功能的描述。而设计与分析的过程正好相反。组合逻辑电路设计是一个综合的过程，对于一个实际的逻辑设计命题，往往是从一个电路的语言描述开始，然后将具体设计要求用真值表、逻辑函数加以描述，最后用最佳电路来实现。工程上的最佳电路通常需要用多项指标去衡量，主要考虑的问题有以下几个方面：

(1)所用的逻辑器件数目最少，器件的种类最少，且器件之间的连线最简单，这样的电路称为“最小化”电路。

(2)满足速度要求，应使级数尽量少，以减少门电路的延迟。

(3)功耗小，工作稳定可靠。

本节主要考虑用小规模集成逻辑门设计最小化组合逻辑电路的方法，其一般步骤如下：

(1)根据电路功能的文字描述，将其输入与输出之间的逻辑关系用真值表的形式列出。

(2)选择合适的门，通过逻辑化简，写出相应的最简逻辑函数表达式。

(3)根据最简逻辑函数表达式画出该电路的组合逻辑电路图。

3.3.2　组合逻辑电路设计举例

本小节将通过组合逻辑电路的设计举例，详细介绍设计过程。所谓组合逻辑电路设计，就是针对给定的实际问题，画出能够实现功能要求的组合电路的逻辑图。

【例3-4】　某火车站有特快、直快和慢车3种类型的客运列车进出，试设计一个指示列车等待进站的逻辑电路。当有两类或以上的列车等待进站时，要求发出信号，提示工作人员安排列车进站事宜。

解：明确逻辑功能。设输入变量 A、B、C 分别表示特快、直快和慢车，并规定有进站请求时为1，没有进站请求时为0。输出变量 Y 表示进站状况，当有两类或以上的列车等待进站时，Y 为1，否则为0。

(1)根据题意列出真值表,如表 3-4 所示。

表 3-4　例 3-4 的真值表

输入			输出
A	B	C	Y
0	0	0	0
0	0	1	0
0	1	0	0
0	1	1	1
1	0	0	0
1	0	1	1
1	1	0	1
1	1	1	1

(2)根据真值表写出输出逻辑表达式。

根据前面章节介绍的方法,逻辑变量之间是与的关系,而输出状态之间的组合则是或的关系。对于输入输出变量,凡取 1 值的用原变量表示,取 0 值的用反变量表示。则

$$Y = \overline{A}BC + A\overline{B}C + AB\overline{C} + ABC$$

(3)简化逻辑表达式。

用公式法或卡诺图法对步骤(2)得到的公式进行化简,得

$$Y = AB + AC + BC$$

此时步骤(3)得到的公式为最简与或式,用与门和或门实现两级与-或结构的最简逻辑电路图如图 3-6 所示。

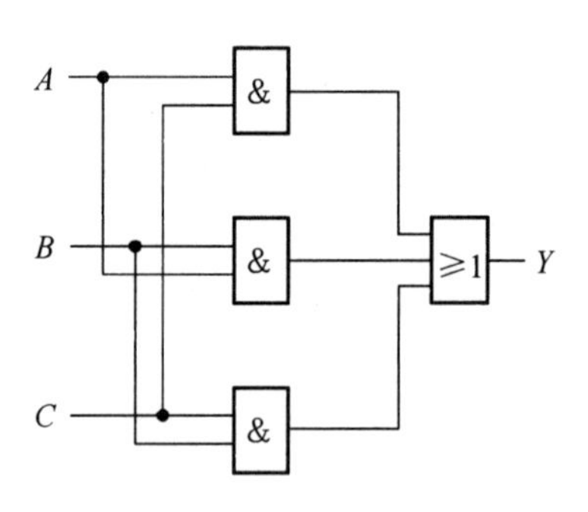

图 3-6　例 3-4 逻辑电路图

在不同的数字系统中,可能采用不同的码制对信息进行编码和处理。如果在采用不同码制的两个数字系统之间进行信息传输,则需要一个码转换电路,以保证两者之间的相互匹配。

【例 3-5】　某同学参加 4 门课程考试,规定如下:课程 A 及格获得 1 个学分;课程 B 及格获得 2 个学分;课程 C 及格获得 4 个学分;课程 D 及格获得 5 个学分;如果某门课程不及

格获得 0 个学分。若总计获得 8 个以上(含 8 个)学分就可结业,设计一个组合逻辑电路判断某同学是否可以结业。

解:根据题意输入变量为 A、B、C、D,输入变量为 1 时表示获得对应的学分,否则对应学分为 0;输出变量只有 1 个,设为 Y,$Y=1$ 表示可以结业,$Y=0$ 表示不能结业。

满足结业的条件是:A、B、C、D 组合起来的学分之和大于或等于 8。如果 $A=1$, $B=1$, $C=1$, $D=0$ 时,其学分为 $1+2+4+0=7$,则 $Y=0$;如果 $A=1$, $B=1$, $C=0$, $D=1$ 时,其学分为 $1+2+0+5=8$,则 $Y=1$;如果 $A=1$, $B=0$, $C=1$, $D=1$ 时,其学分为 $1+0+4+5=9$,则 $Y=1$。其他情况类推。真值表如表 3-5 所示。

表 3-5　例 3-5 的真值表

A	B	C	D	Y	A	B	C	D	Y
0	0	0	0	0	1	0	0	0	0
0	0	0	1	0	1	0	0	1	0
0	0	1	0	0	1	0	1	0	0
0	0	1	1	1	1	0	1	1	1
0	1	0	0	0	1	1	0	0	0
0	1	0	1	0	1	1	0	1	1
0	1	1	0	0	1	1	1	0	0
0	1	1	1	1	1	1	1	1	1

根据真值表得到图 3-7(a)所示的卡诺图,观察后写出化简与或表达式为

$$Y = ABD + CD$$

根据与或表达式,用与门和或门画出如图 3-7(b)所示的逻辑电路图。

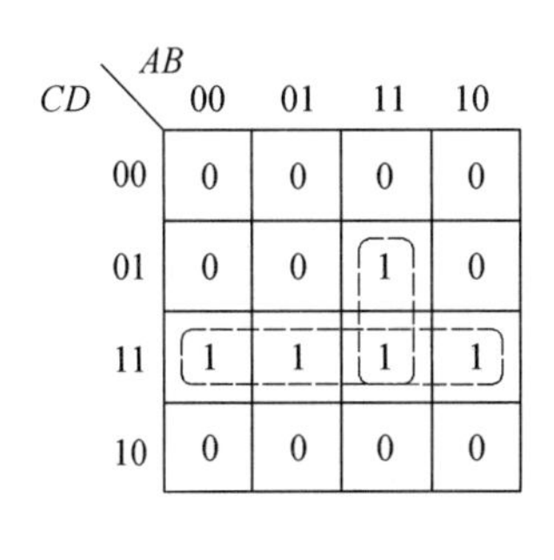

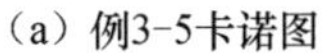
(a) 例3-5卡诺图

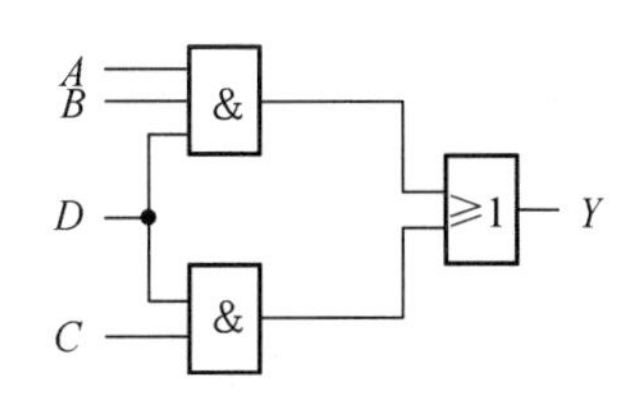

(b) 例3-5逻辑电路图

图 3-7　例 3-5 卡诺图与逻辑电路图

3.4 组合逻辑电路中的竞争与冒险

前面的章节对组合逻辑电路进行分析和设计时,都没有考虑逻辑门的延迟时间对电路的影响,皆是针对处于稳定工作状态的器件,即认为电路的输入和输出均处于稳定的逻辑电平。实际上,信号经过逻辑门电路都需要一定的时间,而我们没有考虑信号从输入到输出经过器件的延迟和转换,出现的从一种稳态到另一种稳态变化瞬间的情况。不同路径上门的级数不同,信号经过不同路径传输的时间不同,或者门的级数相同,而各个门延迟时间的差异,也会造成传输时间的不同。为了保证电路工作的稳定性及可靠性,必须对其输入变化情况下输出的不稳定性加以考虑。因此,电路在信号电平变化瞬间,可能与稳态下的逻辑功能不一致,产生错误输出,这种现象就是电路中的竞争-冒险。

3.4.1 竞争与冒险

事实上,由于信号通过导线和逻辑门将产生延迟时间,因此,信号经不同路径(不同数目的门、不同长度导线的传输)到达电路中同一逻辑门时,不同输入端的时间有差异。例如,在图 3-8(a)所示的逻辑电路中,输入变量 A 到达输出端与非门 F 的两个输入端的路径各不相同,假设每个逻辑门产生的平均延迟时间为 t_{pd},则其中一个路径的延迟时间是一个与非门的延迟时间 t_{pd},另一个路径的延迟时间是非门和与非门总的延迟时间,即 $2t_{pd}$。我们将一个逻辑门的两个输入信号同时向相反的逻辑电平跳变(一个从 0 变为 1,另一个从 1 变为 0)的现象称为竞争。由于竞争,在输出端将发生瞬时错误,表现为输出端产生了错误的尖峰脉冲(或称毛刺),这种情况称为冒险。组合电路中的竞争是普遍现象,但不是所有的竞争都会产生冒险。

图 3-8(a)所示电路的输出函数为 $F = AB + \overline{A}C$,当 $B = C = 1$ 时,$F = A + \overline{A}$,在稳态条件下,F 应恒为 1。但是,在考虑了逻辑门产生的平均延迟时间 t_{pd} 后,画出的波形图如图 3-8(b)的时序图所示,当 A 变量发生两次变化时,由于逻辑门电路的延迟,$\overline{AB}$ 和 $\overline{\overline{A}C}$ 到达后一级与非门输入端时有时间差,这就导致在输出端产生了毛刺,也就出现了一次冒险。

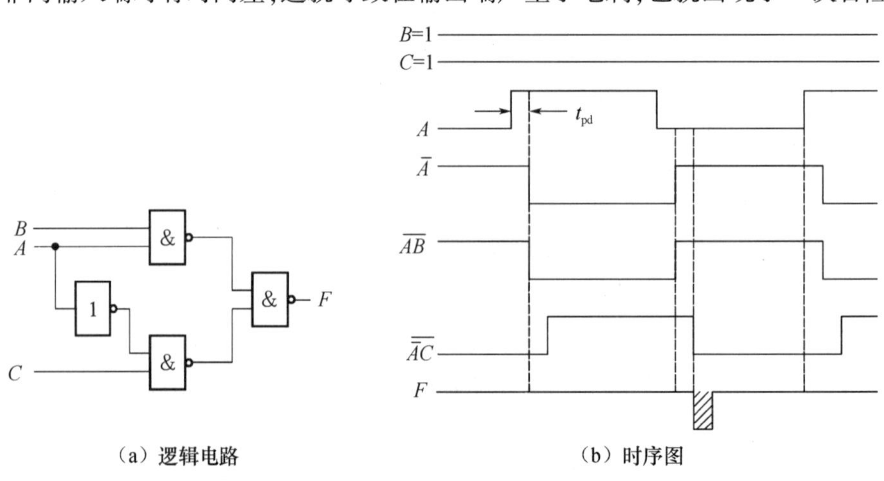

(a) 逻辑电路　　(b) 时序图

图 3-8　出现竞争与冒险的逻辑电路和时序图

以上分析的是在一个输入变量变化的情况下电路产生的冒险，一般称为逻辑冒险；在两个或多个输入变量变化时间不同步的情况下，电路产生的冒险称为功能冒险。本节仅讨论逻辑冒险的判别与消除。

竞争与冒险现象既存在于组合逻辑电路中，也存在于时序逻辑电路的存储电路中。毛刺的存在不仅可能导致负载电路误动作，还会增大电路的功耗，所以研究电路中冒险的判别和消除是十分重要的。

3.4.2　冒险的判别

下面将详细介绍判别冒险的两种方法。

1. 代数法

判别有没有竞争-冒险现象，只要判别任意一个逻辑电路的输出在其他变量取某个固定的逻辑值时，是否出现以下情况：

$F = A + \overline{A}$——称为偏 1 冒险。

$F = A \cdot \overline{A}$——称为偏 0 冒险。

其中 A 是具有竞争条件的变量，即有不同路径到达电路中输出端 F 的变量。如果满足上面的情况，则存在冒险，这种方法称为代数法。

例如：$F = AB + \overline{A}C$，当 $B = C = 1$ 时，有 $F = A + \overline{A}$，则存在偏 1 型冒险。

2. 卡诺图法

还可以用卡诺图简便直观地进行判断：如果卡诺图中有两个卡诺圈相切，且相切处未被其他卡诺圈包围，则存在冒险。图 3-9 给出了两种实现电路，根据卡诺图化简，很显然第一种电路 $F = AB + A\overline{C}$ 更简单，第二种电路 $F = AB + \overline{A}C + AC$ 的卡诺图包含了冗余项，不是最简的。但在竞争-冒险的卡诺图法判别中，第一种电路存在偏 1 型冒险，而第二种电路却不存在冒险。

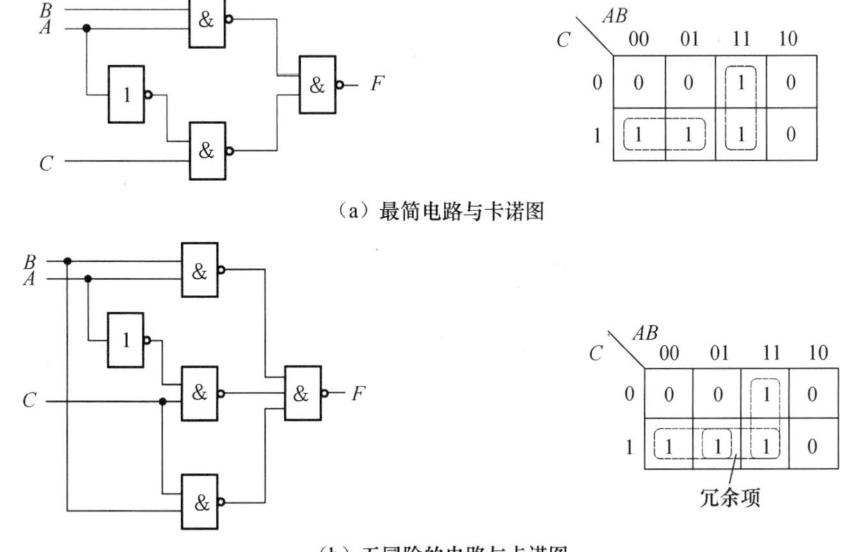

（a）最简电路与卡诺图

（b）无冒险的电路与卡诺图

图 3-9　卡诺图法判别冒险

3.4.3 冒险的清除

对于可能存在的毛刺信号，可以使用下面的方法进行消除。

1. 冗余项法

在保证逻辑功能不变的前提下，只要在卡诺图中两卡诺圈相切处加一个卡诺圈使其相交，即增加一个冗余项，就可消除冒险。例如，图 3-10(a)所示的电路就可消除冒险，消除冒险后 F 的表达式为

$$F = AB + \overline{A}C + BC$$

冗余项法也可以用在其他类型的电路中。图 3-10(b)给出了一个或与式电路图和卡诺图，其化简表达式为

$$F = (A + B)(\overline{B} + C)$$

该电路卡诺图中两个卡诺圈相切，会出现偏 0 型冒险。为了消除冒险，增加一个卡诺圈，相应的卡诺图和电路图如图 3-10(a)所示，消除冒险后 F 的表达式为

$$F = (A + B)(\overline{B} + C)(A + C)$$

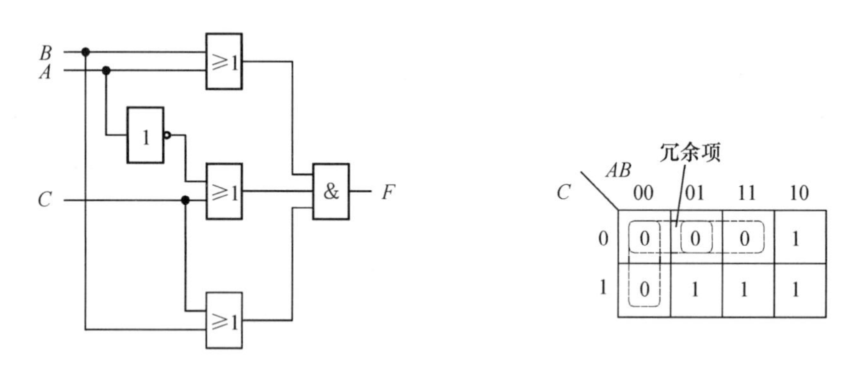

(a) 消除冒险后的电路和卡诺图

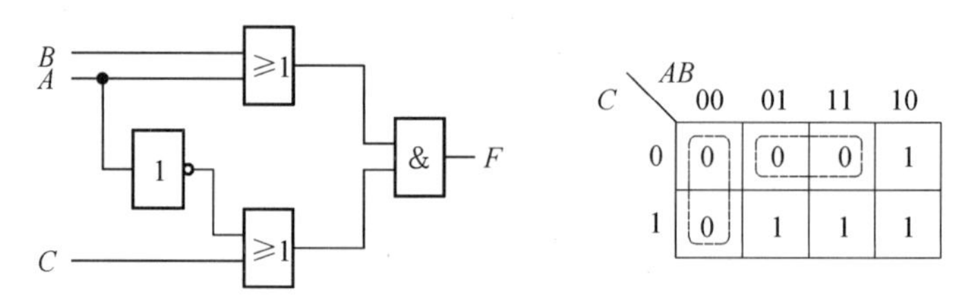

(b) 存在冒险的最简电路和卡诺图

图 3-10 用卡诺图法判别和消除或与式电路的冒险

2. 滤波法

毛刺宽度通常很窄(一般为几十纳秒)，其宽度与逻辑门的传输时间近似，因此常在输出端并接一个很小的滤波电容 C_t，如图 3-11 所示，或者在本级输出端与下级输入端之间串接一个 RC 积分电路来消除其影响。但 C 或 R 的引入会使输出波形边沿变斜，故要选择合

适的参数,一般由实验确定。

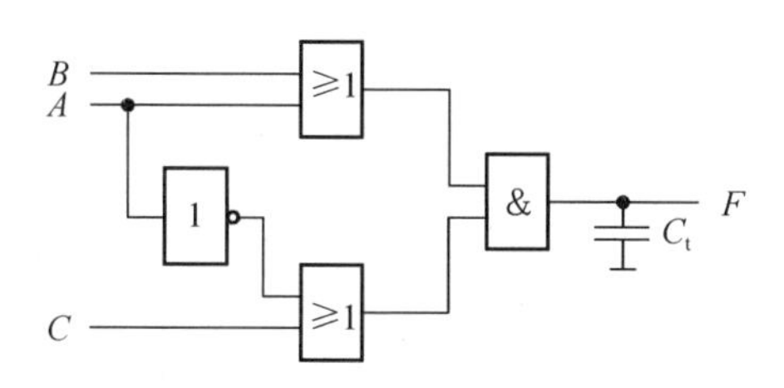

图 3-11　消除毛刺的滤波电容并接电路

3. 选通法

由于冒险出现在信号发生变化的时刻,而在输出信号的稳态保持时间内不会出现,因此,我们可以在电路上增加一个选通信号,当输入信号变化时,输出端与电路断开,当输入稳定后,选通信号工作,使输出端与电路接通。

3.5　常用组合逻辑电路

随着半导体制作工艺的发展,许多常用的组合逻辑电路被制成了中规模集成芯片,并广泛应用。在现代数字电路和数字系统的设计中,这些典型的组合逻辑电路经常被当作基本模块,很多 EDA 工具将这些基本模块作为库元件,也可以用 HDL 语言描述这些模块的功能,由高层设计调用,以构建所需要的逻辑电路。这些模块包括编码器、译码器、数据选择器、数据分配器、数值比较器、加法器等。阐述了组合电路的分析与设计方法后,本节的主要任务是帮助读者认识常用的组合逻辑器件,掌握上述器件的功能、设计原理和典型应用。

3.5.1　编码器

为了区别一系列不同的事物或状态,将其中每一个事物或状态用一组二值代码表示,称为编码。相应地,能够实现编码功能的电路称为编码器(encoder)。本节和下一节分别讨论编码器和译码器。编码和译码问题在日常生活中经常遇到。例如,购买一台移动电话时,通信公司会给你的电话设定一个号码,这叫作编码。显然,这个特定的号码与你的姓名是等同的,任何人拨打你的电话号码,都能够找到你,这叫作译码。

1. 编码器的定义与工作原理

数字系统中存储或处理的信息,常常是用二进制码表示的,即数字电路中常用的编码器为二进制编码器。用一个二进制代码表示特定含义的信息称为编码,具有编码功能的逻辑电路称为编码器。图 3-12 所示为二进制编码器的结构图,它有 n 位二进制码输出,与 2^n 个输入相对应,因此命名为“2^n 线-n 线”编码器。编码器有普通编码器和优先编码器之分。普通编码器任何时刻只允许一个输入信号有效,否则将产生错误输出。优先编码器允许多个输入信号同时有效,输出是对优先级别高的输入信号进行编码。

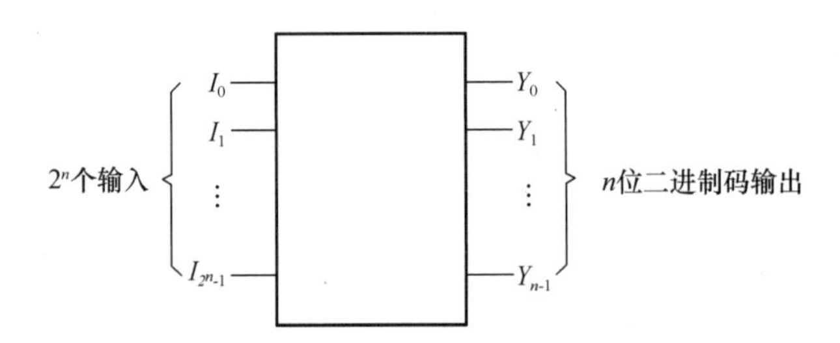

图 3-12　二进制编码器结构框图

(1)普通编码器

下面我们通过两个具体的例子来讲述编码器的设计方法。

【例 3-6】 假设某个小医院共有 8 间病房,编号分别为 0~7 号。在每个病房都安装有一个呼叫按键,分别用 $I_0 \sim I_7$ 表示。当病房的病人需要帮助时,按下按键发出请求。相应地,在护士值班室里对应有 3 个指示灯，分别用 $Y_2Y_1Y_0$ 表示。当 7 号病房的病人按下按键时 $Y_2Y_1Y_0 = 111$(指示灯全亮),提醒护士到 7 号病房;当 6 号病房的病人按下按键时 $Y_2Y_1Y_0 = 110$,提醒护士到 6 号病房,依次类推。设计能够实现该功能的组合逻辑电路。

解:对于这个问题, $Y_2Y_1Y_0 = 111$ 表示 7 号病房的病人按下按键这一事件, $Y_2Y_1Y_0 = 110$ 表示 6 号病房的病人按下按键这一事件,依次类推,可见这是一个 8 线-3 线的编码问题。

设按键 $I_0 \sim I_7$ 未按时为低电平,按下时为高电平,这种情况称为输入高电平有效(active high),简称为高有效。为了简化电路设计,先假设任何时刻都不会有两个及两个以上病房的病人同时按呼叫按键,即输入信号是相互排斥的, $I_0 \sim I_7$ 不会有两个或两个以上同时为 1。在这种约束条件下设计出的编码器称为普通编码器,其真值表如表 3-6 所示。

表 3-6　8 线-3 线普通编码器真值表

I_0	I_1	I_2	I_3	I_4	I_5	I_6	I_7	Y_2	Y_1	Y_0
1	0	0	0	0	0	0	0	0	0	0
0	1	0	0	0	0	0	0	0	0	1
0	0	1	0	0	0	0	0	0	1	0
0	0	0	1	0	0	0	0	0	1	1
0	0	0	0	1	0	0	0	1	0	0
0	0	0	0	0	1	0	0	1	0	1
0	0	0	0	0	0	1	0	1	1	0
0	0	0	0	0	0	0	1	1	1	1

由真值表写出相应的函数表达式:

$$\begin{cases} Y_2 = \bar{I}_0\bar{I}_1\bar{I}_2\bar{I}_3\bar{I}_4\bar{I}_5\bar{I}_6\bar{I}_7 + \bar{I}_0\bar{I}_1\bar{I}_2\bar{I}_3\bar{I}_4\bar{I}_5\bar{I}_6\bar{I}_7 + \bar{I}_0\bar{I}_1\bar{I}_2\bar{I}_3\bar{I}_4\bar{I}_5\bar{I}_6\bar{I}_7 + \bar{I}_0\bar{I}_1\bar{I}_2\bar{I}_3\bar{I}_4\bar{I}_5\bar{I}_6\bar{I}_7 \\ Y_1 = \bar{I}_0\bar{I}_1\bar{I}_2\bar{I}_3\bar{I}_4\bar{I}_5\bar{I}_6\bar{I}_7 + \bar{I}_0\bar{I}_1\bar{I}_2\bar{I}_3\bar{I}_4\bar{I}_5\bar{I}_6\bar{I}_7 + \bar{I}_0\bar{I}_1\bar{I}_2\bar{I}_3\bar{I}_4\bar{I}_5\bar{I}_6\bar{I}_7 + \bar{I}_0\bar{I}_1\bar{I}_2\bar{I}_3\bar{I}_4\bar{I}_5\bar{I}_6\bar{I}_7 \\ Y_0 = \bar{I}_0\bar{I}_1\bar{I}_2\bar{I}_3\bar{I}_4\bar{I}_5\bar{I}_6\bar{I}_7 + \bar{I}_0\bar{I}_1\bar{I}_2\bar{I}_3\bar{I}_4\bar{I}_5\bar{I}_6\bar{I}_7 + \bar{I}_0\bar{I}_1\bar{I}_2\bar{I}_3\bar{I}_4\bar{I}_5\bar{I}_6\bar{I}_7 + \bar{I}_0\bar{I}_1\bar{I}_2\bar{I}_3\bar{I}_4\bar{I}_5\bar{I}_6\bar{I}_7 \end{cases}$$

在输入变量相互排斥的情况下，逻辑函数可以简化为

$$\begin{cases} Y_2 = I_4 + I_5 + I_6 + I_7 \\ Y_1 = I_2 + I_3 + I_5 + I_7 \\ Y_0 = I_1 + I_3 + I_5 + I_7 \end{cases}$$

故该 8 线-3 线普通编码器设计电路如图 3-13 所示。

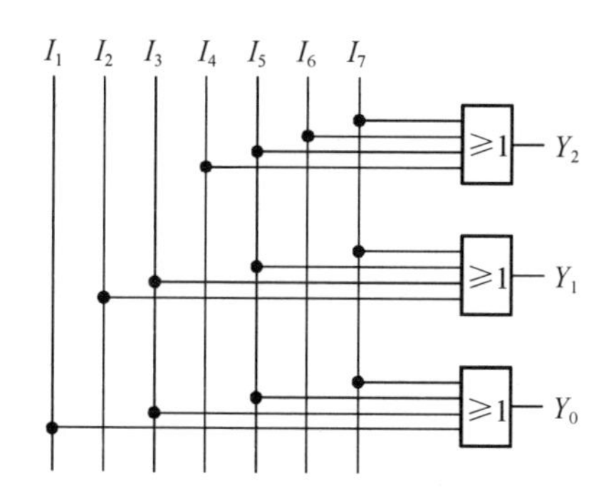

图 3-13　普通编码器设计电路图

普通编码器是在假设输入信号相互排斥的前提下设计的。若实际情况不满足这个约束条件，则会发生错误。例如，当 3 号和 4 号病房的病人同时按下呼叫按键(即 I_3 和 I_4 同时为 1)时 $Y_2Y_1Y_0 = 111$，而编码“111”的含义是 7 号病房的病人请求服务，因此护士会到 7 号病房而不是 3 号和 4 号病房。

(2)优先编码器

由于普通编码器在不满足约束条件的情况下会发生错误，因此需要对普通编码器进行改进，引入优先编码的概念。

所谓优先编码，就是预先给不同的输入规定不同的优先级，当多个输入信号同时有效时，只对当时优先级最高的输入信号进行编码。

对于例 3-6 的逻辑问题，若规定 7 号病房的病人优先级最高，其次是 6 号病房的病人，依次类推，0 号病房的病人优先级最低。在上述规定下重新设计，可得到表 3-7 所示的 8 线-3 线优先编码器真值表。

表 3-7　8 线-3 线优先编码器真值表

I_0	I_1	I_2	I_3	I_4	I_5	I_6	I_7	Y_2	Y_1	Y_0
1	0	0	0	0	0	0	0	0	0	0
×	1	0	0	0	0	0	0	0	0	1
×	×	1	0	0	0	0	0	0	1	0
×	×	×	1	0	0	0	0	0	1	1
×	×	×	×	1	0	0	0	1	0	0
×	×	×	×	×	1	0	0	1	0	1
×	×	×	×	×	×	1	0	1	1	0
×	×	×	×	×	×	×	1	1	1	1

由真值表写出优先编码器的逻辑函数式：

$$\begin{cases} Y_2 = I_4\overline{I}_5\overline{I}_6\overline{I}_7 + I_5\overline{I}_6\overline{I}_7 + I_6\overline{I}_7 + I_7 \\ Y_1 = I_2\overline{I}_3\overline{I}_4\overline{I}_5\overline{I}_6\overline{I}_7 + I_3\overline{I}_4\overline{I}_5\overline{I}_6\overline{I}_7 + I_6\overline{I}_7 + I_7 \\ Y_0 = I_1\overline{I}_2\overline{I}_4\overline{I}_6 + I_3\overline{I}_4\overline{I}_6 + I_5\overline{I}_6 + I_7 \end{cases}$$

按上述逻辑函数表达式即可设计出优先编码器(设计图略)。

优先编码器既解决了输入信号之间竞争的问题,又能作为普通编码器使用,所以在实际应用中编码器均设计为优先编码器。

【例 3-7】 键盘输入逻辑电路就是由编码器组成的。图 3-14 是由十个按键和门电路组成的 8421BCD 码编码器,其真值表如表 3-8 所示,十个按键 $\overline{S}_0$ ~ $\overline{S}_9$ 状态分别对应十进制数 0~9,编码器的输出为 A、B、C、D 和 GS。试分析该电路的工作原理及 GS 的作用。

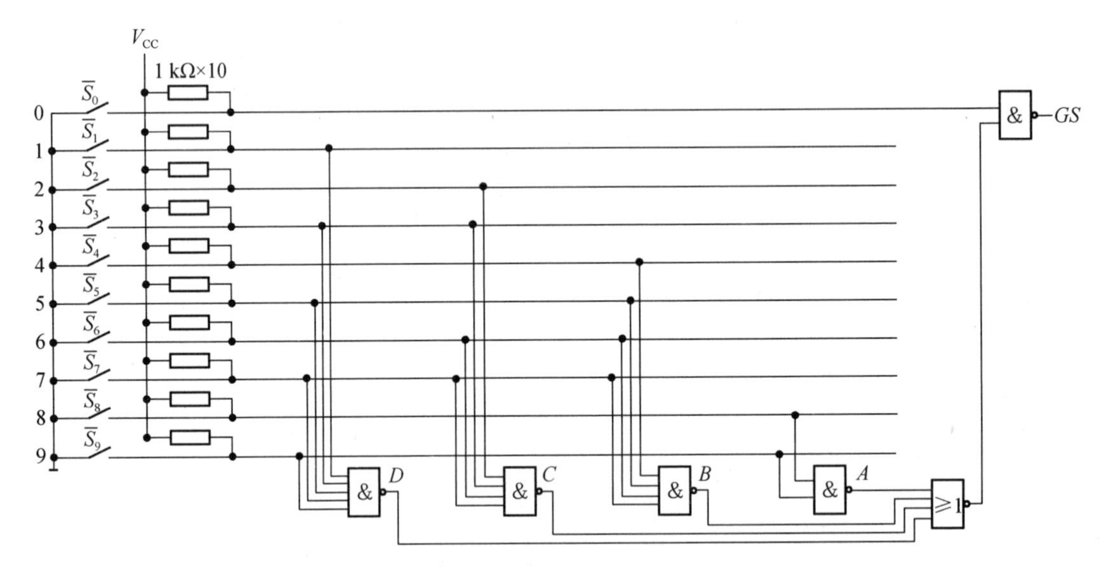

图 3-14 由十个按键和门电路组成的 8421BCD 码编码器

表 3-8 由十个按键和门电路组成的 8421BCD 码编码器真值表

输入										输出				
$\overline{S}_9$	$\overline{S}_8$	$\overline{S}_7$	$\overline{S}_6$	$\overline{S}_5$	$\overline{S}_4$	$\overline{S}_3$	$\overline{S}_2$	$\overline{S}_1$	$\overline{S}_0$	A	B	C	D	GS
1	1	1	1	1	1	1	1	1	1	0	0	0	0	0
1	1	1	1	1	1	1	1	1	0	0	0	0	0	1
1	1	1	1	1	1	1	1	0	1	0	0	0	1	1
1	1	1	1	1	1	1	0	1	1	0	0	1	0	1
1	1	1	1	1	1	0	1	1	1	0	0	1	1	1
1	1	1	1	1	0	1	1	1	1	0	1	0	0	1
1	1	1	1	0	1	1	1	1	1	0	1	0	1	1
1	1	1	0	1	1	1	1	1	1	0	1	1	0	1

表 3-8(续)

输入										输出				
$\overline{S}_9$	$\overline{S}_8$	$\overline{S}_7$	$\overline{S}_6$	$\overline{S}_5$	$\overline{S}_4$	$\overline{S}_3$	$\overline{S}_2$	$\overline{S}_1$	$\overline{S}_0$	A	B	C	D	GS
1	1	0	1	1	1	1	1	1	1	0	1	1	1	1
1	0	1	1	1	1	1	1	1	1	1	0	0	0	1
0	1	1	1	1	1	1	1	1	1	1	0	0	1	1

解:对真值表和逻辑电路进行分析可知:①该编码器为输入低电平有效,因此用带非号的变量表示;②在按下 $\overline{S}_0\sim\overline{S}_9$ 中任意一个键时,即输入信号中有一个为低电平时,A、B、C、D 输出信号为该键的 BCD 编码,同时 $GS=1$,表示有信号输入。而只有 $\overline{S}_0\sim\overline{S}_9$ 均为高电平时 $GS=0$,表示无信号输入,此时的输出代码 0000 为无效代码。由此解决了输入条件不同而输出代码相同的问题。

2. 典型编码器电路

常用的中规模优先编码器有 74148(8 线-3 线优先编码器)、74147(10 线-4 线优先编码器)。

(1)74148

74148 是带有扩展功能的 8 线-3 线二进制优先编码器,74148 的逻辑符号如图 3-15 所示。74148 包含 8 个编码输入端 $\overline{I}_0$、$\overline{I}_1$、$\overline{I}_2$、$\overline{I}_3$、$\overline{I}_4$、$\overline{I}_5$、$\overline{I}_6$、$\overline{I}_7$,1 个使能输入端 $\overline{S}$;3 位编码输出端 $\overline{Y}_0$、$\overline{Y}_1$、$\overline{Y}_2$,1 个选通输出端 Y_{EX} 和 1 个扩展端 Y_S,所有输入和输出端都是低电平有效(变量上加非号或引脚端加圆圈都是示意低电平有效)。74148 的功能表见表 3-9,由功能表可知,当 $\overline{S}=1$ 时,编码器不工作,不论有无有效信号输入,输出端全为 1,且 $Y_{EX}=1$,$Y_S=1$。当 $\overline{S}=0$ 时,编码器工作,优先编码器的多个输入端有 0 输入时,输出则为优先级别最高的输入编码端二进制的反码,此时 $Y_{EX}=0$, $Y_S=1$。例如,当 $\overline{I}_3$、$\overline{I}_6$ 同时为 0 时,其余输入为 1 时,输出为 6 的二进制反码 1001(0110 的反码)。如果所有的输入端无 0 输入时,则输出全为 1,即 $Y_2=Y_1=Y_0=1$, $Y_{EX}=1$, $Y_S=0$。

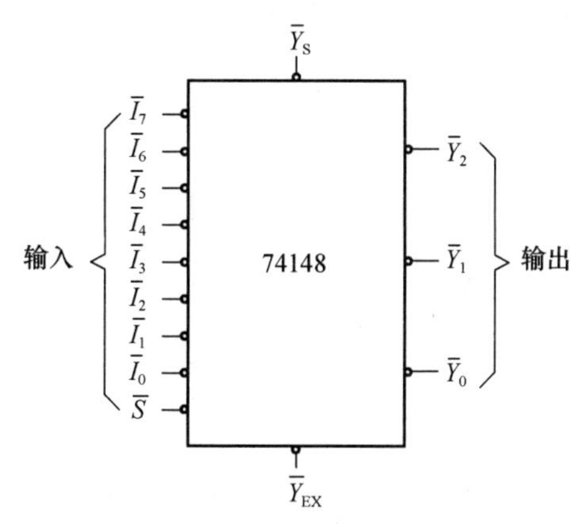

图 3-15 74148 的逻辑符号

表 3-9　74148 的功能表

输入									输出				
$\bar{S}$	$\bar{I}_7$	$\bar{I}_6$	$\bar{I}_5$	$\bar{I}_4$	$\bar{I}_3$	$\bar{I}_2$	$\bar{I}_1$	$\bar{I}_0$	Y_2	Y_1	Y_0	Y_{EX}	Y_S
1	×	×	×	×	×	×	×	×	1	1	1	1	1
0	1	1	1	1	1	1	1	1	1	1	1	1	0
0	0	×	×	×	×	×	×	×	0	0	0	0	1
0	1	0	×	×	×	×	×	×	0	0	1	0	1
0	1	1	0	×	×	×	×	×	0	1	0	0	1
0	1	1	1	0	×	×	×	×	0	1	1	0	1
0	1	1	1	1	0	×	×	×	1	0	0	0	1
0	1	1	1	1	1	0	×	×	1	0	1	0	1
0	1	1	1	1	1	1	0	×	1	1	0	0	1
0	1	1	1	1	1	1	1	0	1	1	1	0	1

在编码器工作($\bar{S}=0$)并且多个输入端至少有一个输入为 0 时,选通输出端 $Y_{EX}=0$,否则 $Y_{EX}=1$。

在编码器工作($\bar{S}=0$)且多个输入端全为 1(即无有效输入)时,扩展端 $Y_S=0$,其余情况下 $Y_S=1$。利用扩展端 Y_S 去控制另外一片 74148 的使能输入端 $\bar{S}$ 就可以实现编码器的扩展。

(2)74147

74147 为 10 线-4 线十进制优先编码器,其功能是把输入端 $\bar{I}_0$、$\bar{I}_1$、$\bar{I}_2$、$\bar{I}_3$、$\bar{I}_4$、$\bar{I}_5$、$\bar{I}_6$、$\bar{I}_7$、$\bar{I}_8$ 、$\bar{I}_9$(代表 0~9 这 10 个数字)编码输出成 4 位 8421BCD 码(即 $Y_3Y_2Y_1Y_0$),输入端连接的可以是键盘或开关。74147 的逻辑符号如图 3-16 所示,功能表见表 3-10。编码输入为低电平有效,输出为 BCD 码的反码,若优先编码器的多个输入端同时有 0 输入,则输出为最大输入编码端的 BCD 码的反码。例如,$\bar{I}_2$、$\bar{I}_6$ 同时为 0 时,输出为 6 的 BCD 码的反码 1001(0110 的反码)。

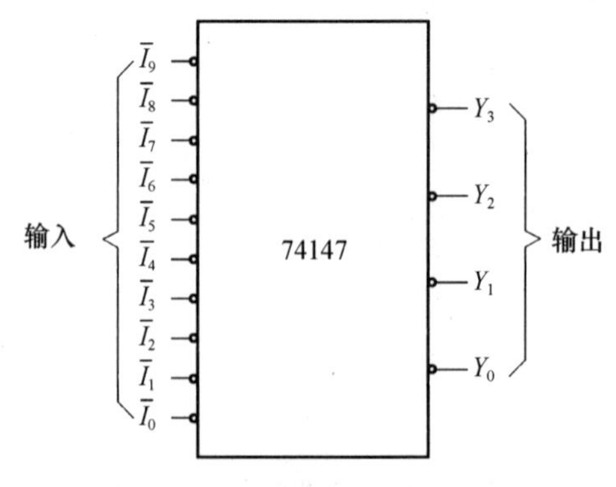

图 3-16　74147 的逻辑符号

表 3-10 74147 的功能表

输入										输出			
$\overline{I}_9$	$\overline{I}_8$	$\overline{I}_7$	$\overline{I}_6$	$\overline{I}_5$	$\overline{I}_4$	$\overline{I}_3$	$\overline{I}_2$	$\overline{I}_1$	$\overline{I}_0$	Y_3	Y_2	Y_1	Y_0
1	1	1	1	1	1	1	1	1	1	1	1	1	1
0	×	×	×	×	×	×	×	×	×	0	1	1	0
0	0	×	×	×	×	×	×	×	×	0	1	1	1
0	1	0	×	×	×	×	×	×	×	1	0	0	0
0	1	1	0	×	×	×	×	×	×	1	0	0	1
0	1	1	1	0	×	×	×	×	×	1	0	1	0
0	1	1	1	1	0	×	×	×	×	1	0	1	1
0	1	1	1	1	1	0	×	×	×	1	1	0	0
0	1	1	1	1	1	1	0	×	×	1	1	0	1
1	1	1	1	1	1	1	1	1	×	1	1	1	0
0	1	1	1	1	1	1	1	1	0	1	1	1	1

3.5.2 译码器

在数字系统中,经常需要将一种代码转换为另一种代码,以满足特定的需要,完成这种功能的电路称为码转换电路,译码器和编码器都是码转换电路。

1. 译码器的定义与功能

译码器的功能与编码器相反,用于将输入的二进制代码重新翻译成高、低电平信号。与二进制编码器相对应,二进制译码器命名为“n 线- 2^n 线”译码器,如 2 线-4 线译码器、3 线-8 线译码器、4 线-16 线译码器等。二进制译码器框图如图 3-17 所示,它有 n 位二进制码输入,与 2^n 个输出相对应。

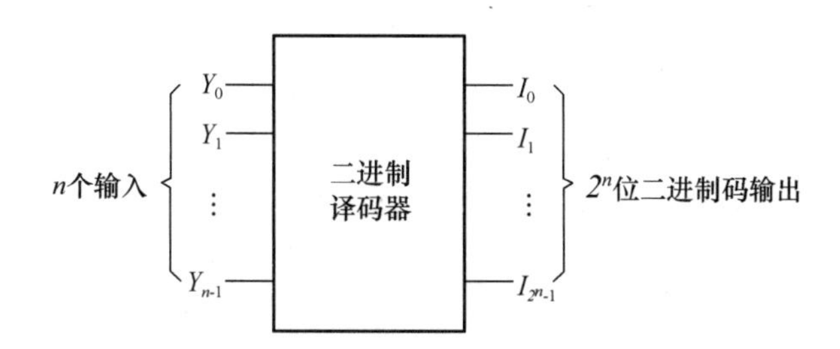

图 3-17 二进制译码器框图

下面以 2 线-4 线译码器为例,分析译码器的工作原理和电路结构。

输入变量 A_0, A_1 共有 4 种不同状态组合,因而译码器有 4 个输出信号 $\overline{Y}_0$~ $\overline{Y}_3$,并且输出为低电平有效,真值表如表 3-11 所示。

表 3-11　2 线-4 线译码器真值表

输入			输出			
$\overline{E}$	A_1	A_0	$\overline{Y}_0$	$\overline{Y}_1$	$\overline{Y}_2$	$\overline{Y}_3$
1	×	×	1	1	1	1
0	0	0	0	1	1	1
0	0	1	1	0	1	1
0	1	0	1	1	0	1
0	1	1	1	1	1	0

另外设置了使能控制端 $\overline{E}$，当 $\overline{E}$ 为 1 时，无论 A_1、A_0 为何种状态，输出全为 1，译码器处于非工作状态。而当 $\overline{E}$ 为 0 时，对应于 A_1、A_0 的一种输入状态，其中只有一个输出端为 0，其余各输出端均为 1。例如，$A_1A_0=00$ 时，$\overline{Y}_0$ 为 0，$\overline{Y}_1$~ $\overline{Y}_3$ 均为 1。由此可见，译码器通过输出端的逻辑电平来识别不同的代码。

根据真值表可写出各输出端的逻辑表达式：

$$\begin{cases} \overline{Y}_0 = \overline{\overline{\overline{E}}\,\overline{A}_1\overline{A}_0} \\ \overline{Y}_1 = \overline{\overline{\overline{E}}\,\overline{A}_1A_0} \\ \overline{Y}_2 = \overline{\overline{\overline{E}}A_1\overline{A}_0} \\ \overline{Y}_3 = \overline{\overline{\overline{E}}A_1A_0} \end{cases}$$

根据逻辑表达式画出 2 线-4 线译码器逻辑图如图 3-18 所示。

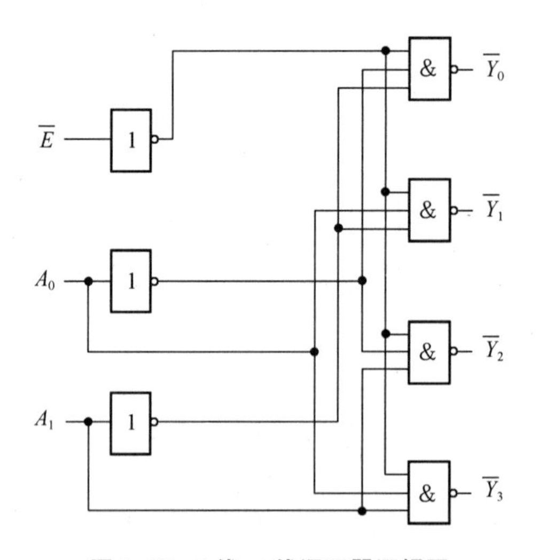

图 3-18　2 线-4 线译码器逻辑图

2. 典型译码器电路

典型的二进制译码器有 2 线-4 线译码器和 3 线-8 线译码器。

3 线-8 线译码器的逻辑图如图 3-19(a)所示,逻辑符号如图 3-19(b)所示。该译码器有 3 位二进制输入 A_2、A_1、A_0,它们共有 8 种组合状态,即可译出 8 个输出信号 $\overline{Y}_0\sim\overline{Y}_7$,输出为低电平有效。此外,该译码器还设置了 3 个使能输入端 E_3、$\overline{E}_2$、$\overline{E}_1$,并且 $E=E_1E_2E_3$,为扩展电路的功能提供了方便。由逻辑图写出逻辑表达式:

$$\overline{Y}_0=\overline{E\overline{A}_2\overline{A}_1\overline{A}_0},\overline{Y}_1=\overline{E\overline{A}_2\overline{A}_1A_0},\overline{Y}_2=\overline{E\overline{A}_2A_1\overline{A}_0},\overline{Y}_3=\overline{E\overline{A}_2A_1A_0}$$

$$\overline{Y}_4=\overline{EA_2\overline{A}_1\overline{A}_0},\overline{Y}_5=\overline{EA_2\overline{A}_1A_0},\overline{Y}_6=\overline{EA_2A_1\overline{A}_0},\overline{Y}_7=\overline{EA_2A_1A_0}$$

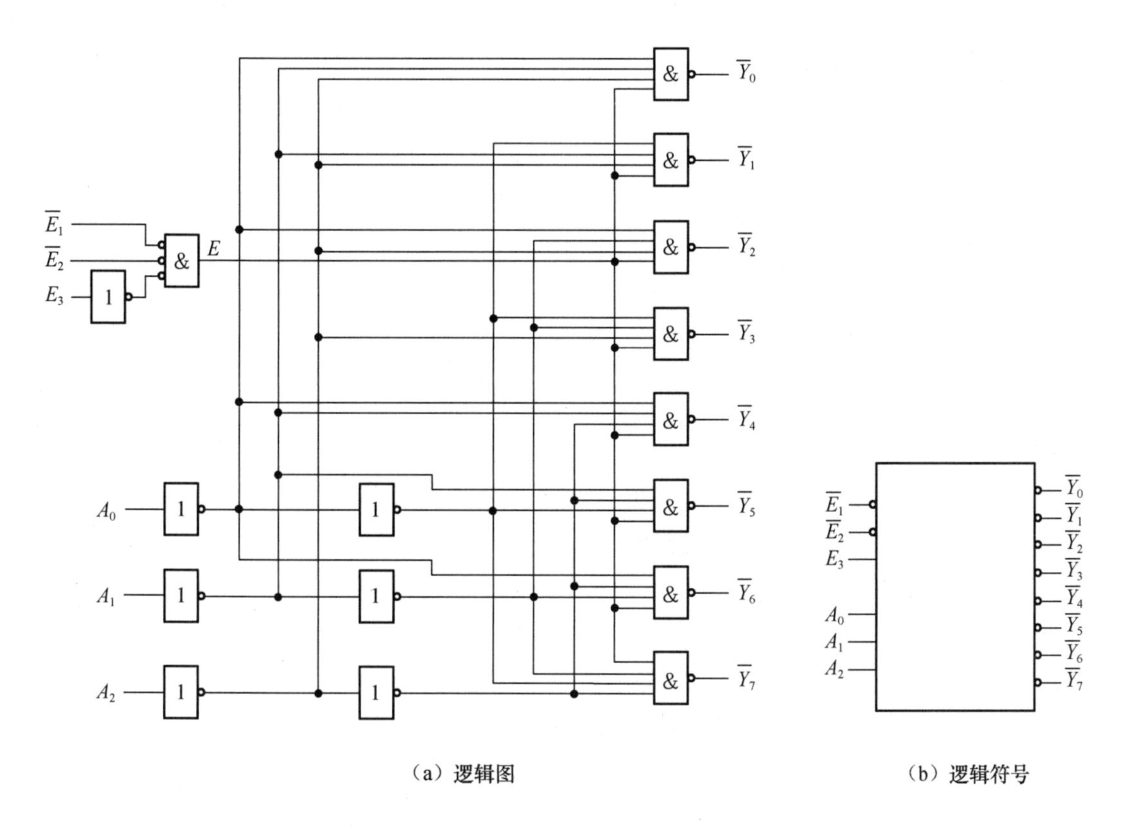

(a) 逻辑图　　(b) 逻辑符号

图 3-19　3 线-8 线译码器

当 $E_3=1$,且 $\overline{E}_2=\overline{E}_1=0$ 时,$E=1$,代入上式,可得

$$\overline{Y}_0=\overline{m}_0,\overline{Y}_1=\overline{m}_1,\overline{Y}_2=\overline{m}_2,\overline{Y}_3=\overline{m}_3,\overline{Y}_4=\overline{m}_4,\overline{Y}_5=\overline{m}_5,\overline{Y}_6=\overline{m}_6,\overline{Y}_7=\overline{m}_7$$

译码器的输出包含了由输入 A_2、A_1、A_0 组成的所有最小项。

根据上式可以列出 3 线-8 线译码器功能表如表 3-12 所示。

利用 3 线-8 线译码器可以构成 4 线-16 线、5 线-32 线或 6 线-64 线译码器。

表 3-12　3 线-8 线译码器功能表

输入						输出							
E_3	$\overline{E}_2$	$\overline{E}_1$	A_2	A_1	A_0	$\overline{Y}_0$	$\overline{Y}_1$	$\overline{Y}_2$	$\overline{Y}_3$	$\overline{Y}_4$	$\overline{Y}_5$	$\overline{Y}_6$	$\overline{Y}_7$
×	1	×	×	×	×	1	1	1	1	1	1	1	1
×	×	1	×	×	×	1	1	1	1	1	1	1	1
0	×	×	×	×	×	1	1	1	1	1	1	1	1
1	0	0	0	0	0	0	1	1	1	1	1	1	1
1	0	0	0	0	1	1	0	1	1	1	1	1	1
1	0	0	0	1	0	1	1	0	1	1	1	1	1
1	0	0	0	1	1	1	1	1	0	1	1	1	1
1	0	0	1	0	0	1	1	1	1	0	1	1	1
1	0	0	1	0	1	1	1	1	1	1	0	1	1
1	0	0	1	1	0	1	1	1	1	1	1	0	1
1	0	0	1	1	1	1	1	1	1	1	1	1	0

集成 3 线-8 线译码器有 CMOS(如 74HC138)和 TTL(如 74LS138)的产品,两者在逻辑功能上没有区别,只是电性能参数不同,用 74××138 表示两者中任意一种。74××139 是双 2 线-4 线译码器,两个独立的译码器封装在一个集成芯片中,其中之一的逻辑符号如图 3-20(a)所示。

逻辑符号说明:74××139 逻辑符号框外部的 $\overline{E}$、$\overline{Y}_0$~ $\overline{Y}_3$ 作为变量符号,表示外部输入或输出信号名称,字母上面的"-"号说明该输入或输出是低电平有效,如图 3-20(b)所示。符号框内部的输入、输出变量表示其内部的逻辑关系,全部为高电平有效。当输入或输出为低电平有效时,符号框外部逻辑变量 $\overline{E}$、$\overline{Y}_0$ ~ $\overline{Y}_3$ 的逻辑状态与符号框内相应的 E、Y_0 ~ Y_3 的逻辑状态相反。在推导逻辑表达式的过程中,如果低电平有效的输入或输出变量上面的"-"号参与运算,则在画逻辑图或验证真值表时,注意将其还原为低电平有效符号。

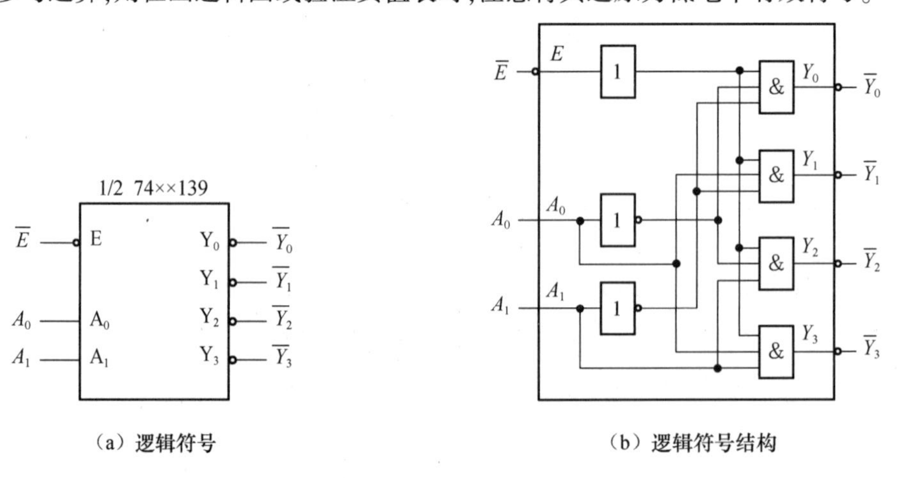

(a) 逻辑符号　　(b) 逻辑符号结构

图 3-20　74××139 逻辑符号及结构

【例 3-8】 用 3 线-8 线译码器(74HC138)和必要的逻辑门实现函数 $L=\overline{A}\,\overline{C}+AB$ 。

解:当控制端接有效电平时,译码器的输出是 3 个输入变量的全部最小项。因此,首先将逻辑函数表达式变换为最小项之和的形式:

$$L=\overline{A}\,\overline{B}\,\overline{C}+\overline{A}B\overline{C}+AB\overline{C}+ABC=m_0+m_2+m_6+m_7$$

将输入变量 A、B、C 分别接入 A_2、A_1、A_0 端,并将使能端接有效电平。由于译码器输出是低电平有效,所以将最小项变换为反函数的形式:

$$L=\overline{\overline{m_0}\cdot\overline{m_2}\cdot\overline{m_6}\cdot\overline{m_7}}=\overline{\overline{Y_0}\cdot\overline{Y_2}\cdot\overline{Y_6}\cdot\overline{Y_7}}$$

在译码器的输出端加一个与非门,将这些最小项组合起来,便可实现 3 变量组合逻辑函数,如图 3-21 所示。

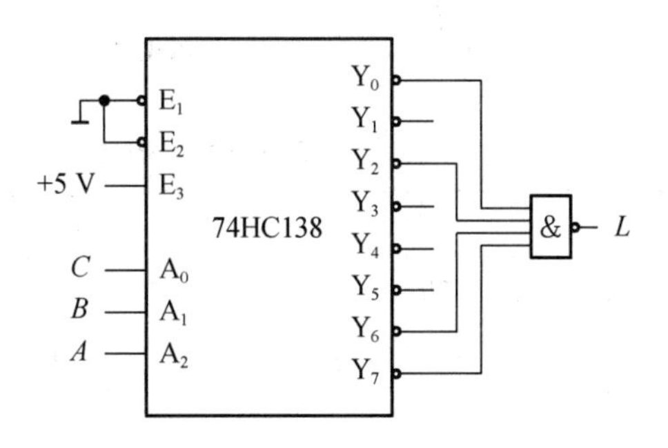

图 3-21 例 3-8 的逻辑图

3.5.3 数据选择器

数据选择器(multiplexer)是用于从多路输入数据中根据地址码的不同选择其中一路输出的逻辑电路。数据分配器(demultiplexer)的功能与数据选择器正好相反,它根据不同的地址码把输入的数据分配到不同的单元中去。数据选择器和数据分配器的功能示意图如图 3-22 所示。

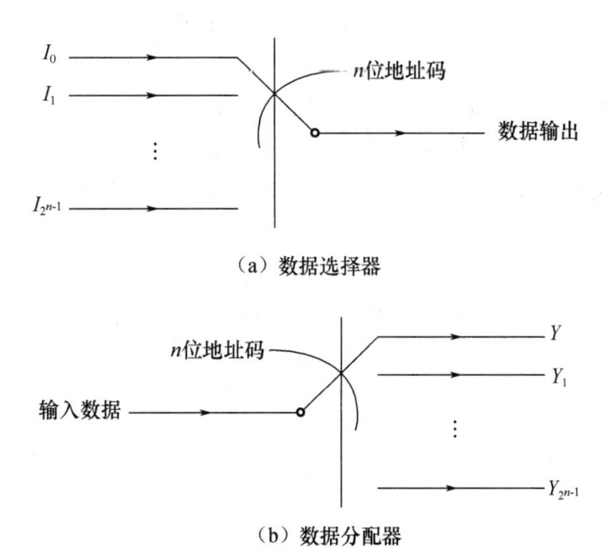

图 3-22 数据选择器与数据分配器功能示意图

数据选择器通常是从 2^n 路数据中根据 n 位地址码的不同选择 1 路输出，故命名为“2^n 选 1”数据选择器，如 2 选 1、4 选 1、8 选 1 和 16 选 1 等。

设 2 选 1 数据选择器的 2 路数据分别用 D_0、D_1 表示，1 位地址码用 A_0 表示，输出用 Y 表示，则

$$Y = F(D_0, D_1, A_0)$$

根据 2 选 1 数据选择器的功能要求，可列出表 3-13 所示的 2 选 1 数据选择器真值表。

画出 2 选 1 数据选择器的卡诺图并化简得 $Y = D_0\overline{A_0} + D_1A_0$，故实现 2 选 1 数据选择器的逻辑图如图 3-23 所示。

类似地，设 4 选 1 数据选择器的 4 路数据分别用 D_0、D_1、D_2、D_3 表示，2 位地址码分别用 A_1、A_0 表示，输出用 Y 表示，则

$$Y = F(D_0, D_1, D_2, D_3, A_1, A_0)$$

表 3-13　2 选 1 数据选择器真值表

A_0	D_0	D_1	Y	A_0	D_0	D_1	Y
0	0	0	0	1	0	0	0
0	0	1	0	1	0	1	1
0	1	0	1	1	1	0	0
0	1	1	1	1	1	1	1

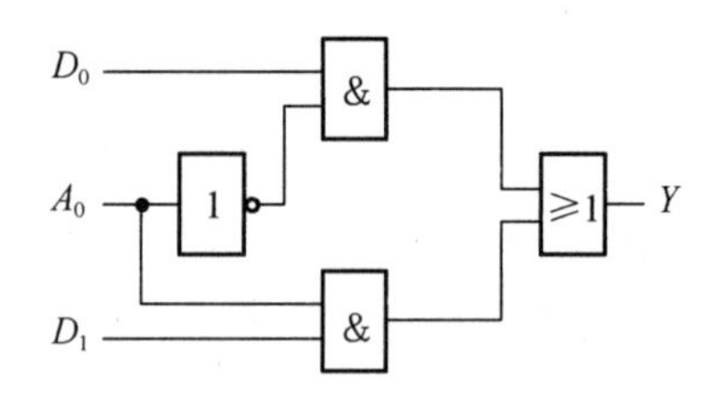

3-23　2 选 1 数据选择器逻辑图

由于 4 选 1 数据选择器的输出 Y 为六变量逻辑函数，输入变量共有 $2^6 = 64$ 种取值组合，若按传统方法列写真值表既烦琐也不利于逻辑函数的化简，因此习惯于将 4 选 1 数据选择器的真值表列写成表 3-14 所示的简化形式，这样既概念清晰同时又有利于逻辑函数的化简。

表 3-14　4 选 1 数据选择器简化真值表

A_1	A_0	Y
0	0	D_0
0	1	D_1
1	0	D_2
1	1	D_3

对于简化的真值表，需要把根据真值表写出逻辑函数表达式的方法进行扩展。当 $D_0=1$ 时函数表达式中存在最小项 $\overline{A}_1\overline{A}_0$，当 $D_0=0$ 时函数表达式中不存在 $\overline{A}_1\overline{A}_0$，因此真值表中第一行对应的函数式用 $D_0(\overline{A}_1\overline{A}_0)$ 表示，其余同理，故 4 选 1 数据选择器的逻辑函数表达式可表示为

$$Y=D_0(\overline{A}_1\overline{A}_0)+D_1(\overline{A}_1A_0)+D_2(A_1\overline{A}_0)+D_3(A_1A_0)$$

按上述逻辑函数表达式设计即可实现 4 选 1 数据选择器(逻辑图略)。

按同样方法，8 选 1 数据选择器的真值表可表示为表 3-15 所示的简化形式，其逻辑函数表达式为

$$Y=D_0(\overline{A}_2\overline{A}_1\overline{A}_0)+D_1(\overline{A}_2\overline{A}_1A_0)+D_2(\overline{A}_2A_1\overline{A}_0)+D_3(\overline{A}_2A_1A_0)+$$
$$D_4(A_2\overline{A}_1\overline{A}_0)+D_5(A_2\overline{A}_1A_0)+D_6(A_2A_1\overline{A}_0)+D_7(A_2A_1A_0)$$

表 3-15 8 选 1 数据选择器简化真值表

A_2	A_1	A_0	Y
0	0	0	D_0
0	0	1	D_1
0	1	0	D_2
0	1	1	D_3
1	0	0	D_4
1	0	1	D_5
1	1	0	D_6
1	1	1	D_7

【例 3-9】 用 8 选 1 数据选择器实现三人表决电路。

解：三人表决电路的标准与或式为

$$Y=\overline{A}BC+A\overline{B}C+AB\overline{C}+ABC=m_3+m_5+m_6+m_7$$

将上式与 8 选 1 数据选择器的标准形式进行对比可得 $D_3=D_5=D_6=D_7=1$，而 $D_0=D_1=D_2=D_4=0$，故用 8 选 1 数据选择器实现三人表决电路问题的电路图如图 3-24 所示。

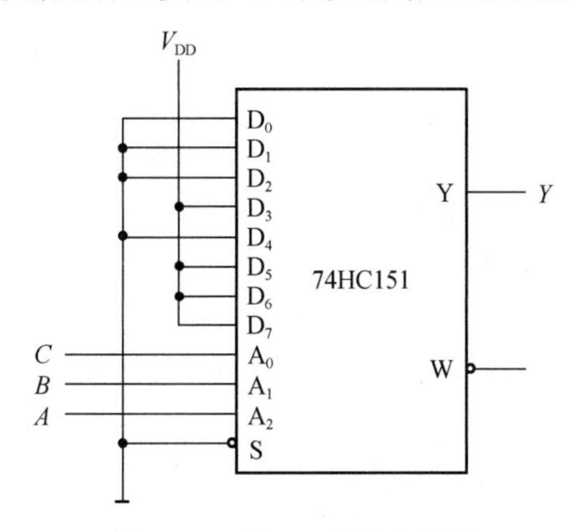

图 3-24 例 3-9 设计电路图

三变量逻辑函数也可以用4选1数据选择器实现。将三变量逻辑函数表达式与4选1数据选择器的逻辑函数表达式进行对比可知,实现时可将逻辑函数表达式中两个变量看作地址,另外一个变量看作数据。

从应用的角度讲,用2^n选1数据选择器可以实现$n+1$及以下变量的逻辑函数,即4选1数据选择器可以实现3及以下变量的逻辑函数,8选1的数据选择器可以实现4及以下变量的逻辑函数。

译码器和数据选择器都可以用来实现逻辑函数。两者不同的是,一个译码器可以同时实现多个逻辑函数,但需要附加门电路。一个数据选择器只能实现一个逻辑函数,但用2^n选1的数据选择器实现n变量逻辑函数时不需要附加门电路,因而电路实现非常简洁。

3.5.4 数据分配器

在数字电路中,带有控制端的译码器本身就是数据分配器。译码器的基本功能是将输入的二进制代码翻译成高、低电平信号输出,但如果换种用法,就可以实现数据分配。

译码器用作数据分配器时,将待分配的数据D连接到译码器的控制端,根据二进制码的不同即可将数据D分配到不同的输出口。

3线-8线译码器74HC138用作数据分配器时,有两种实现方案。

第一种方案:用数据D控制74HC138低电平有效的控制端,如图3-25所示,则在$D=0$时译码器工作,在$D=1$时译码器不工作。工作时译码器进行译码,在相应的端口输出低电平,不工作时所有输出端均强制为高电平。

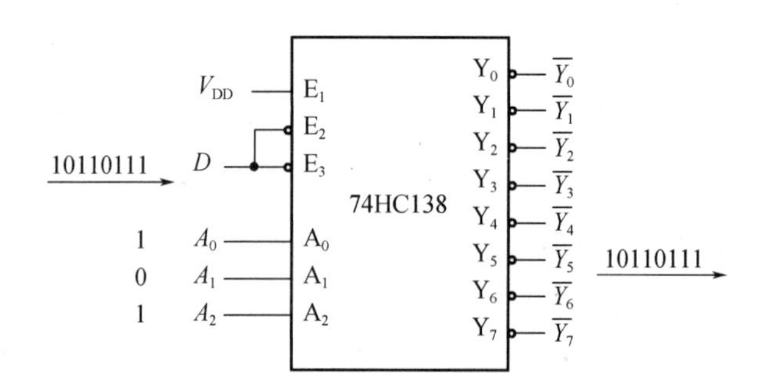

图3-25 数据分配器(同相输出)

假设D为待分配的8位二进制序列10110111,$A_2A_1A_0=101$。当D变化时$\overline{Y}_5$在输出的序列恰好为10110111。若要将D分配到其他输出口,则只需要将地址码$A_2A_1A_0$设置为相应的二进制数即可。由于这种接法的输出序列与输入序列完全相同,所以D接74HC138低电平有效的控制端时,输出与输入“同相”。

第二种方案:用数据D控制74HC138高电平有效的控制端E_1,如图3-26所示,则在$D=0$时译码器不工作,在$D=1$时译码器工作。设$A_2A_1A_0=101$,D仍为待分配的8位二进制序列10110111。当D变化时,在$\overline{Y}_5$端输出的序列为01001000。若要将D分配到其他输出口,则只需要将地址码$A_2A_1A_0$设置为相应的二进制数即可。

由于这种接法的输出序列与输入序列恰好相反,所以D接74HC138高电平有效的控制端时,输出与输入“反相”。

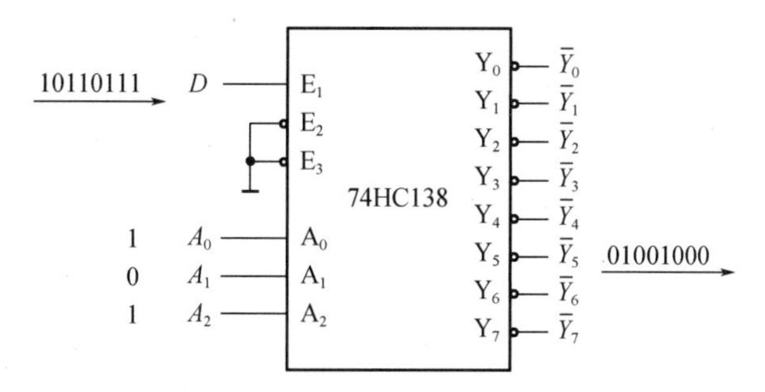

图 3-26 数据分配器(反相输出)

3.5.5 数值比较器的定义及功能

在数字系统中,特别是在计算机中常需要对两个数的大小进行比较。数值比较器就是对两个二进制数 A、B 进行比较的逻辑电路,比较结果有 $A > B$,$A < B$ 以及 $A = B$ 三种情况。

(1)1 位数值比较器

1 位数值比较器是多位比较器的基础。当 A 和 B 都是 1 位二进制数时,它们只能取 0 或 1 两种值,由此可写出 1 位数值比较器的真值表,如表 3-16 所示。

表 3-16 1 位数值比较器真值表

输入		输出		
A	B	$F_{A>B}$	$F_{A<B}$	$F_{A=B}$
0	0	0	0	1
0	1	0	1	0
1	0	1	0	0
1	1	0	0	1

由真值表得到逻辑函数表达式

$$\begin{cases} F_{A>B} = A\overline{B} \\ F_{A<B} = \overline{A}B \\ F_{A=B} = \overline{A}\,\overline{B} + AB \end{cases}$$

由以上逻辑函数表达式画出图 3-27 所示的 1 位数值比较器逻辑图。

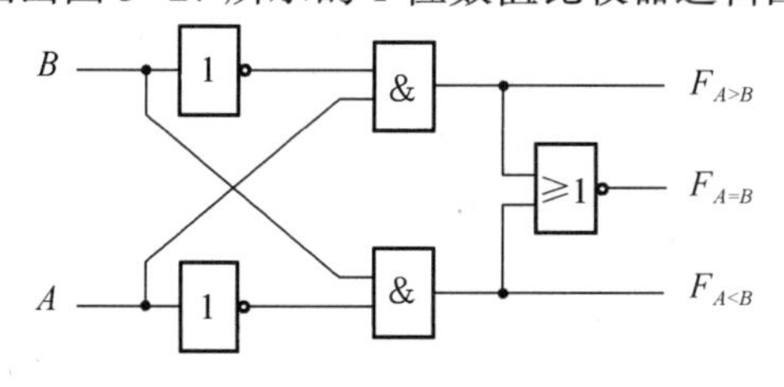

图 3-27 1 位数值比较器逻辑图

(2)两位数值比较器

现在分析比较两位二进制数 A_1A_0 和 B_1B_0 的情况,用 $F_{A>B}$, $F_{A<B}$ 和 $F_{A=B}$ 表示比较结果。当高位(A_1、B_1)不相等时,无须比较低位(A_0、B_0),高位比较的结果就是两个数的比较结果。当高位相等时,两数的比较结果由低位比较的结果决定。利用 1 位数值比较器的比较结果可以列出简化的真值表,如表 3-17 所示。

表 3-17　两位数值比较器真值表

输入		输出		
A_1、B_1	A_0、B_0	$F_{A>B}$	$F_{A<B}$	$F_{A=B}$
$A_1>B_1$	×	1	0	0
$A_1<B_1$	×	0	1	0
$A_1=B_1$	$A_0>B_0$	1	0	0
$A_1=B_1$	$A_0<B_0$	0	1	0
$A_1=B_1$	$A_0=B_0$	0	0	1

由表 3-17 写出如下逻辑函数表达式:

$$F_{A>B}=A_1\overline{B}_1+(\overline{A}_1\overline{B}_1+A_1B_1)A_0\overline{B}_0=F_{A_1>B_1}+F_{A_1=B_1}\cdot F_{A_0>B_0}$$

$$F_{A<B}=\overline{A}_1B_1+(\overline{A}_1\overline{B}_1+A_1B_1)\overline{A}_0B_0=F_{A_1<B_1}+F_{A_1=B_1}\cdot F_{A_0<B_0}$$

$$F_{A=B}=F_{A_1=B_1}\cdot F_{A_0=B_0}$$

根据上式画出逻辑图,如图 3-28 所示。电路利用了 1 位数值比较器的输出作为中间结果。它所依据的原理是,如果两个两位数 A_1A_0 和 B_1B_0 的高位不相等,则高位比较结果就是两数比较结果,与低位无关。这时,高位输出 $F_{A_1=B_1}=0$,使与门 G_1、G_2、G_3 均封锁,而或门都打开,低位比较结果不能影响或门,高位比较结果则直接从或门输出。如果高位相等,即 $F_{A_1=B_1}=1$,使与门 G_1、G_2、G_3 均打开,同时由于 $F_{A_1>B_1}=0$ 和 $F_{A_1<B_1}=0$ 作用,或门也打开,低位的比较结果直接送达输出端,即低位的比较结果决定两数的大、小或者相等。

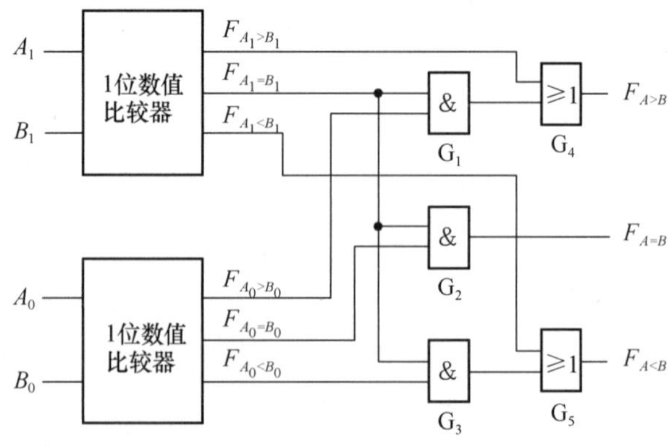

图 3-28　两位数值比较器逻辑图

用以上方法可以构成更多位的数值比较器。

3.5.6 加法器

二进制加法器是数字系统的基本逻辑部件之一。两个二进制数之间的加、减、乘,除等算术运算,最后都可以化作加法运算来实现。能够实现加法运算的电路称为加法器,加法器是算术运算的基本单元电路。下面先讨论能实现1位二进制数相加的半加器和全加器,然后再探讨多位二进制数加法器。

1. 半加器和全加器

如果不考虑来自低位的进位而只将两个1位二进制数相加,称为半加。实现半加运算的逻辑电路叫作半加器。

若用 A、B 表示两个加数输入,S、CO 分别表示和与进位输出。根据半加器的逻辑功能,可以得出其真值表,如表3-18所示。

表3-18 半加器真值表

A	B	S	CO
0	0	0	0
0	1	1	0
1	0	1	0
1	1	0	1

由真值表可以求出 S 和 CO 的表达式:

$$\begin{cases} S = \overline{A}B + A\overline{B} = A \oplus B \\ CO = AB \end{cases}$$

上式可用图3-29(a)所示的逻辑图实现。半加器的逻辑符号如图3-29(b)所示。

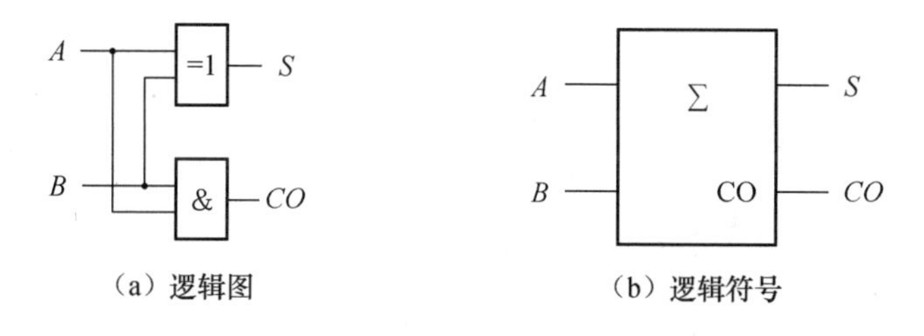

图3-29 半加器的逻辑图和逻辑符号

考虑来自低位进位的加法运算称为全加。实现全加运算的逻辑电路叫作全加器。设 A、B 为两个加数,CI 是来自低位的进位,S 为本位的和,CO 是向高位的进位,根据全加器的逻辑功能,可以得到其真值表,如表3-19所示。

表 3-19　全加器真值表

A	B	CI	CO	S
0	0	0	0	0
0	0	1	0	1
0	1	0	0	1
0	1	1	1	0
1	0	0	0	1
1	0	1	1	0
1	1	0	1	0
1	1	1	1	1

由表 3-19 可以看出全加器的逻辑函数表达式,并进行相应变换得

$$\begin{cases} S = \sum(1,2,4,7) = \bar{A}\,\bar{B}CI + \bar{A}B\overline{CI} + A\bar{B}\,\overline{CI} + ABCI = (\bar{A}\,\bar{B} + AB)CI + (\bar{A}B + A\bar{B})\overline{CI} \\ CO = \sum(3,5,6,7) = \bar{A}BCI + A\bar{B}CI + AB\overline{CI} + ABCI = AB + (A \oplus B)CI = \overline{\overline{AB}\ \overline{(A \oplus B)CI}} \end{cases}$$

全加器的电路结构有多种类型,图 3-30(a)是用“异或”门和“与非”门构成的全加器。不论哪种电路结构,其功能必须符合表 3-19 给出的全加器真值表。全加器的逻辑符号如图 3-30(b)所示。

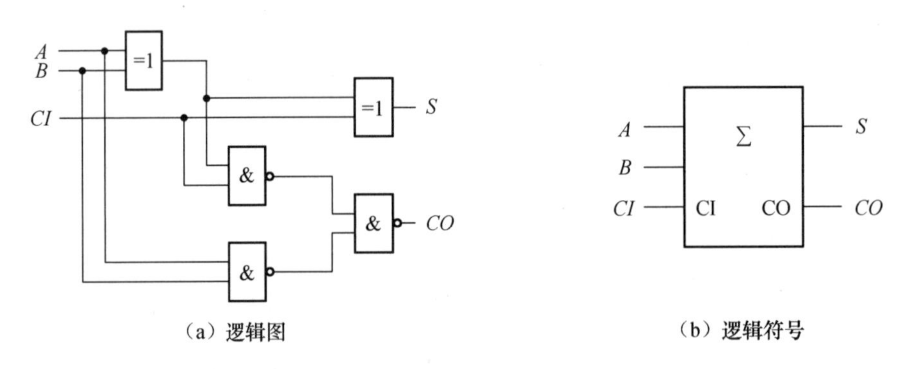

(a) 逻辑图　　(b) 逻辑符号

图 3-30　全加器的逻辑图和逻辑符号

2. 用加法器实现组合逻辑函数

加法器能实现两个二进制数相加,如果某个逻辑函数能表示为某些输入变量相加或输入变量与常量相加的形式,则用加法器来设计组合逻辑电路会更简单。

【例 3-10】　用超前进位加法器 74LS283 设计一个代码转换电路,将余 3 码转换为 8421 码。

解:根据设计要求,电路的输入为余 3 码,用 $ABCD$ 表示;电路的输出为 8421 码,用

$Y_3Y_2Y_1Y_0$ 表示。由代码的编码规则可知,余 3 码是 8421 码加 3 得到的,即 8421 码可以由余 3 码加(-3)得到。所以只要将 $ABCD$ 和(-3)的补码 1101 作为加数和被加数接入 74LS283 的输入端 $A_3 \sim A_0$、$B_3 \sim B_0$,即可从 $S_3 \sim S_0$ 端得到 8421 码,这时在 CO 端会产生进位,忽略即可。电路连接如图 3-31 所示。

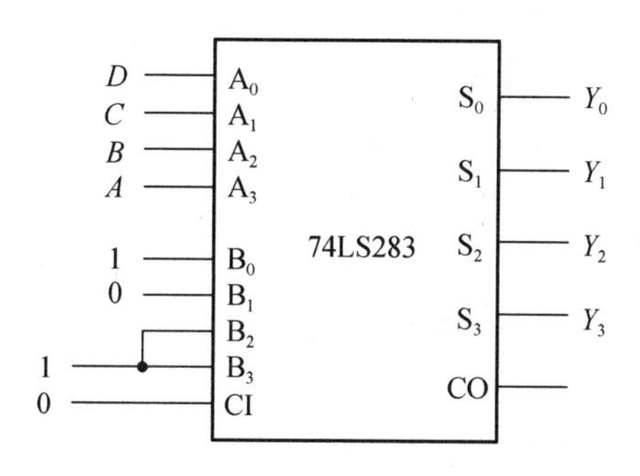

图 3-31 例 3-10 的电路连接图

第 3 章习题

3.1 试分析图 3-32 所示逻辑电路的功能。

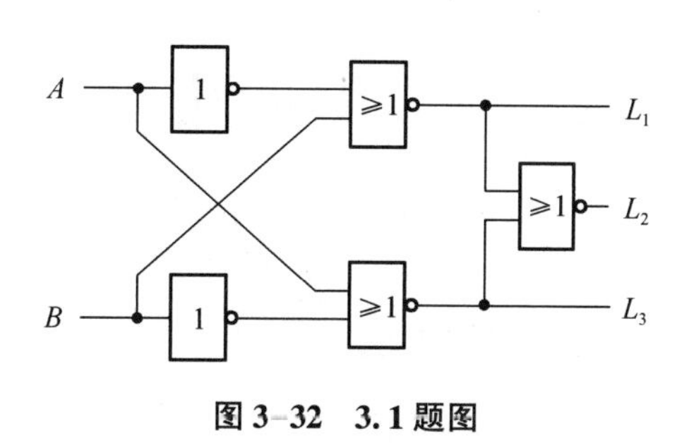

图 3-32 3.1 题图

3.2 逻辑电路如图 3-33 所示,试分析其逻辑功能。

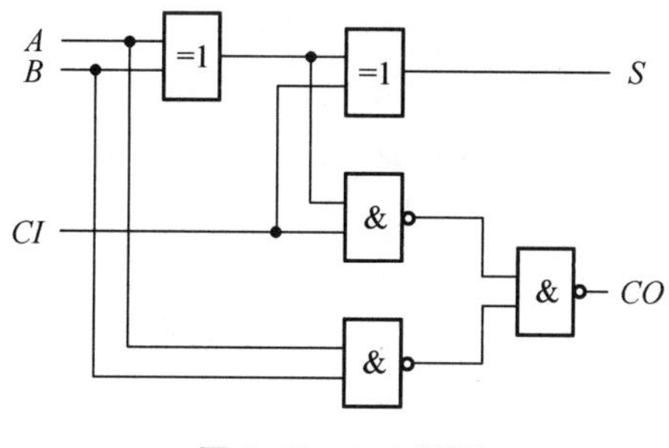

图 3-33 3.2 题图

3.3　分析图 3-34 所示电路的逻辑功能,写出输出的逻辑表达式,列出真值表,说明其逻辑功能。

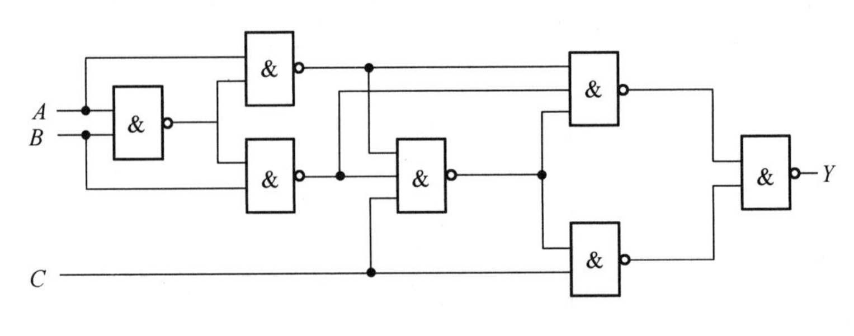

图 3-34　3.3 题图

3.4　试分析图 3-35 所示逻辑电路的功能。

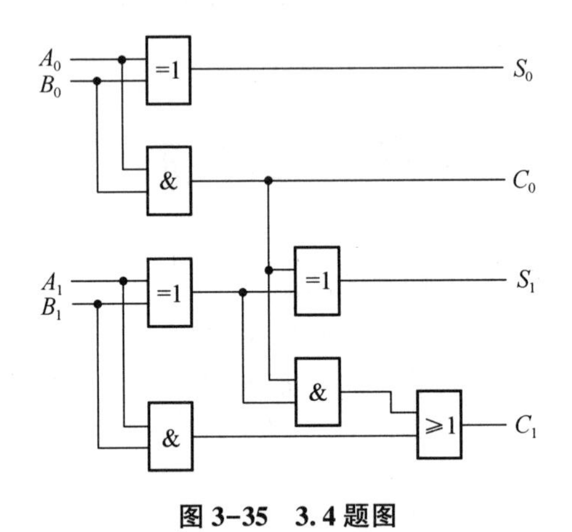

图 3-35　3.4 题图

3.5　分析图 3-36 所示逻辑电路的功能。

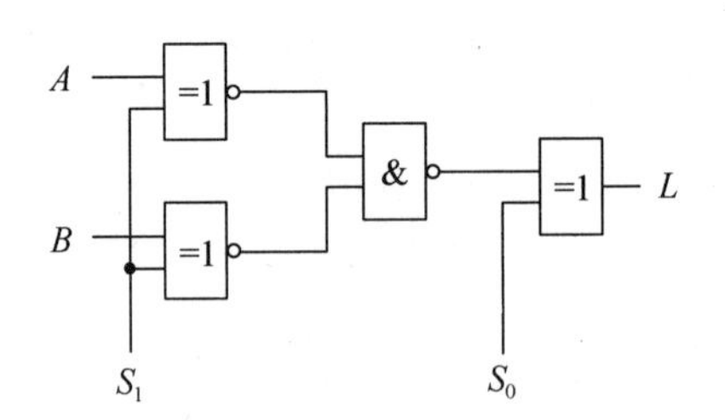

图 3-36　3.5 题图

3.6　分析图 3-37 所示逻辑电路的功能。

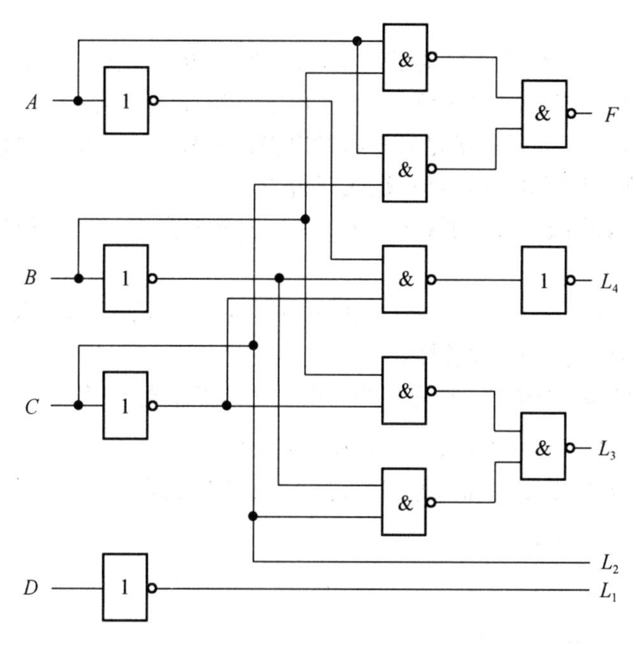

图 3-37 3.6 题图

3.7 试用 2 输入与非门设计一个 3 输入的组合逻辑电路。当输入的二进制码小于 3 时,输出为 0;当输入的二进制码大于等于 3 时,输出为 1。

3.8 分别用与非门设计能实现下列功能的组合逻辑电路。

(1)四变量不一致电路——4 个变量状态不相同时输出为 1,相同时输出为 0。

(2)四变量奇校验电路——4 个变量中有奇数个 1 时输出为 1,否则输出为 0。

(3)四变量偶校验电路——4 个变量中有偶数个 1 时输出为 1,否则输出为 0。

3.9 试设计一个可逆的 4 位码转换电路。当控制信号 $C=1$ 时,它将 8421 码转换为格雷码;当 $C=0$ 时,它将格雷码转换为 8421 码。可以采用任何门电路实现。

3.10 某足球评委会由一位教练和三位球迷组成,对裁判员的判罚进行表决。当满足以下条件时表示同意:有三人或三人以上同意,或者有两人同意,但其中一人是教练。试用 2 输入与非门设计该表决电路。

3.11 有一个车间,由红、黄 2 个故障指示灯表示 3 台设备的工作情况。当有 1 台设备出现故障时,黄灯亮;当有 2 台设备出现故障时,红灯亮;当 3 台设备都出现故障时,红灯、黄灯都亮。试用与非门设计 1 个控制灯亮的逻辑电路。

3.12 A、B、C 和 D 共 4 人在同一实验室工作,他们之间的工作关系是:

(1)A 到实验室,就可以工作;

(2)B 必须在 C 到实验室后才有工作可做;

(3)D 只有当 A 在实验室时才可以工作。

请将实验室中没人工作这一事件用逻辑函数表达式表达出来。

3.13 试仿照半加器和全加器的设计方法,设计一个半减器和一个全减器。

3.14 保密电锁上有 3 个键钮 A、B、C,要求当 3 个键钮同时按下时,或 A、B 两个同时按下时,或按下 A、B 中的任一键时,锁能打开;当不符合上述组合状态时电铃报警(当没有按键按下时锁不打开也不报警)。试设计一个三输入两输出的组合逻辑电路,并要求用两输入与非门实现。

3.15　某选煤厂由煤仓到洗煤楼用三条传送带（A、B、C）运煤，煤流方向为 $C \to B \to A$。为了避免在停车时出现煤的堆积现象，要求三台电动机要顺煤流方向依次停车，即 A 停，B 必须停；B 停，C 必须停。如果不满足应立即发出报警信号。试写出报警信号逻辑函数表达式，并用与非门实现。设输出报警为 1，输入开机为 1。

3.16　优先编码器 CD4532 的输入端 $I_1 = I_3 = I_5 = 1$，其余输入端均为 0，试确定其输出 $Y_2Y_1Y_0$。

3.17　试用与非门设计一个 4 输入的优先编码器，要求输入、输出及工作状态标志均为高电平有效。列出真值表，画出逻辑图。

3.18　试用译码器 74HC138 和适当的门电路实现如下逻辑函数：

$$L = \overline{A}\,\overline{B}\,\overline{C} + \overline{A}B\overline{C} + AB\overline{C} + ABC$$

3.19　用译码器 74HC138 和与非门实现下面多输出逻辑函数：

（1）$L_1 = ABC + \overline{A}(B + C)$

（2）$L_2 = A\overline{B} + \overline{A}B$

（3）$L_3 = ABC + \overline{ABC}$

3.20　试用一片 74HC138 实现逻辑函数 $L(A,B,C,D) = AB\overline{C} + ACD$。

3.21　2 线-4 线译码器 74××139 的输入为高电平有效，使能输入及输出均为低电平有效。试用 74××139 构成 4 线-16 线译码器。

3.22　试利用译码器 74HC138 和适当的门电路实现一个判别电路。输入 $ABCD$ 为 4 位二进制代码，当输入代码能被 4 整除时电路输出为 1，否则为 0。

3.23　七段显示译码电路如图 3-38（a）所示，对应输入图 3-38（b）所示波形，试确定显示器显示的字符序列。

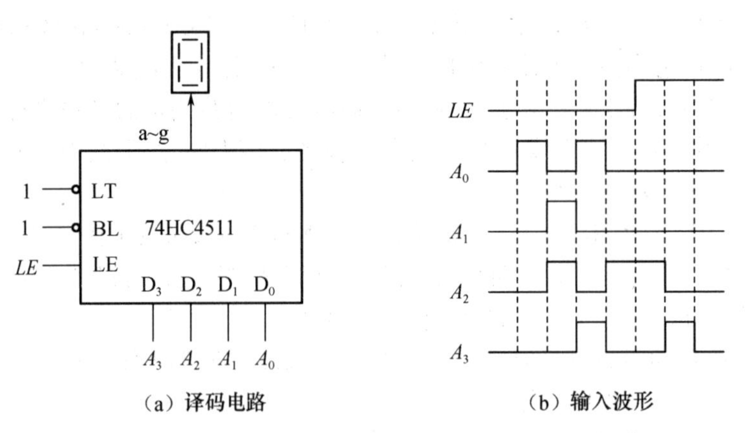

（a）译码电路　　（b）输入波形

图 3-38　3.23 题图

3.24　试判断下列表达式对应的电路是否存在竞争-冒险：

（1）$L = A\overline{B} + B\overline{C}$

（2）$L = (\overline{B} + C)(A + B)$

（3）$L = A\overline{B} + B\overline{C} + A\overline{C}$

第4章　触　发　器

4.1　锁　存　器

4.1.1　由或非门构成的基本 RS 锁存器

基本 RS 锁存器是一种数据存储电路，由基本逻辑门电路组成。将两个或非门交叉耦合，即可构成基本 RS 锁存器，其逻辑电路和逻辑符号如图 4-1(a)和图 4-1(b)所示。

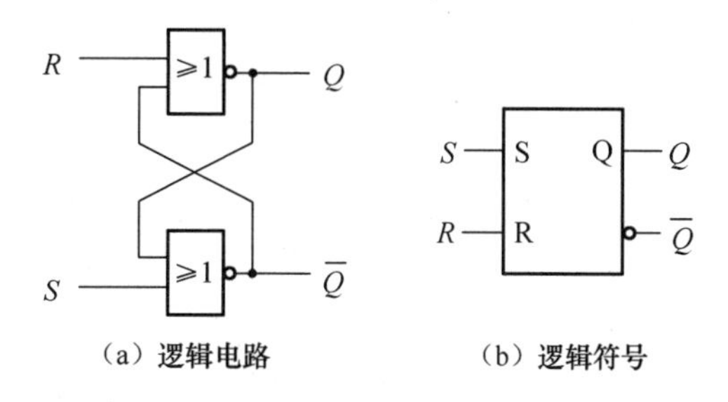

图 4-1　由或非门构成的基本 RS 锁存器

1. 功能描述

或非门构成的基本 RS 锁存器逻辑功能如表 4-1 所示。

表 4-1　或非门构成的基本 RS 锁存器逻辑功能

S	R	Q^{n+1}	功能
0	0	Q^n	保持
0	1	0	置 0
1	0	1	置 1
1	1	×	不定

2. 原理说明

当 S 和 R 都为低电平时，输出 Q 的逻辑电平不变，即如果 Q 原来是高电平，则现在仍然是高电平，如果 Q 原来是低电平，则现在仍然是低电平；当 S 为低电平，R 为高电平时，输出 Q 被置 0；当 S 为高电平，R 为低电平时，输出 Q 被置 1；当 S 和 R 都为高电平时，电路将处于振荡状态，Q 输出不定。若 S 和 R 同时回到 0，由于两个或非门的延迟时间无法确定，使得无法预先确定锁存器回到 1 状态还是 0 状态，因此在正常工作时，输入信号应遵循 $SR=0$ 的约束条件,即不允许 $S=R=1$。

4.1.2 由与非门构成的基本 RS 锁存器

由与非门构成的基本 RS 锁存器逻辑电路和逻辑符号如图 4-2(a)和图 4-2(b)所示。

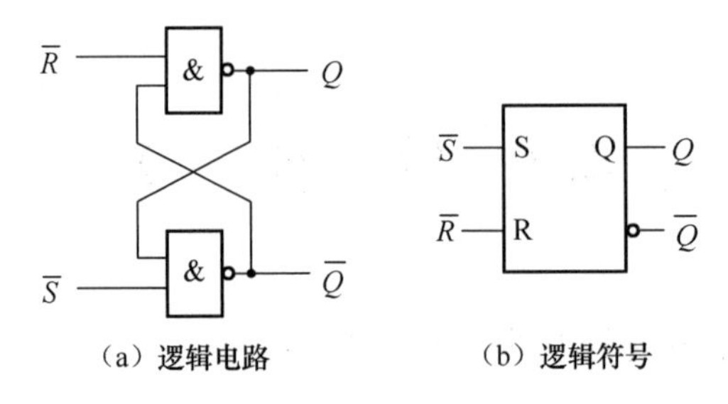

(a) 逻辑电路　　(b) 逻辑符号

图 4-2　由与非门构成的基本 RS 锁存器

1. 功能描述

与非门构成的基本 RS 锁存器逻辑功能如表 4-2 所示。

表 4-2　与非门构成的基本 RS 锁存器逻辑功能

$\overline{S}$	$\overline{R}$	Q^{n+1}	功能
1	1	Q^n	保持
0	1	1	置 1
1	0	0	置 0
0	0	×	不定

2. 原理说明

当 $\overline{S}$ 和 $\overline{R}$ 都为高电平时,输出 Q 的逻辑电平不变,即如果 Q 原来是高电平,则现在仍然是高电平,如果 Q 原来是低电平,则现在仍然是低电平;当 $\overline{S}$ 为低电平,$\overline{R}$ 为高电平时,输出 Q 被置 1;当 $\overline{S}$ 为高电平时,$\overline{R}$ 为低电平时,输出 Q 被置 0;当 $\overline{S}$ 和 $\overline{R}$ 都为低电平时,电路将处于振荡状态,Q 输出不定。若 $\overline{S}$ 和 $\overline{R}$ 同时回到 1,由于两个与非门的延迟时间无法确定,使得无法预先确定锁存器回到 1 状态还是 0 状态,因此在正常工作时,输入信号应遵循 $SR=0$ 的约束条件,即不允许 $\overline{S}=\overline{R}=0$。

可见,基本 RS 锁存器具有保持、置 0 和置 1 的功能,是一个存储单元应具备的最基本的功能。

4.1.3 门控 RS 锁存器

基本 RS 锁存器的输出状态是由输入信号 S 或 R 直接控制的,若在原来基本 RS 锁存器的逻辑电路基础上增加相应的逻辑门电路,用锁存使能信号 E 来控制根据输入信号 S、R 确定的输出状态,这种锁存器叫作门控 RS 锁存器。其逻辑电路和逻辑符号如图 4-3(a)和图

4-3(b)所示。

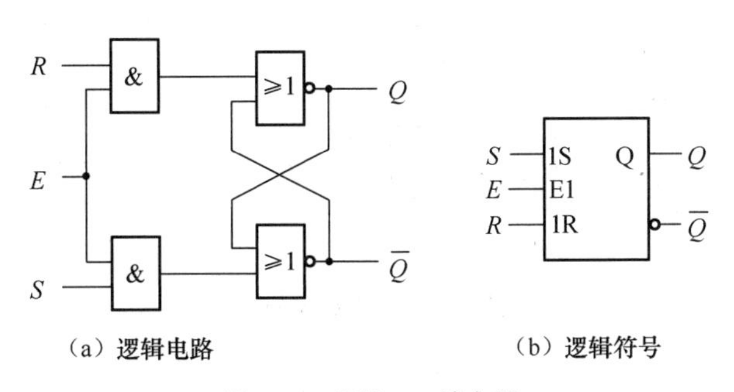

(a)逻辑电路　　(b)逻辑符号

图 4-3　门控 RS 锁存器

当 $E=0$ 时,电路保持原来的状态不变;当 $E=1$ 时,其功能如同用或非门构成的基本 RS 锁存器。门控 RS 锁存器逻辑功能如表 4-3 所示。

表 4-3　门控 RS 锁存器逻辑功能

E	S	R	Q	功能
0	0	0	Q	保持
0	0	1	Q	保持
0	1	0	Q	保持
0	1	1	Q	保持
1	0	0	Q	保持
1	0	1	0	置 0
1	1	0	1	置 1
1	1	1	×	不定

门控 RS 锁存器的约束条件仍然是 $SR=0$,由于存在约束条件,门控 RS 锁存器在实际中很少直接应用,但是许多集成锁存器都是由这种锁存器构成的,所以它仍然是重要的基本逻辑单元电路。

4.1.4　D 锁存器

1. 门控 D 锁存器

门控 D 锁存器是在门控 RS 锁存器的基础上加上反相器构成的,将 S 和 R 端合并为单一输入端 D,其逻辑电路和逻辑符号如图 4-4(a)和图 4-4(b)所示。

当 $E=0$ 时,电路保持原来的状态不变,当 $E=1$ 时,Q 端与 D 端信号相同。门控 D 锁存器逻辑功能如表 4-4 所示。

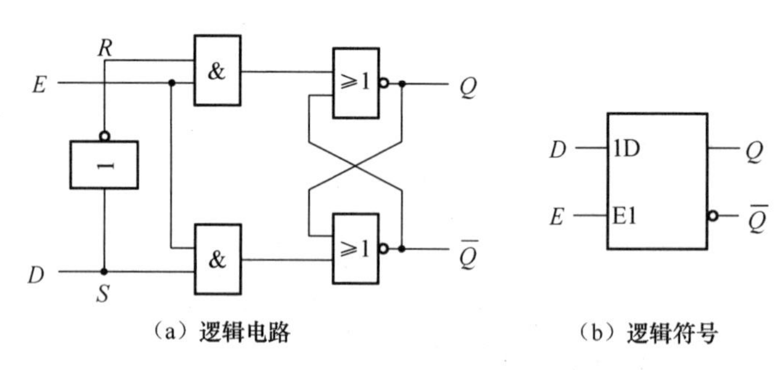

（a）逻辑电路　　（b）逻辑符号

图 4-4　门控 D 锁存器

表 4-4　门控 D 锁存器逻辑功能

E	D	Q	功能
0	×	Q	保持
1	0	0	置 0
1	1	1	置 1

2. 集成 D 锁存器

7475 是一种典型的集成 D 锁存器，它包括 4 个门控 D 锁存器，其外部引脚排列如图 4-5 所示。集成 D 锁存器共有 16 个引脚，第 13 引脚为 D 锁存器 1 和 2 共用的使能端，第 4 引脚为 D 锁存器 3 和 4 共用的使能端。

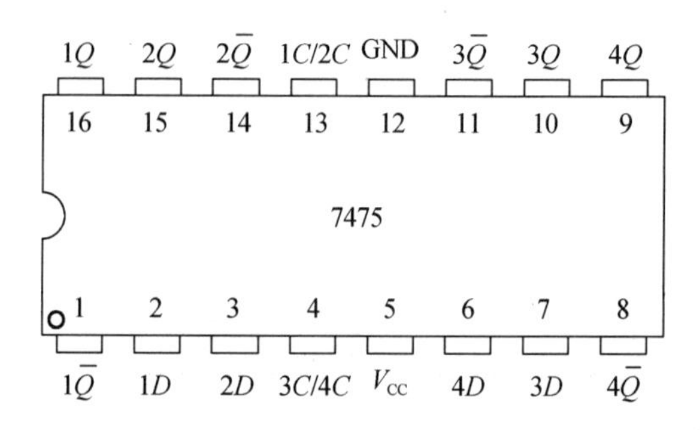

图 4-5　7475 芯片引脚排列

当使能端 C 为高电平时，输出端 Q 将跟随 D 端变化；当使能端 C 为低电平时，输出端 Q 将锁存 D 端的前一状态值。7475 逻辑功能如表 4-5 所示。

表 4-5　7475 逻辑功能

工作模式	输入		输出	
	C	D	Q	$\overline{Q}$
数据使能	1	0	0	1
	1	1	1	0
数据锁存	0	×	Q^*	$\overline{Q}^*$

表 4-5 中,Q^* 表示使能端 C 由高变低之前瞬间 Q 的状态。

4.2 触发器的逻辑功能

触发器是构成时序电路的基本单元电路,它具有记忆功能,能存储一位二进制数码。

触发器有以下三个基本特性:有两个稳态,可分别表示二进制数码 0 和 1,无外触发时可维持稳态;有外触发时,两个稳态可相互转换(或称翻转);有两个互补输出端。

根据触发器状态转换的规则不同,通常可以分为 D 触发器、JK 触发器、T 触发器和 RS 触发器等几种逻辑功能类型。触发器在每次时钟脉冲触发沿到来之前的状态称为现态,而在此之后的状态称为次态。触发器的逻辑功能是指次态和现态及输入信号之间的逻辑关系,这种关系可以用特性表、特性方程或状态图来描述。

根据电路结构的不同,目前应用的触发器主要有 3 种:主从触发器、维持阻塞触发器和利用传输延迟的触发器。在内部构成的触发器中,从触发器在工作中总是跟随主触发器的状态变化,此类触发器被称为主从触发器。在工作中具有维持、阻塞特性的触发器被称为维持阻塞触发器。利用传输延迟的触发器的状态转换发生在时钟脉冲由 1 变 0 或由 0 变 1 的瞬间,即下降沿或上升沿,通常用 $\overline{CP}$ 表示下降沿,用 CP 表示上升沿。

逻辑功能和电路结构是两个不同的概念,同一逻辑功能的触发器可以用不同的电路结构来实现,同一基本电路结构也可以构成具有不同逻辑功能的触发器。

4.2.1 RS 触发器

RS 触发器具有保持、置 0 和置 1 的功能,其逻辑符号如图 4-6 所示。

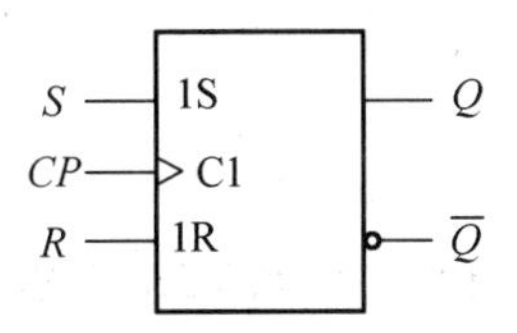

图 4-6 RS 触发器逻辑符号

特性表是以触发器的现态和输入信号为变量,以次态为函数,描述它们之间的逻辑关系的真值表,RS 触发器特性表如表 4-6 所示,S 和 R 为输入信号,Q^n 为现态,Q^{n+1} 为次态,可以看出 RS 触发器具有保持、置 0 和置 1 的功能,而它的约束条件是 $SR=0$,基本功能上与 RS 锁存器类似。

表 4-6 RS 触发器特性表

S	R	Q^n	Q^{n+1}
0	0	0	0
0	0	1	1
0	1	0	0

表 4-6(续)

S	R	Q^n	Q^{n+1}
0	1	1	0
1	0	0	1
1	0	1	1
1	1	0	不确定
1	1	1	不确定

触发器的逻辑功能也可以用逻辑表达式来描述,称为触发器的特性方程。RS 触发器的特性方程为

$$\begin{cases} Q^{n+1} = S + \overline{R}Q^n \\ RS = 0(\text{约束条件}) \end{cases}$$

触发器的逻辑功能还可以用状态图来表示。所谓状态图,是指用圈内标的 0 或 1 表示触发器的状态,用方向线表示状态转换的方向,用箭头表示指向相应的次态 Q^{n+1},方向线旁边标出状态转换的条件。RS 触发器的状态图如图 4-7 所示。

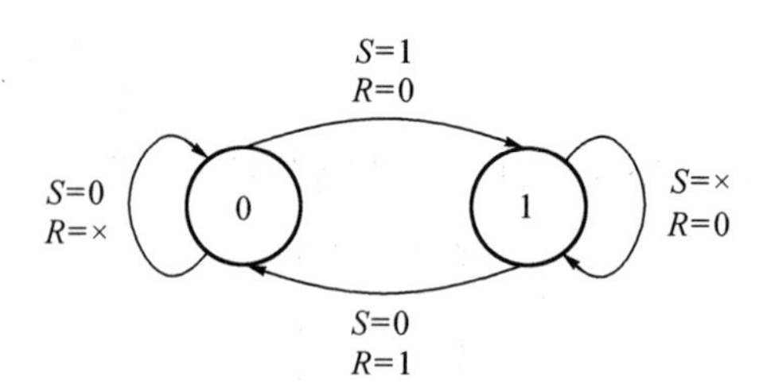

图 4-7　RS 触发器的状态图

4.2.2　D 触发器

D 触发器的逻辑符号如图 4-8 所示。

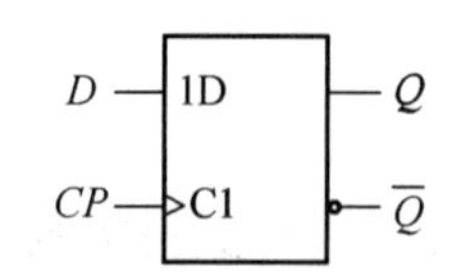

图 4-8　D 触发器的逻辑符号

1. 功能描述

D 触发器的特性表如表 4-7 所示,它具有置 0 和置 1 的功能。

表 4-7 D 触发器的特性表

D	Q^n	Q^{n+1}
0	0	0
0	1	0
1	0	1
1	1	1

D 触发器的特性方程为

$$Q^{n+1} = D$$

D 触发器的状态图如图 4-9 所示。

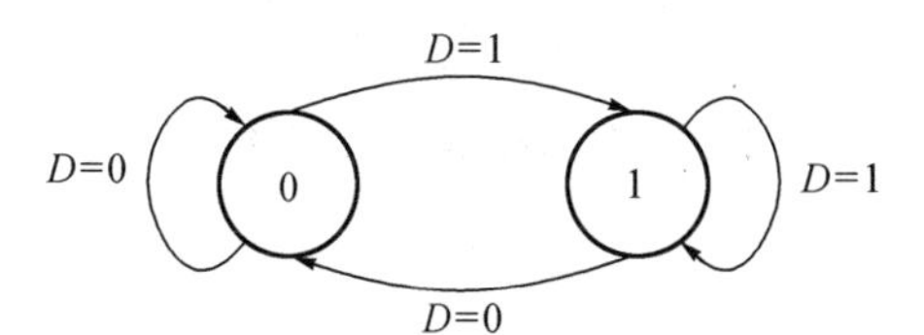

图 4-9 D 触发器的状态图

2. 集成 D 触发器

74175 是集成 D 触发器,它包括 4 个 D 触发器,其外部引脚排列如图 4-10 所示。74175 芯片共有 16 个引脚,第 1 引脚为清零端 $\overline{CR}$,第 9 引脚为时钟 CP。

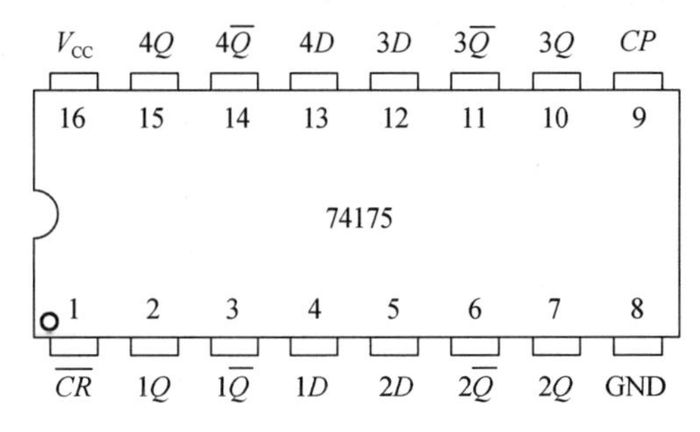

图 4-10 74175 芯片引脚排列

74175 的逻辑功能如表 4-8 所示,当清零端 $\overline{CR}$ 为低电平时,输出端被清零;当清零端 $\overline{CR}$ 为高电平时,若时钟 CP 为上升沿时,触发 Q 变化,若 CP 为高低电平时,输出保持不变。

表 4-8 74175 的逻辑功能

输入						输出			
$\overline{CR}$	CP	$1D$	$2D$	$3D$	$4D$	$1Q$	$2Q$	$3Q$	$4Q$
0	×	×	×	×	×	L	L	L	L
1	↑	$1D$	$2D$	$3D$	$4D$	$1D$	$2D$	$3D$	$4D$

表 4-8(续)

输入						输出			
1	1	×	×	×	×	保持	保持	保持	保持
1	0	×	×	×	×	保持	保持	保持	保持

4.2.3 JK 触发器

JK 触发器具有保持、置 0、置 1 和翻转功能,其逻辑符号如图 4-11 所示。

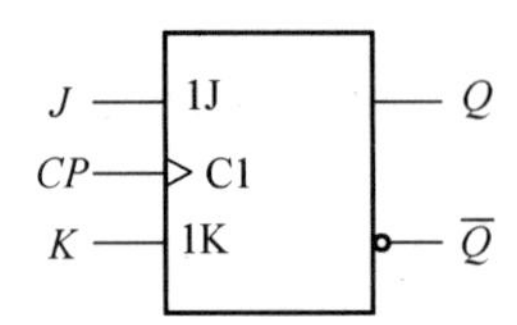

图 4-11 JK 触发器逻辑符号

1. 功能描述

JK 触发器的特性表如表 4-9 所示,通过 J、K 不同取值组合,可实现保持、置 0、置 1 和翻转功能。

表 4-9 JK 触发器特性表

J	K	Q^n	Q^{n+1}
0	0	0	0
0	0	1	1
0	1	0	0
0	1	1	0
1	0	0	1
1	0	1	1
1	1	0	1
1	1	1	0

JK 触发器的特性方程为

$$Q^{n+1} = J\overline{Q^n} + \overline{K}Q^n$$

JK 触发器状态图如图 4-12 所示。

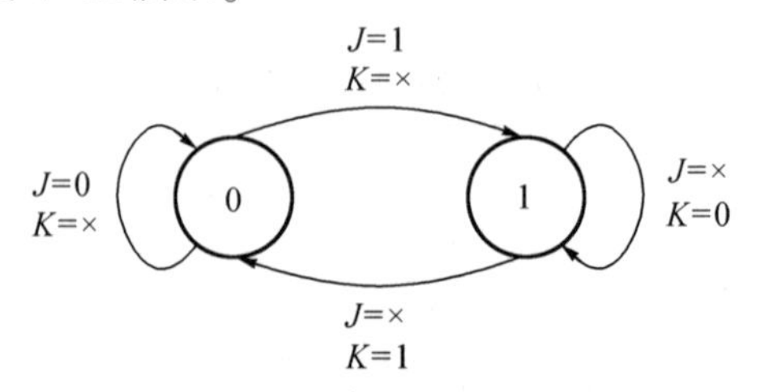

图 4-12 JK 触发器状态图

2. 集成 JK 触发器

7476 是常用的 JK 触发器，它包括 2 个 JK 触发器，其外部引脚排列如图 4-13 所示，7476 芯片共有 16 个引脚。

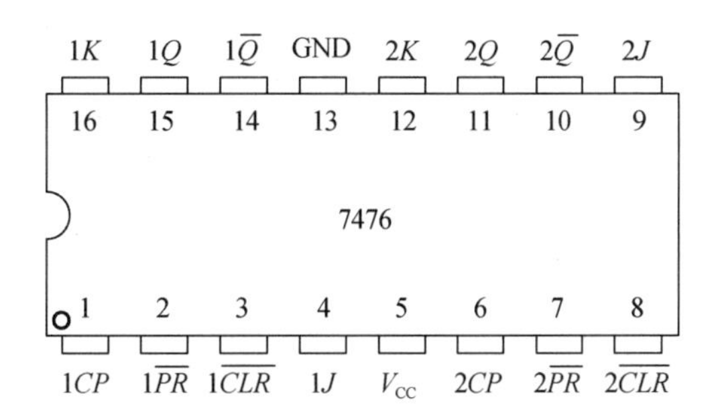

图 4-13　7476 芯片引脚排列

当异步置位端 $\overline{PR}$ 为低电平，异步清零端 $\overline{CLR}$ 为高电平时，输出端 Q 为高电平；当异步置位端 $\overline{PR}$ 为高电平，异步清零端 $\overline{CLR}$ 为低电平时，输出端 Q 为低电平；当 $\overline{PR}$ 和 $\overline{CLR}$ 均为高电平时，时钟 CP 上升沿时触发 Q 变化，根据 J、K 的不同组合取值，实现保持、置 0、置 1 和翻转功能，7476 逻辑功能如表 4-10 所示。

表 4-10　7476 逻辑功能

输入					输出	
$\overline{PR}$	$\overline{CLR}$	CP	J	K	Q	$\overline{Q}$
0	1	×	×	×	1	0
1	0	×	×	×	0	1
1	1	↑	0	0	Q^*	$\overline{Q}^*$
1	1	↑	1	0	1	0
1	1	↑	0	1	0	1
1	1	↑	1	1	$\overline{Q}^*$	Q^*

注：Q^* 表示时钟上升沿前 Q 的状态。

4.2.4　T 触发器

T 触发器具有保持和翻转功能，它的逻辑符号如图 4-14 所示。

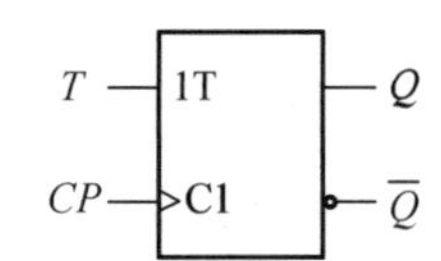

图 4-14　T 触发器逻辑符号

T 触发器特性表如表 4-11 所示，当 T=0 时，具有保持功能；当 T=1 时，具有翻转功能。

表 4-11 T 触发器特性表

T	Q^n	Q^{n+1}
0	0	0
0	1	1
1	0	1
1	1	0

T 触发器的特性方程为

$$Q^{n+1} = T\overline{Q^n} + \overline{T}Q^n$$

T 触发器状态图如图 4-15 所示。

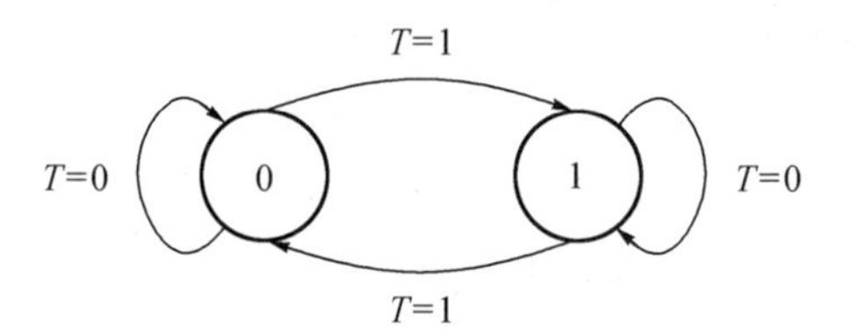

图 4-15 T 触发器状态图

对照 T 触发器的特性方程，若 $T=1$，有 $Q^{n+1}=\overline{Q^n}$，这就是 T′触发器的特性方程，它的逻辑符号如图 4-16 所示。

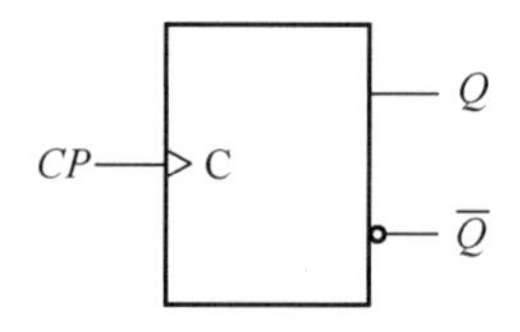

图 4-16 T′触发器逻辑符号

T′触发器的逻辑功能是，时钟脉冲每作用一次，触发器翻转一次，利用这个功能可以实现时钟脉冲的二分频。当然，平时应用中可以用其他触发器来转换得到 T′触发器的功能。

4.3 触发器的电路结构

根据电路结构的不同，触发器可以分为主从触发器、维持阻塞触发器和利用传输延迟的触发器，本节主要分析主从 RS 触发器和维持阻塞 D 触发器。

4.3.1 主从 RS 触发器

主从 RS 触发器由两个一样的同步 RS 触发器级联组成，它们的时钟信号是互非的，其逻辑电路如图 4-17 所示。由与非门 $G_1 \sim G_4$ 组成的 RS 触发器称为从触发器，由与非门 $G_5 \sim G_8$ 组成的 RS 触发器称为主触发器。

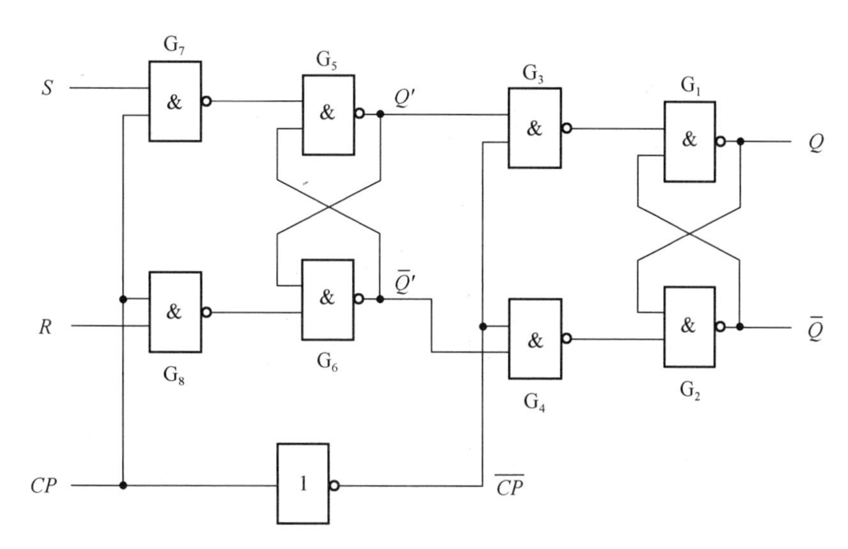

图 4-17 主从 RS 触发器逻辑电路

在主从 RS 触发器中，接收输入信号和输出信号过程是分步进行的。

(1)接收输入信号过程。在 $CP=1$ 期间，$\overline{CP}=0$，主触发器控制门 G_7、G_8 被打开，接收输入信号 R、S，从触发器控制门 G_3、G_4 封锁，其状态保持不变。

(2)输出信号过程。当 CP 下降沿到来时，主触发器控制门 G_7、G_8 被封锁，在 $CP=1$ 期间接收的信息被存储起来。与此同时，从触发器控制门 G_3、G_4 被打开，主触发器将其接收的内容送入从触发器，输出端随之改变状态。

在 $CP=0$ 期间，由于主触发器保持状态不变，因此，受其控制的从触发器的状态(Q、$\overline{Q}$ 的值)不会改变，从而解决了“空翻”(在 $CP=1$ 期间，若输入信号 S、R 出现多次变化，就会引起触发器输出 Q 的多次变化)问题。

4.3.2 维持阻塞 D 触发器

维持阻塞触发器是利用直接反馈原理来实现边沿触发的。维持是指在 CP 期间输入发生变化的情况下，使应开启的门保持畅通，从而完成预定的操作；阻塞是指在 CP 期间输入发生变化的情况下，使不应开启的门处于关闭状态，从而阻止产生不应该的操作。

维持阻塞 D 触发器的逻辑电路如图 4-18 所示。

维持阻塞 D 触发器由 3 个用与非门构成的基本 RS 触发器组成，其中 G_1、G_2 和 G_3、G_4 构成的两个基本 RS 触发器响应外部输入信号 D 和时钟信号 CP，它们的输出 Q_2、Q_3 作为 $\overline{S}$、$\overline{R}$ 信号控制由 G_5、G_6 构成的第 3 个基本 RS 触发器的状态，即整个触发器的状态。

维持阻塞 D 触发器的工作原理如下：

(1)当 $CP=0$ 时，与非门 G_2 和 G_3 被封锁，输出 $Q_2=Q_3=1$，即 $\overline{S}=\overline{R}=1$，使 G_5 和 G_6 构成的 RS 触发器处于保持状态，触发器的输出 Q 和 $\overline{Q}$ 不改变状态。同时，Q_2 和 Q_3 的反馈信号

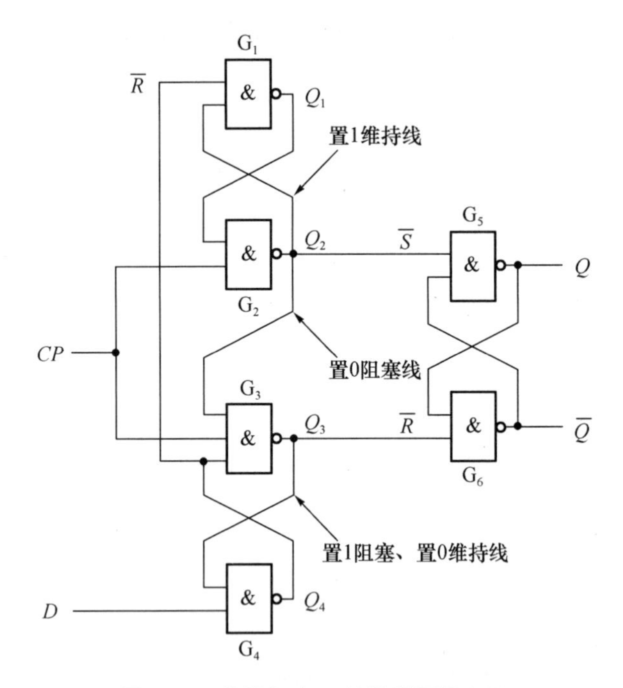

图 4-18　维持阻塞 D 触发器逻辑电路

分别将与非门 G_1 和 G_4 打开，使 $Q_4=\overline{D}$，$Q_1=\overline{Q}_4=D$，D 信号进入触发器，为状态刷新做好准备。

（2）当 CP 由 0 变 1 后的瞬间，G_2 和 G_3 打开，输出 Q_2 和 Q_3 的状态由 G_1 和 G_4 的输出状态决定，即 $\overline{S}=Q_2=\overline{Q}_1=\overline{D}$，$\overline{R}=Q_3=\overline{Q}_4=D$，两者之间的状态永远是互补的，即 $\overline{S}$ 和 $\overline{R}$ 中必有一个为 0，如 $Q^{n+1}=D$，触发器按此前的 D 信号刷新。

（3）在 $CP=1$ 期间，由 G_1、G_2 和 G_3、G_4 构成的两个基本 RS 触发器可以保证 Q_2 和 Q_3 的状态不变，使触发器状态不受输入信号 D 变化的影响。Q_2 至 G_1 的反馈线使 $Q_1=1$，起维持 $Q_2=0$ 的作用，从而维持了触发器的 1 状态，称为置 1 维持线；而 Q_2 至 G_3 的反馈线使 $Q_3=1$，虽然 D 信号在此期间的变化可能使 Q_4 发生相应改变，但不会改变 Q_3 的状态，从而阻塞了 D 端输入的置 0 信号，称为置 0 阻塞线。在 $Q=0$ 时，$Q_3=0$，则将 G_4 封锁，使 $Q_4=1$，即阻塞了 $D=1$ 信号进入触发器的路径，又与 $CP=1$、$Q_2=1$ 共同作用，将触发器维持在 0 的状态，故将 Q_3 至 G_4 的反馈线称为置 1 阻塞、置 0 维持线。

4.4　触发器之间的转换

在通常应用中，D 触发器和 JK 触发器比较常见，有时常会用它们来构成其他功能的触发器。

4.4.1　JK 触发器转换为其他触发器

JK 触发器转换为其他触发器实现起来相对比较容易，方法是：通过特性方程的对比和观察来得出输入信号间的具体关系。下面分别简要说明 JK 触发器转换为 D 触发器、T 和 T′触发器及 RS 触发器的过程。

1. JK 触发器转换为 D 触发器

JK 触发器的特性方程为 $Q^{n+1}=J\overline{Q}^n+\overline{K}Q^n$，D 触发器的特性方程为 $Q^{n+1}=D$。为了达到用 JK 触发器来实现 D 触发器功能的目的，有

$$Q^{n+1}=D=D(\overline{Q}^n+Q^n)=D\overline{Q}^n+DQ^n$$

所以，令 $J=D$，$K=\overline{D}$ 即可达到功能转换的目的，如图 4-19 所示。

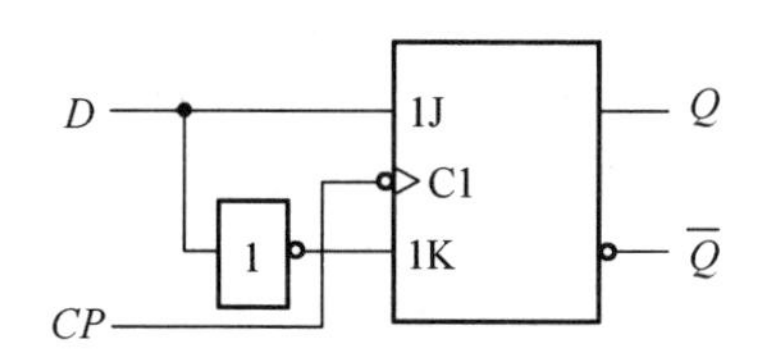

图 4-19　JK 触发器转换为 D 触发器

2. JK 触发器转换为 T 和 T′触发器

T 触发器的特性方程为 $Q^{n+1}=T\overline{Q}^n+\overline{T}Q^n$。通过对比可知，只要令 $J=K=T$ 即可由 JK 触发器实现 T 触发器的功能，如图 4-20 所示。

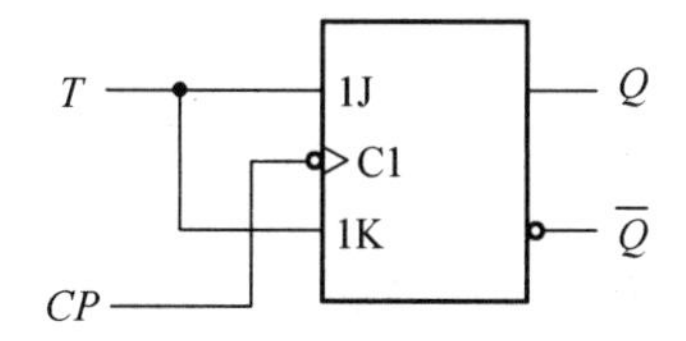

图 4-20　JK 触发器转换为 T 触发器

T′触发器的特性方程为 $Q^{n+1}=\overline{Q}^n$，若令 $J=K=1$，即可由 JK 触发器实现 T′触发器的功能，如图 4-21 所示。

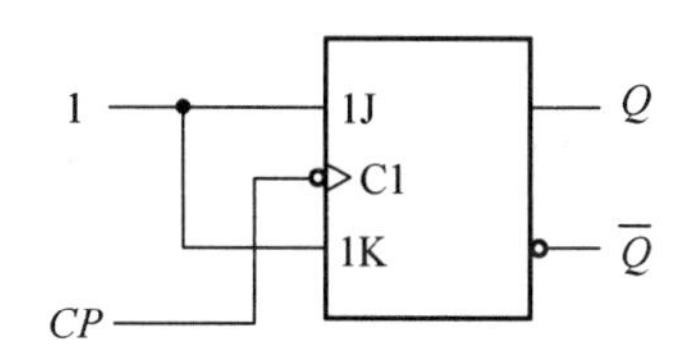

图 4-21　JK 触发器转换为 T′触发器

3. JK 触发器转换为 RS 触发器

RS 触发器的特性方程为

$$\begin{cases}Q^{n+1}=S+\overline{R}Q^n\\RS=1\end{cases}$$

变换 RS 触发器的特性方程，使之形式与 JK 触发器的特性方程一致，即

$$
\begin{aligned}
Q^{n+1} &= S + \overline{R}Q^n = S(\overline{Q^n} + Q^n) + \overline{R}Q^n \\
&= S\overline{Q^n} + SQ^n + \overline{R}Q^n \\
&= S\overline{Q^n} + \overline{R}Q^n + SQ^n(\overline{R} + R) \\
&= S\overline{Q^n} + \overline{R}Q^n + \overline{R}SQ^n + RSQ^n \\
&= S\overline{Q^n} + \overline{R}Q^n
\end{aligned}
$$

也就是说,只要令 $J=S,K=R$,即可由 JK 触发器实现 RS 触发器的功能,如图 4-22 所示。

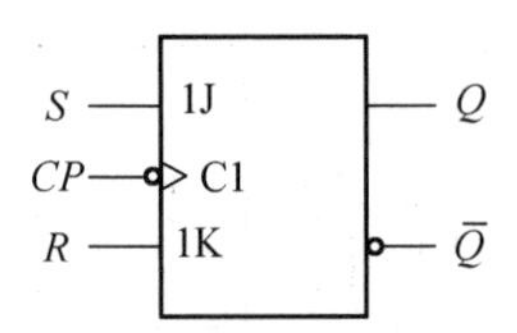

图 4-22 JK 触发器转换为 RS 触发器

4.4.2 D 触发器转换为其他触发器

1. D 触发器转换为 JK 触发器

D 触发器的特性方程为 $Q^{n+1}=D$,通过对比可知,要实现 JK 触发器的功能,只需要令

$$D = J\overline{Q^n} + \overline{K}Q^n$$

为了采用较少种类的逻辑门电路,把上述等式进行变形,得

$$D = \overline{\overline{J\overline{Q^n} + \overline{K}Q^n}} = \overline{\overline{J\overline{Q^n}} \cdot \overline{\overline{K}Q^n}}$$

由此可以得到对应的电路连接图,如图 4-23 所示。

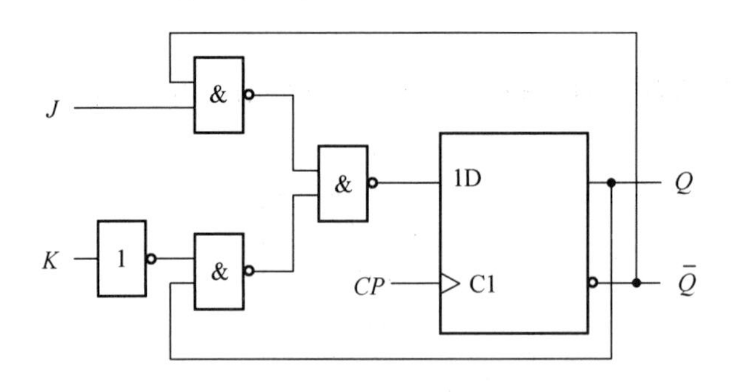

图 4-23 D 触发器转换为 JK 触发器

2. D 触发器转换为 T 触发器

与 D 触发器的特性方程对比,若令 $D=T\overline{Q^n}+\overline{T}Q^n$,即可由 D 触发器实现 T 触发器的功能,对应的电路图如图 4-24 所示。

3. D 触发器转换为 T′触发器

若令 $D=\overline{Q}^n$,即可由 D 触发器实现 T′触发器的功能,如图 4-25 所示。

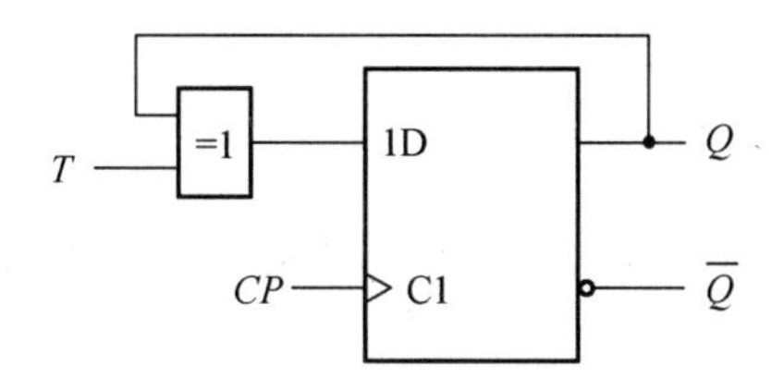

图 4-24 D 触发器转换为 T 触发器

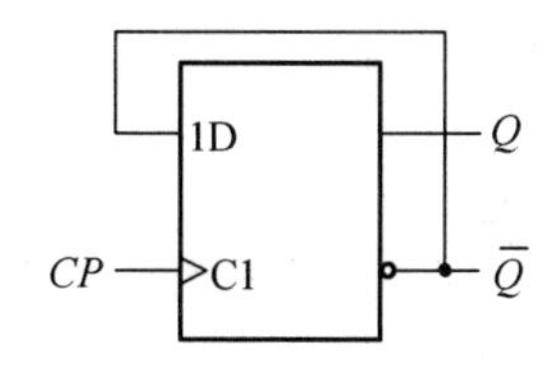

图 4-25 D 触发器转换为 T′触发器

第 4 章习题

4.1 触发器按逻辑功能可分为________触发器、________触发器、________触发器、________触发器等。

4.2 触发器的逻辑功能常用________、________、________、________、________ 5 种方法来描述。

4.3 触发器有________个稳定状态,当 $Q=1$、$\overline{Q}=0$ 时,称为________状态。

4.4 同步触发器在一个 CP 脉冲高电平期间发生多次翻转的现象称为________。

4.5 JK 触发器状态发生翻转的条件是 $J=$________,$K=$________。

4.6 基本 RS 触发器的输入,当 $\overline{S}=0$、$\overline{R}=0$ 时,其输出 Q 状态为( )。

A. 1　　B. 0　　C. 2　　D. 状态不确定

4.7 同步 RS 触发器的两个输入信号 $RS=00$,要使输出由 1 变到 0,则应使 RS 为( )。

A. 00　　B. 01　　C. 11　　D. 10

4.8 集成边沿 D 触发器 74LS74,D 输入端在时钟的( )被传输到 Q。

A. 上升沿　　B. 下降沿　　C. 1　　D. 0

4.9 $J=K=1$ 时,边沿 JK 触发器的时钟输入频率为 120 Hz,Q 输出为( )。

A. 频率为 120 Hz 波形　　B. 频率为 60 Hz 波形

C. 频率为 20 Hz 波形　　D. 频率为 30 Hz 波形

4.10 输入信号有约束条件的触发器是( )。

A. RS 触发器　　B. JK 触发器　　C. D 触发器　　D. T′触发器

4.11 D 触发器接成图 4-26(a)所示形式,设触发器的初始状态为 0,根据图 4-26(b)所示的 CP 波形画出 Q_1、Q_2、Q_3、Q_4 的波形。

(a)

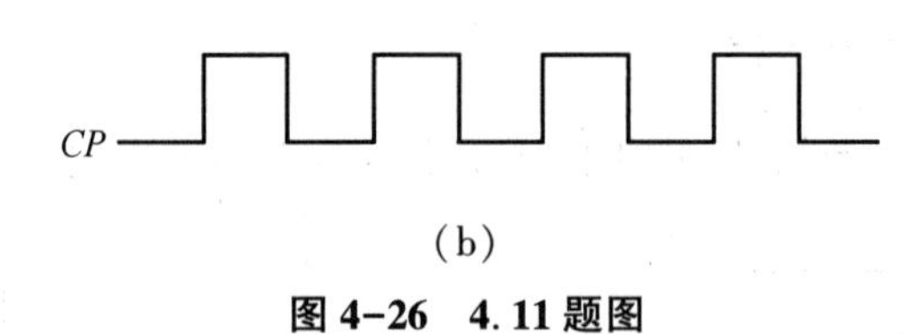

(b)

图 4-26　4.11 题图

4.12　下降沿触发的 JK 触发器输入波形如图 4-27 所示，设触发器初态为 0，画出相应的输出波形。

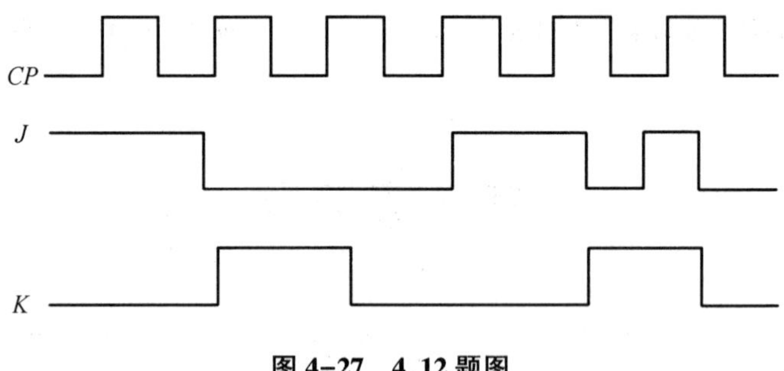

图 4-27　4.12 题图

4.13　边沿触发器构成的电路如图 4-28(a)所示，设初始状态为 0，根据图 4-28(b)所示的 CP 和 D 的波形画出 Q_1 和 Q_2 的波形。

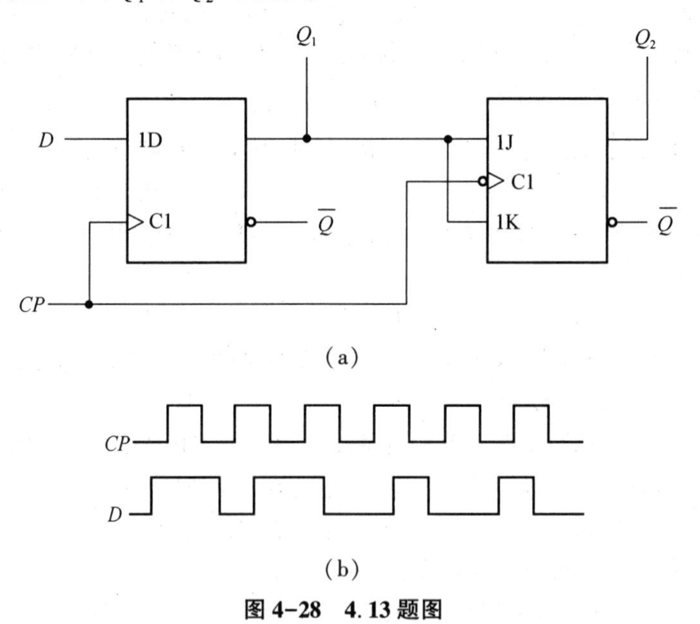

(b)

图 4-28　4.13 题图

第5章　时序逻辑电路

5.1　时序逻辑电路的基本概念

数字逻辑电路按工作特点可分为组合逻辑电路和时序逻辑电路,其中组合逻辑电路当前输出仅与当前的输入有关,与之前的输出无关;时序逻辑电路当前输出,不仅取决于当前的输入信号,还与电路上一时刻的输出有关,要想实现这种功能,必须有电路能记忆上一时刻的电路状态并将其作为输入信号引入。由此可见,时序逻辑电路与组合逻辑电路在结构和组成上不同。

5.1.1　时序逻辑电路结构

时序逻辑电路的一般结构如图5-1所示。

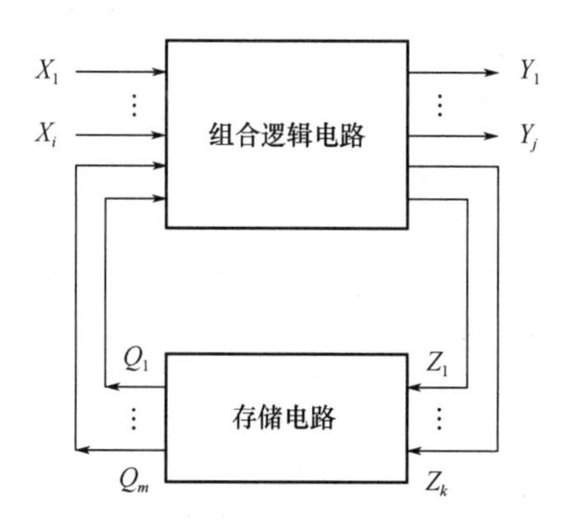

图5-1　时序逻辑电路的一般结构

1. 结构特点

(1) 含有存储单元:电路中不仅含有完成逻辑运算的组合逻辑电路,还必须有用来记忆电路之前状态的存储电路,触发器可用来作存储电路。

(2) 引入反馈:时序逻辑电路中输入和输出间至少有一条反馈路径。

2. 电路信号

(1) 输入信号 $X_1, X_2, \cdots, X_i$:是外部输入信号。

(2) 输出信号 $Y_1, Y_2, \cdots, Y_j$:是输出信号。

(3) 激励信号 $Z_1, Z_2, \cdots, Z_k$:也称为驱动信号,是存储电路的输入信号、内部信号。

(4) 状态信号 $Q_1, Q_2, \cdots, Q_m$:也称为状态变量,是存储电路的输出信号,也是内部信号。一般用 Q 表示存储电路的现态,用 Q^{n+1} 表示次态。

电路工作过程可表述如下:状态变量 Q 被反馈到组合逻辑电路的输入端,和输入信号 X 一起决定输出信号 Y,并产生存储电路的输入信号 Z,从而决定下一时刻的电路状态 Q^{n+1}。

3. 电路方程

(1) 输出方程 $Y=F(X,Q)$:表示输出信号与输入信号、状态变量的关系。

(2) 激励方程 $Z=G(X,Q)$:表示激励信号与输入信号、状态变量的关系。

(3) 状态方程 $Q^{n+1}=H(Z,Q)$:表示存储电路次态与现态、激励信号的关系。

5.1.2 时序逻辑电路分类

1. 按存储电路是否有统一时钟分类

(1) 同步时序逻辑电路:存储电路有统一时钟脉冲(CP),电路的状态变量与 CP 同步。这种电路一般采用边沿触发器作为存储电路,因此,当时钟脉冲过后,电路将锁定在新的状态。

(2) 异步时序逻辑电路:存储电路时钟脉冲没有接在同一 CP 上,因此这种电路的状态更新不是同时发生的。

同步时序逻辑电路与异步时序逻辑电路相比,不仅较少发生因状态转换不同步而引起的输出状态不稳定的情况,而且同步时序逻辑电路可以按照周期的时钟脉冲分解为序列步进,每一个步进都可以通过输入信号、触发器状态进行单独分析,因此同步时序逻辑电路结构使用较为广泛。

2. 按输入输出信号关系分类

(1) 米里(mealy)型:时序逻辑电路的输出信号不仅与存储状态有关,还与外部输入有关。

(2) 莫尔(moor)型:时序逻辑电路的输出信号仅与存储状态有关,与外部输入无关。

相比而言,米里型时序逻辑电路的输出信号随时可能受到非时钟同步的输入信号的影响,从而影响电路输出的同步性,因此在现代高速时序电路设计中,一般尽量采用莫尔型时序逻辑电路设计。

5.1.3 时序逻辑电路描述方法

时序逻辑电路的描述方法有逻辑方程组、状态转换表、状态转换图、逻辑图、时序图等。逻辑方程组包含激励方程、状态方程、输出方程,一组逻辑方程可以确定时序逻辑电路的功能,但是由于通过方程不易判断电路逻辑功能,且在电路设计时很难直接写出逻辑方程组,所以,常采用状态转换表、状态转换图、逻辑图来描述时序逻辑电路。

1. 状态转换表

(1) 状态转换表的作用

状态转换表是反映时序逻辑电路的输入 X、输出 Y、现态 Q、次态 Q^{n+1} 之间的逻辑关系和状态转换规律的表格,简称为状态表。

(2) 状态表的列写

状态表的列写类似于组合逻辑电路的真值表,将现态 Q、输入 X 作为输入量,然后根据逻辑方程组中的各个方程计算出次态 Q^{n+1} 及输出量 Y。

表 5-1 所示为可控计数器状态表,其中 X 是控制信号,$X=0$ 时为减计数,$X=1$ 时为加

计数,第一列为现态,第二列为减计数模式下的次态及输出信号(有错位时输出1,无借位时输出0),第三列为加计数模式下的次态及输出信号(有进位时输出1,无进位时输出0),状态表与真值表不同之处在于输入中必须包括现态。

表5-1　可控计数器状态表

$Q_1^n Q_0^n$ \ $Q_1^{n+1} Q_0^{n+1}$ \ X	0	1
00	11/1	01/0
01	00/0	10/0
10	01/0	11/0
11	10/0	00/1

2. 状态转换图

(1) 状态转换图的作用

状态转换图是表示时序逻辑电路的状态、状态转换条件、转换方向及转换规律的图形,简称为状态图。相比状态表,状态图可以更加直观形象地表示出时序逻辑电路执行中的全部状态、状态间的转换关系、转换条件及结果。

(2) 状态图的画法

状态图有三个要素:状态、方向、条件。用圆圈表示时序电路的状态,每一个圆圈中标出状态标志;用带箭头的有向线表示转换方向,由现态指向次态,若状态保持不变时,有向线的起点和终点均在同一个圆圈上;转换条件写在有向线上,以分式的形式表现,分子表示输入条件,分母表示转换前的输出量。图5-2所示为状态图的组成。图5-3所示为表5-1所对应的状态图。

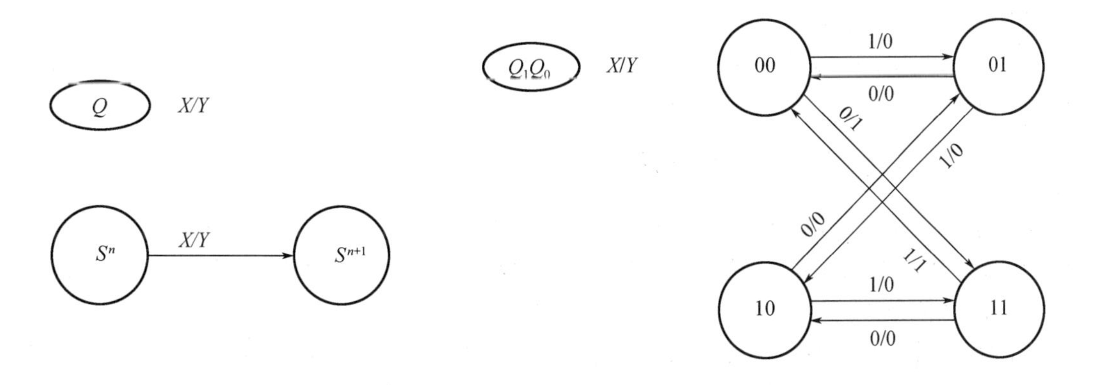

图5-2　状态图的组成

图5-3　可控计数器状态图

3. 时序图

(1) 时序图的作用

时序图是反映时序电路的输入、输出信号在时间上关系的波形图,它在时序电路调试时可用来检查逻辑功能是否正确。

(2) 时序图的绘制及特点

按照状态表或状态图,以时间为横轴,分别绘制每个时钟节拍下电路状态及输出并用高低电平表示,即得到了时序图。

时序逻辑电路在结构、功能和分类上都体现出两个特点:时序、顺序。因此在讨论时序逻辑电路时,一定要看清动作的时间和动作的顺序。

5.2 时序逻辑电路的分析方法

时序逻辑电路的分析,是在给定逻辑图的基础上,分析电路的工作状态、输入输出信号在时钟信号作用下的关系,从而找出电路的逻辑功能和工作特性的过程。与组合电路不同的是,时序逻辑电路的内部状态会随着时间的推移和外部输入而变化。因此,分析时序逻辑电路就是确定电路内部变化规律,规律一旦确定,时序逻辑电路的分析就可以认为是不同状态下的组合电路的分析了。

5.2.1 时序逻辑电路的一般分析方法

分析时序逻辑电路的一般步骤:

(1) 分析电路组成:确定组合电路部分和存储电路部分。

(2) 列写每个触发器的激励方程:由给定的逻辑图写出触发器输入信号的逻辑函数式。

(3) 列写每个触发器的状态方程:把得到的激励方程代入相应触发器的特性方程,得到每个触发器的状态方程。

(4) 列写输出方程:根据逻辑图写出电路的输出方程。

(5) 列状态转换表、状态图或时序图。

(6) 分析逻辑功能。

时序逻辑电路可分为同步时序逻辑电路与异步时序逻辑电路,在实际电路分析中,根据实际电路的特点,可以在上述步骤的基础上适当进行调整。

5.2.2 同步时序逻辑电路的分析

同步时序逻辑电路有统一的 *CP*、状态的更新在 *CP* 的上升沿(↑)或下降沿(↓);无 *CP* 时,如有外输入 *X* 的变化,会引起输出信号的变化,但存储电路的状态不变。

下面举例介绍同步时序逻辑电路的分析方法。

【例 5-1】 时序逻辑电路如图 5-4 所示,假设触发器的初始状态均为 0,写出电路的激励方程、状态方程、输出方程,列出状态表,画出状态图、时序图,说明电路的逻辑功能。

解:(1) 时序逻辑电路结构分析:该时序逻辑电路由 3 个 JK 触发器和 2 个与门组成,3 个触发器的时钟信号一致,外部输入信号为 1,无输出信号,是一个莫尔型同步时序逻辑电路。

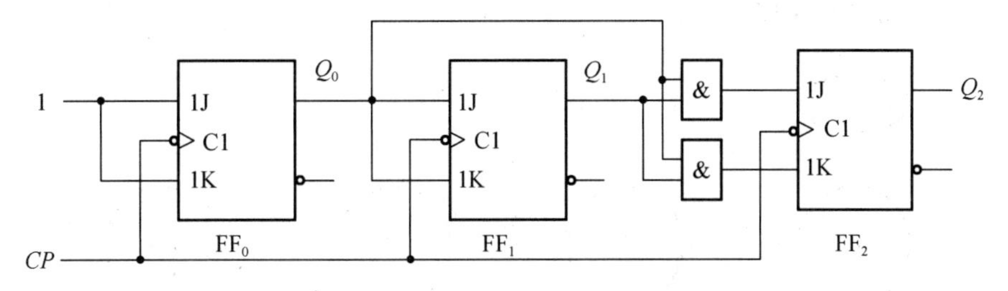

图 5-4 例 5-1 时序逻辑电路

（2）写出每个触发器的激励方程：

$$\begin{cases} J_0 = K_0 = 1 \\ J_1 = K_1 = Q_0^n \\ J_2 = K_2 = Q_0^n Q_1^n \end{cases}$$

JK 触发器的特性方程为

$$Q^{n+1} = J\overline{Q^n} + \overline{K}Q^n$$

（3）写出每个触发器的状态方程：

$$\begin{cases} Q_0^{n+1} = \overline{Q_0^n} \\ Q_1^{n+1} = Q_0^n \overline{Q_1^n} + \overline{Q_0^n} Q_1^n \\ Q_2^{n+1} = Q_0^n Q_1^n \overline{Q_2^n} + \overline{Q_0^n Q_1^n} Q_2^n \end{cases}$$

（4）列状态表，画状态图、时序图。

① 状态表如表 5-2 所示。

表 5-2 例 5-1 状态表

现态			次态		
Q_2^n	Q_1^n	Q_0^n	Q_2^{n+1}	Q_1^{n+1}	Q_0^{n+1}
0	0	0	0	0	1
0	0	1	0	1	0
0	1	0	0	1	1
0	1	1	1	0	0
1	0	0	1	0	1
1	0	1	1	1	0
1	1	0	1	1	1
1	1	1	0	0	0

② 状态图如图 5-5 所示。

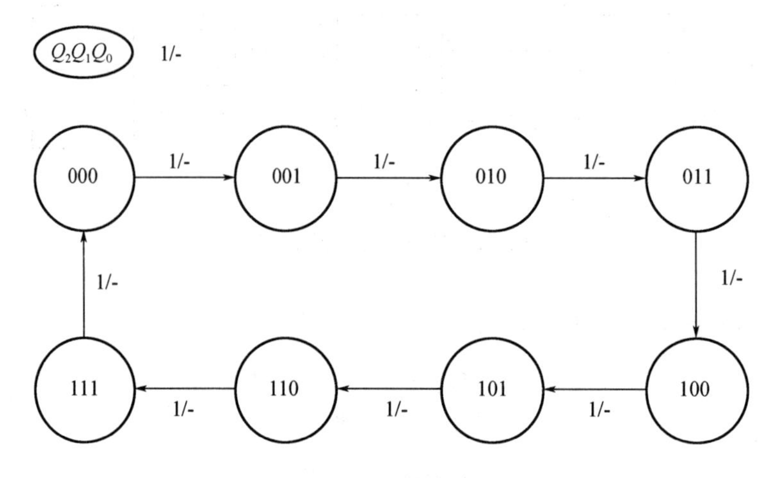

图 5-5　状态图

本题输入信号固定为高电平,无输出信号,输入输出信号也可以不标注。

③ 时序图如图 5-6 所示。

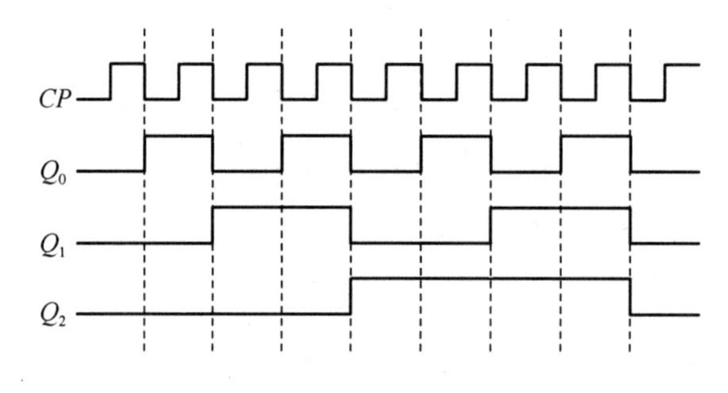

图 5-6　时序图

(5) 电路逻辑功能:由状态图或时序图可以看出,此电路为八进制加法计数器,可以自启动。

【例 5-2】　时序逻辑电路如图 5-7 所示,假设触发器的初始状态均为 0,写出电路的激励方程、状态方程、输出方程,列出状态表,画出状态图、时序图,说明电路的逻辑功能。

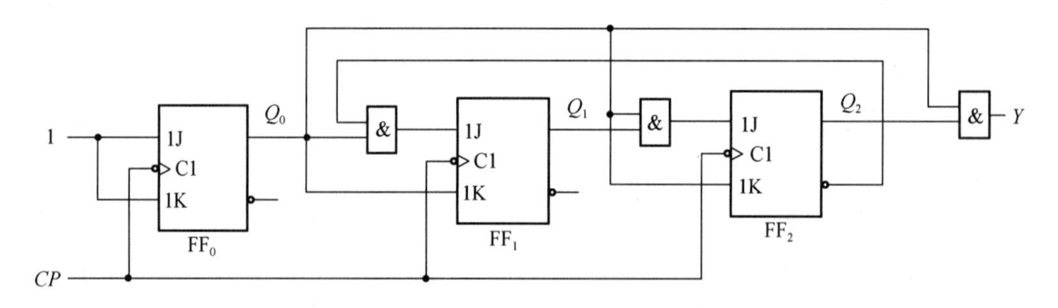

图 5-7　例 5-2 时序逻辑电路

解:(1) 时序逻辑电路结构分析:该时序逻辑电路由3个JK触发器和3个与门组成,3个触发器的时钟信号一致,外部输入信号为1,输出信号为Y,是一个莫尔型同步时序逻辑电路。

(2) 写出每个触发器的激励方程:

$$\begin{cases} J_0 = K_0 = 1 \\ J_1 = Q_0^n \overline{Q_2^n}, K_1 = Q_0^n \\ J_2 = Q_0^n Q_1^n, K_2 = Q_0^n \end{cases}$$

JK触发器的特性方程为

$$Q^{n+1} = J\overline{Q^n} + \overline{K}Q^n$$

(3) 写出每个触发器的状态方程:

$$\begin{cases} Q_0^{n+1} = \overline{Q_0^n} \\ Q_1^{n+1} = Q_0^n \overline{Q_2^n}\,\overline{Q_1^n} + \overline{Q_0^n} Q_1^n \\ Q_2^{n+1} = Q_0^n Q_1^n \overline{Q_2^n} + \overline{Q_0^n} Q_2^n \end{cases}$$

(4) 写出时序逻辑电路的输出方程:

$$Y = Q_0^n Q_2^n$$

(5) 列状态表,画状态图、时序图。

① 状态表如图5-3所示。

表5-3 例5-2状态表

现态			次态			输出
Q_2^n	Q_1^n	Q_0^n	Q_2^{n+1}	Q_1^{n+1}	Q_0^{n+1}	Y
0	0	0	0	0	1	0
0	0	1	0	1	0	0
0	1	0	0	1	1	0
0	1	1	1	0	0	0
1	0	0	1	0	1	0
1	0	1	0	0	0	1
1	1	0	1	1	1	0
1	1	1	0	0	0	1

② 状态图如图 5-8 所示。

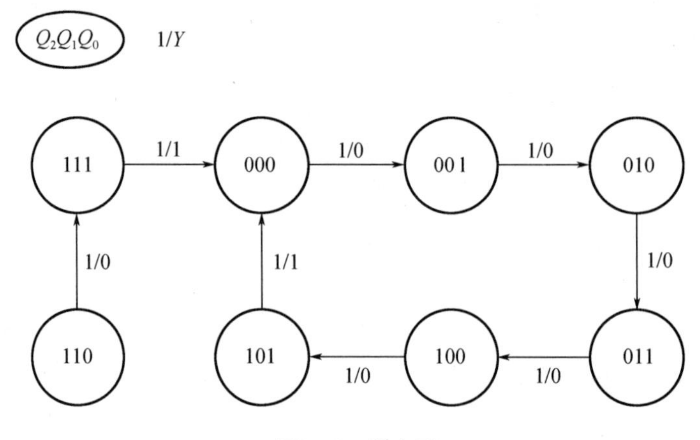

图 5-8　状态图

③ 时序图如图 5-9 所示。

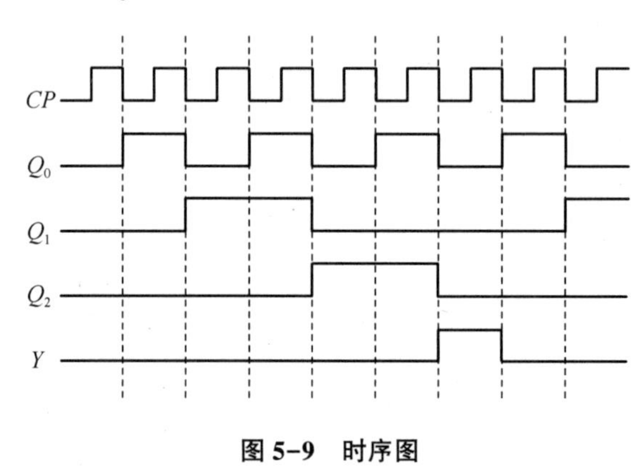

图 5-9　时序图

(6) 电路逻辑功能:由状态图或时序图可以看到,该电路为六进制加法计数器,可以自启动。

【例 5-3】　时序逻辑电路如图 5-10 所示,假设触发器的初始状态均为 0,写出电路的激励方程、状态方程、输出方程,列出状态表,画出状态图、时序图,说明电路的逻辑功能。

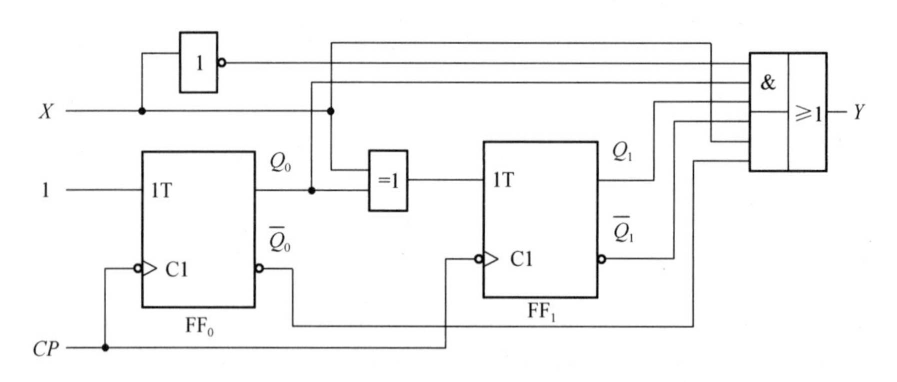

图 5-10　例 5-3 时序逻辑电路

解:(1) 时序逻辑电路的结构分析:该时序逻辑电路由 2 个 T 触发器、1 个非门、1 个与或非门和 1 个异或门组成,2 个触发器时钟信号一致,所以是一个米里型同步时序电路,电路的存储部分由 2 个 T 触发器构成,组合部分为门电路。

(2) 写出每个触发器的激励方程:

$$\begin{cases} T_0 = 1 \\ T_1 = X \oplus Q_0 \end{cases}$$

T 触发器的特性方程为

$$Q^{n+1} = T\overline{Q}^n + \overline{T}Q^n$$

(3) 写出每个触发器的状态方程:

$$\begin{cases} Q_0^{n+1} = \overline{Q}_0^n \\ Q_1^{n+1} = (X \oplus Q_0^n)\overline{Q}_1^n + \overline{(X \oplus Q_0^n)}Q_1^n = X \oplus Q_0^n \oplus Q_1^n \end{cases}$$

(4) 写出时序电路的输出方程:

$$Y = \overline{X}Q_0^nQ_1^n + X\overline{Q}_0^n\overline{Q}_1^n$$

(5) 列状态表,画状态图、时序图。

① 状态表如表 5-4 所示。

表 5-4　例 5-3 状态表

输入	现态		次态		输出
X	Q_1^n	Q_0^n	Q_1^{n+1}	Q_0^{n+1}	Y
0	0	0	0	1	0
0	0	1	1	0	0
0	1	0	1	1	0
0	1	1	0	0	1
1	0	0	1	1	1
1	0	1	0	0	0
1	1	0	0	1	0
1	1	1	1	0	0

② 状态图如图 5-11 所示。

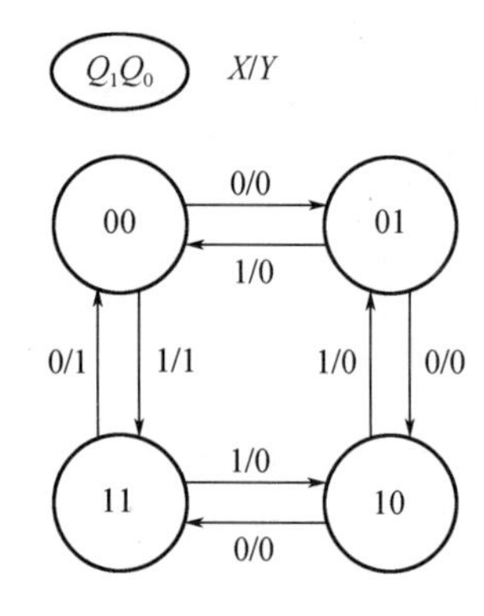

图 5-11　状态图

③ 时序图如图 5-12 所示。

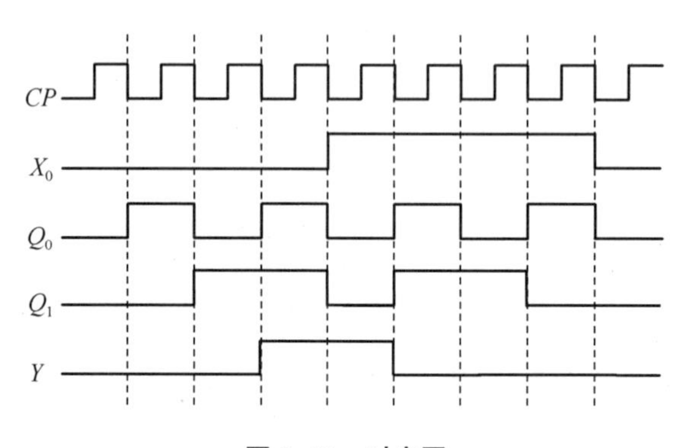

图 5-12　时序图

（6）电路逻辑功能：由状态图或时序图可以看出，该电路是一个受外部输入信号 X 控制的二进制加减计数器，当 $X=0$ 时为加法计数器；当 $X=1$ 时为减法计数器。

5.2.3　异步时序逻辑电路的分析

异步时序逻辑电路的分析步骤和同步时序逻辑电路的分析步骤基本相同，但因为异步时序逻辑电路没有统一的时钟信号来控制所有存储电路的状态变化，因此，分析时应特别注意状态变化与时钟的一一对应关系，要列写各触发器的时钟方程，下面举例来说明异步时序逻辑电路的分析方法。

【例 5-4】　分析图 5-13 所示时序逻辑电路的功能。

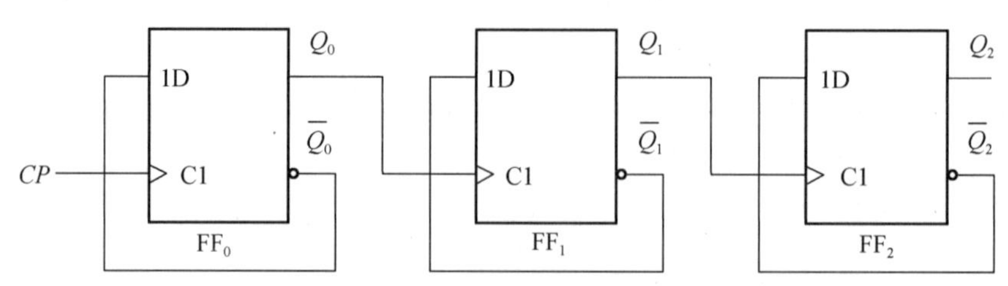

图 5-13　例 5-4 时序逻辑电路

解:(1) 电路的时钟方程为

$$\begin{cases} CP_0 = CP \\ CP_1 = Q_0^n \\ CP_2 = Q_1^n \end{cases}$$

D 触发器的特性方程为

$$Q^{n+1} = D$$

(2) 写出每个触发器的激励方程:

$$\begin{cases} D_0 = \overline{Q_0^n} \\ D_1 = \overline{Q_1^n} \\ D_2 = \overline{Q_2^n} \end{cases}$$

(3) 列状态表,画状态图、时序图。

① 状态表如表 5-5 所示。

表 5-5 例 5-4 状态表

现态			次态			时钟		
Q_2^n	Q_1^n	Q_0^n	Q_2^{n+1}	Q_1^{n+1}	Q_0^{n+1}	CP_2	CP_1	CP_0
0	0	0	1	1	1	↑	↑	↑
0	0	1	0	0	0	—	↓	↑
0	1	0	0	0	1	↓	↑	↑
0	1	1	0	1	0	—	↓	↑
1	0	0	0	1	1	↑	↑	↑
1	0	1	1	0	0	—	↓	↑
1	1	0	1	0	1	↓	↑	↑
1	1	1	1	1	0	—	↓	↑

在根据特性方程计算时,还要依据各触发器的时钟方程来确定触发器的时钟脉冲信号是否有效。如果有效,可按照特性方程计算出触发器的次态;如果无效,则触发器将保持原来的状态不变。例如,当电路的现态为 $Q_2^nQ_1^nQ_0^n=010$ 时,由特性方程计算出的电路次态为 $Q_2^{n+1}Q_1^{n+1}Q_0^{n+1}=101$。如果 CP 出现一个上升沿,由时钟方程可知,CP_0 为上升沿,CP_0 有效,触发器 FF_0 的状态 Q_0 由 0 变到 1;当 Q_0 由 0 变到 1 时,CP_1 为上升沿,CP_1 有效,触发器 FF_1 的状态 Q_1 由 1 变到 0;当 Q_1 由 1 变到 0 时,CP_2 为下降沿,CP_2 无效,触发器 FF_2 保持原状态不变,即 Q_2 仍为 0。因此电路的实际次态为 $Q_2^{n+1}Q_1^{n+1}Q_0^{n+1}=001$。

② 状态图如图 5-14 所示。

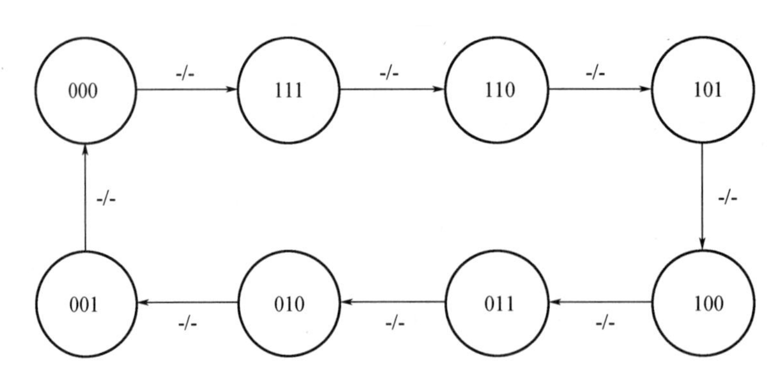

图 5-14　状态图

③ 时序图如图 5-15 所示。

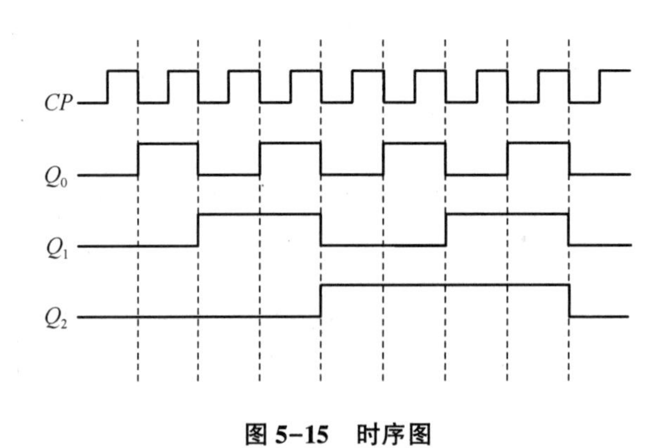

图 5-15　时序图

(4) 电路逻辑功能:由状态图可以看出,在时钟脉冲 CP 作用下,电路的八个状态按递减规律循环变化,电路具有递减计数功能,是一个摩尔型 3 位二进制异步减法计数器,且具有自启动功能。

5.3　时序逻辑电路的设计方法

时序逻辑电路的设计,就是根据给定的逻辑功能要求,选择适当的逻辑器件,设计出符合设计要求的最简时序逻辑电路。

5.3.1　同步时序逻辑电路的设计方法

同步时序逻辑电路设计的一般步骤如图 5-16 所示。

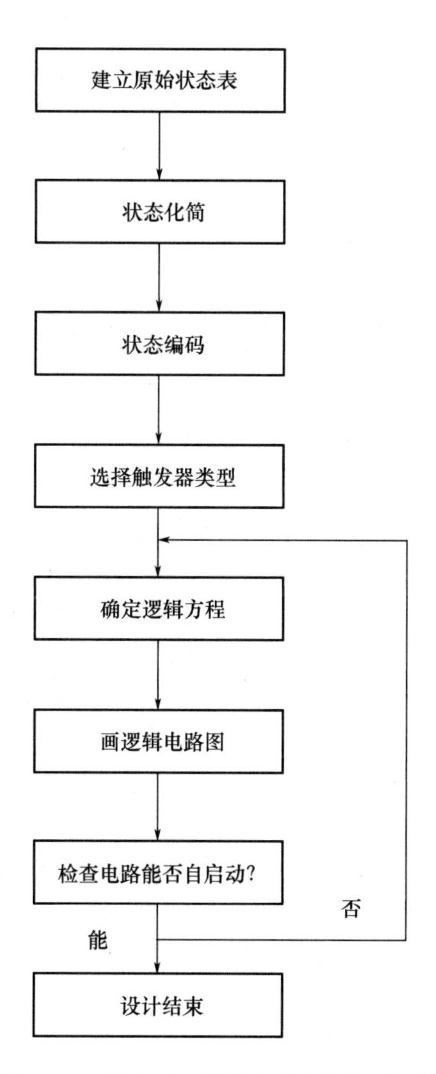

图 5-16 同步时序逻辑电路设计的一般步骤

(1) 建立原始状态表

通常,所要设计的同步时序逻辑电路的逻辑功能是通过文字、图形或波形来描述的,首先必须将它们变换成规范的状态图或状态表。这种直接从文字描述得到的状态图或状态表称为原始状态图或原始状态表。

具体做法是:首先根据设计要求,确定输入变量、输出变量及电路应包含的状态数,然后定义输入、输出逻辑状态和每个电路状态的含义,最后按照设计要求建立原始状态图,进而建立原始状态表(也可直接建立原始状态表)。

(2) 状态化简

原始状态表或状态图中可能包含多余的状态,消除多余状态的过程称为状态化简。状态化简是建立在等价状态基础上的。如果两个状态在相同的输入条件下有同样的输出,并转换到同一个次态,那么这两个状态就称作等价状态。显然等价状态是重复的,可以合并成一个状态。合并等价状态可以消去多余的状态,以便建立最简状态表或状态图。

(3) 状态编码

给最简状态表中的每一个状态指定一个特定的二进制代码,形成编码状态表的过程称为状态编码,也称为状态分配。编码方案不同,设计出的时序逻辑电路结构也就不同。

(4) 选择触发器类型

不同触发器的特性方程不同,驱动方式不同,选用不同的触发器设计出的时序逻辑电路是不一样的。因此,在设计具体时序逻辑电路之前,必须选定触发器的类型。

(5) 确定逻辑方程

根据编码状态表和选定的触发器类型,写出时序电路的状态方程、特性方程和输出方程。

(6) 画逻辑电路图

根据得到的特性方程和输出方程,画出逻辑电路图。

(7) 检查电路能否自启动

有些同步时序逻辑电路设计中会出现没用的无效状态,电路上电后可能会进入这些无效状态而无法退出。因此,同步时序逻辑电路设计的最后一步必须检查所设计的电路能否进入有效状态,即是否具有自启动的能力。如果不能自启动,则须修改逻辑方程,再根据修改后的逻辑方程画逻辑电路图。

【例 5-5】 用门电路和 D 触发器设计一个同步串行加法器,实现最低位在前的两个串行二进制整数相加,输出为最低位在前的两个数之和。

解:(1) 建立原始状态表

设 B 和 A 为加数和被加数的串行输入,Y 为两数之和的串行输出。两数相加的结果有两种可能:一种是无进位,一种是有进位。故电路需要两个内部状态,即无进位状态和有进位状态,分别设为 a 和 b,建立的原始状态图如图 5-17 所示。

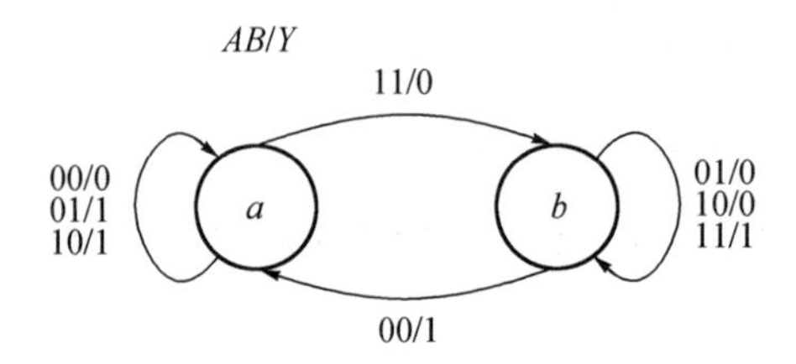

图 5-17 例 5-5 状态图

由图 5-17 可以得到原始状态表,如表 5-6 所示。

表 5-6 例 5-5 状态表

S \ AB (S^{n+1}/Y)	00	01	10	11
a	$a/0$	$a/1$	$a/1$	$b/0$
b	$a/1$	$b/0$	$b/0$	$b/1$

(2) 状态化简

由表 5-6 可知,该状态表不能再化简,为最简状态表。

(3) 状态编码

电路有两个状态,故选一个触发器,设 $a=0,b=1$,代入表 5-6 得编码状态表,如表 5-7 所示。

表 5-7 例 5-5 编码状态表

Q^n \ Q^{n+1}/Y \ AB	00	01	11	10
0	0/0	0/1	1/0	0/1
1	0/1	1/0	1/1	1/0

(4) 求出电路的驱动方程和输出方程。表 5-7 中的 AB 和 Q 已经按格雷码排列,所以可将其看作卡诺图,通过化简得到状态方程和输出方程:

$$Q^{n+1} = AB + AQ^n + BQ^n$$

$$Y = A \oplus B \oplus Q^n$$

D 触发器的特性方程为 $Q^{n+1}=D$,所以驱动方程为

$$D = AB + AQ^n + BQ^n$$

(5) 画出逻辑电路图,如图 5-18 所示。

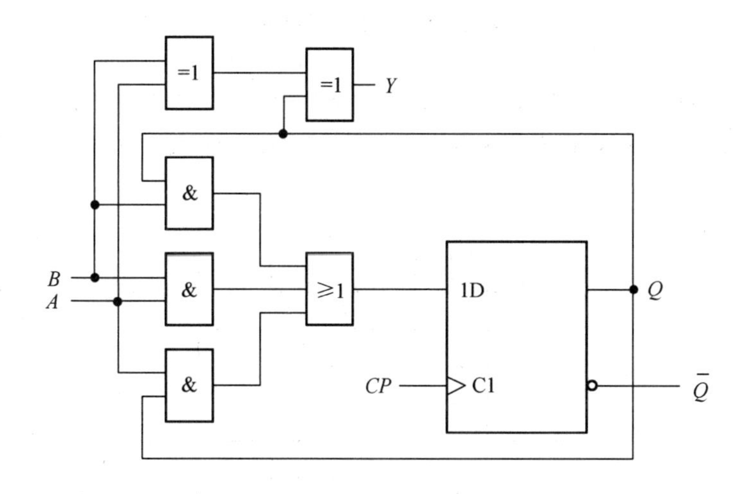

图 5-18 例 5-5 逻辑电路图

(6) 检查电路能否自启动

由电路的状态图图 5-17 可知,电路中所有的状态都是在有效序列中,所以电路能够自启动。

5.3.2 异步时序逻辑电路的设计

异步时序逻辑电路中各触发器状态的改变不是同时进行的，因而在设计异步时序逻辑电路时，要为各个触发器选择合适的时钟脉冲信号。下面举例来说明异步时序逻辑电路的设计方法。

【例 5-6】 设计一个异步六进行加法计数器。

解：(1) 建立如图 5-19 所示的状态图，本设计中状态数目和编码方案是确定的，因此可略去状态化简和状态编码两步。

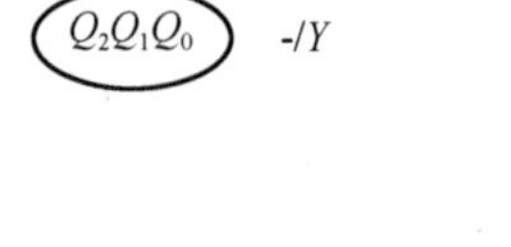

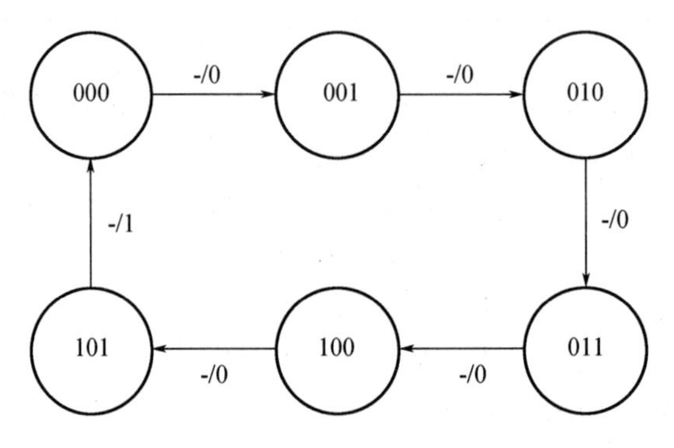

图 5-19 例 5-6 状态图

电路具有六个状态，因此在设计中应选用三个触发器，这里选用三个 CP 上升沿触发的 D 触发器来实现设计。根据状态图 5-19 可以画出电路的时序图，如图 5-20 所示。

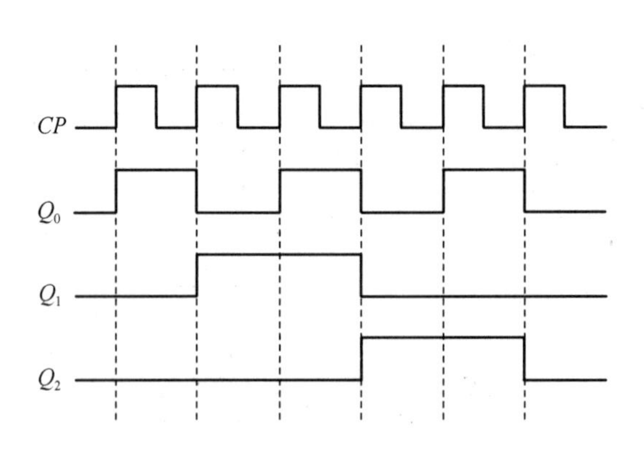

图 5-20 例 5-6 时序图

(2) 根据状态图 5-19 可以得到状态转换表，如表 5-8 所示。

表 5-8 例 5-6 状态转换表

现态			次态			输出	时钟		
Q_2^n	Q_1^n	Q_0^n	Q_2^{n+1}	Q_1^{n+1}	Q_0^{n+1}	Y	CP_2	CP_1	CP_0
0	0	0	0	0	1	0	0	0	1
0	0	1	0	1	0	0	0	1	1
0	1	0	0	1	1	0	1	0	1
0	1	1	1	0	0	0	1	1	1
1	0	0	1	0	1	0	0	0	1
1	0	1	0	0	0	1	1	0	1

（3）要获得最简驱动方程，首先要为每个触发器选择适当的时钟脉冲。选择时钟脉冲的基本原则是：触发器需要翻转时，必须有时钟有效触发沿到达（$CP=1$），且触发沿越少越好。

从时序图 5-20 可知，每当电路状态变化，触发器 FF_0 都要翻转。因此，只有使用外部输入时钟才能满足触发器 FF_0 的翻转要求，故触发器 FF_0 选用外部时钟信号 CP；CP_1 选用 CP、$\overline{Q}_0$ 都可以，但依据触发沿最少的要求，应选择 $\overline{Q}_0$；FF_2 从 0 翻转到 1 时，Q_1 和 $\overline{Q}_1$ 都无法满足触发条件，因此 CP_2 只能选 CP、$\overline{Q}_0$。根据以上分析，可以得到电路的时钟方程为

$$CP_0 = CP, CP_1 = \overline{Q}_0, CP_2 = \overline{Q}_0$$

根据表 5-8 画出电路输出信号和各触发器的次态卡诺图，如图 5-21 所示。

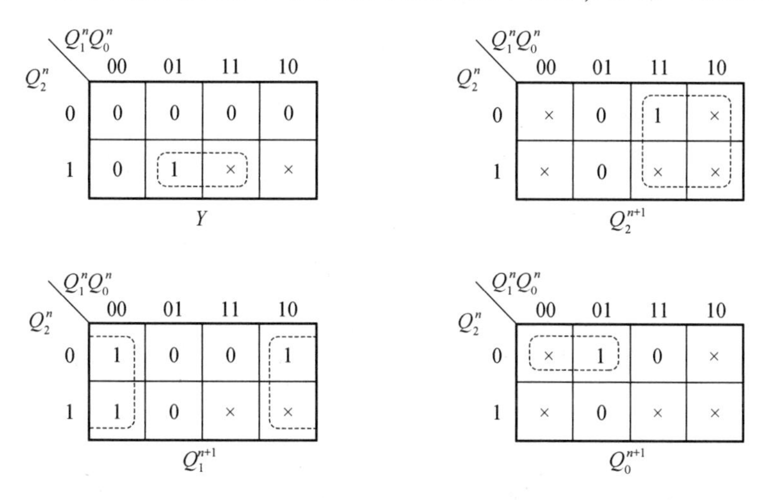

图 5-21 例 5-6 电路输出信号和各触发器的次态卡诺图

画卡诺图时要注意的是，除了可将无效状态的最小项作为任意项处理外，在输入 CP 到来后且电路状态变化时，不具备时钟条件的触发器的现态所对应的最小项，也可以作为任意项处理。本题中，因为 CP_1 和 CP_2 选用的是 $\overline{Q}_0$，凡是 $\overline{Q}_0$ 不变或由 1 变到 0 的最小项 000、010、100 也作为任意项处理。由卡诺图 5-21 可以求得电路的输出方程、状态方程分别为

$$Y = Q_2Q_0$$

$$\begin{cases} Q_0^{n+1} = \overline{Q_0^n} \\ Q_1^{n+1} = \overline{Q_2^n}\,\overline{Q_1^n} \\ Q_2^{n+1} = Q_1^n \end{cases}$$

将状态方程与 D 触发器的特性方程 $Q^{n+1} = D$ 进行比较,可获得电路的驱动方程:

$$\begin{cases} D_0 = \overline{Q_0^n} \\ D_1 = \overline{Q_2^n}\,\overline{Q_1^n} \\ D_2 = Q_1^n \end{cases}$$

(4) 将无效状态 110 和 111 代入状态方程求其状态,其结果表明电路能够自启动,完整的状态图如图 5-22 所示。

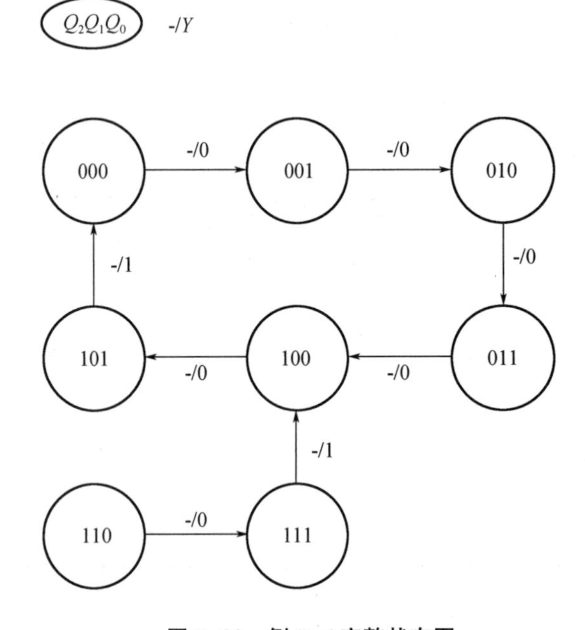

图 5-22 例 5-6 完整状态图

(5) 根据时钟方程、输出方程及驱动方程,可以画出本题的逻辑电路图,如图 5-23 所示。

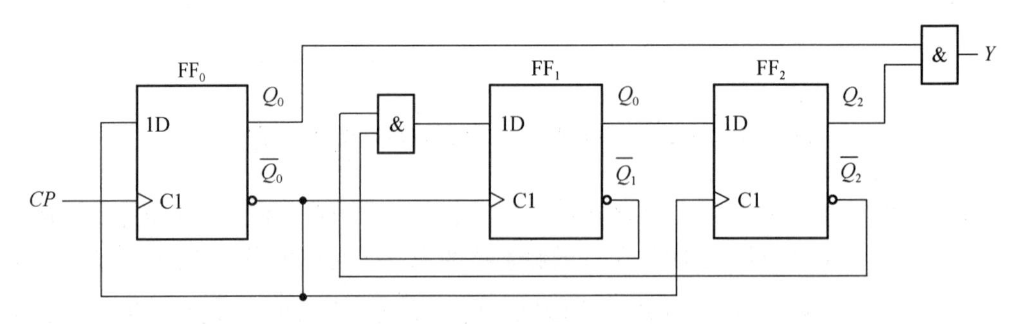

图 5-23 例 5-6 逻辑电路图

5.4　常用时序逻辑电路

在实际工作中,最常用的时序逻辑电路是寄存器、计数器、顺序脉冲发生器等,它们与各种组合电路一起可以构成逻辑功能极其复杂的数字系统。目前,人们根据需要设计了很多种类的中规模集成时序逻辑电路定型产品,可以一片或多片扩展构成所需要的功能模块,应用于多种数字装置中。下面主要介绍寄存器和计数器的结构、类型、特点及逻辑功能。

5.4.1　寄存器和移位寄存器

寄存器与移位寄存器是数字系统中常见的中规模集成电路之一,寄存器的作用就是把二进制数据或代码存储起来。按功能划分,寄存器可分为基本寄存器和移位寄存器。按照内部使用的开关器件不同,寄存器可分为 TTL 寄存器和 CMOS 寄存器。寄存器分类如表 5-9 所示。

表 5-9　寄存器分类

TTL 寄存器	基本寄存器	多位 D 触发器	74173、74174、74175、74177、74LS374
		锁存器	74116、74278、74LS373、74LS375
		寄存器阵列	74170、74172、74LS170、74LS670
	移位寄存器	单向移位寄存器	74164、74165、74195、74LS195、74LS395
		双向移位寄存器	7495、74194、74198、74LS95、74LS194
CMOS 寄存器	基本寄存器	多位 D 触发器	CC4042、CC4508、CC40174
	移位寄存器	单向移位寄存器	CC4014、CC4015、CC14006、CC40195
		双向移位寄存器	CC4034、CC40194

1. 寄存器

寄存器的功能是存储二进制数码,由具有存储功能的触发器构成。每个触发器能够存储 1 位二进制码,存储 n 位数码就应具备 n 个触发器。除此之外,为保证数据能正常存储,需要增加适当的门电路。

(1) 作用:存储一组二值代码,一组二值代码一般为 4 位或 8 位,因此寄存器也称为数码寄存器。

(2) 电路结构:由基本电路及附加控制电路组成。基本电路由触发器构成,完成寄存功能。一个触发器可以存储 1 位二进制数,如果需要存储 4 位二进制数,就需要 4 个触发器,它们需要相同的时钟控制。附加控制电路完成清零、输入控制、输出控制等功能。

(3) 数据输入及输出方式:输入和输出数据并行方式,各位代码同时输入或输出。

图 5-24 所示为由 4 个 D 触发器构成的 4 位寄存器基本电路。例如,若想存储 1001,先在数据 $D_3D_2D_1D_0$ 处准备好数据 1001,由于 $Q^{n+1}=D$,当加入 CP 脉冲上升沿时,$Q_3Q_2Q_1Q_0=D_3D_2D_1D_0=1001$,这时 CP 也称为存数指令。

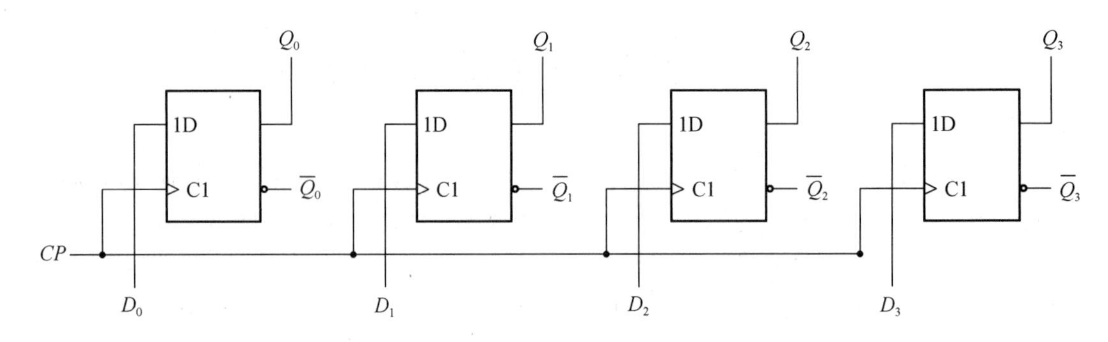

图 5-24　基本寄存器电路

2. 移位寄存器

移位寄存器除了存放一组二进制数据以外，还可以在外部时钟信号的作用下将存储的数据依次左移或右移，移位寄存器分为单向移位寄存器和多功能双向移位寄存器。

（1）作用：存储代码、移位。移位是指寄存器里的代码在移位脉冲作用下左移或右移。代码移位可以完成循环移位、数据串并行转换、数据运算、数据处理等功能。

（2）电路结构：由基本电路及附加控制电路组成。基本电路由触发器构成，完成寄存功能。附加控制电路完成清零、保持、数据串并行输入、左右移等功能。

（3）数据输入及输出方式：串入串出、串入并出、并入串出、并入并出四种形式。

图 5-25 所示为用 D 触发器构成的移位寄存器，数据由 D_I 端串行输入，在移位脉冲作用下，依次右移。输出可以由 $Q_3Q_2Q_1Q_0$ 端并行输出，也可以由 D_o 端串行输出。设 $Q_3Q_2Q_1Q_0$ 的初始状态为×，输入端 D_I 的数据依次为 $D_3D_2D_1D_0$，在四个脉冲作用下，电路的输出状态变化过程如表 5-10 所示。

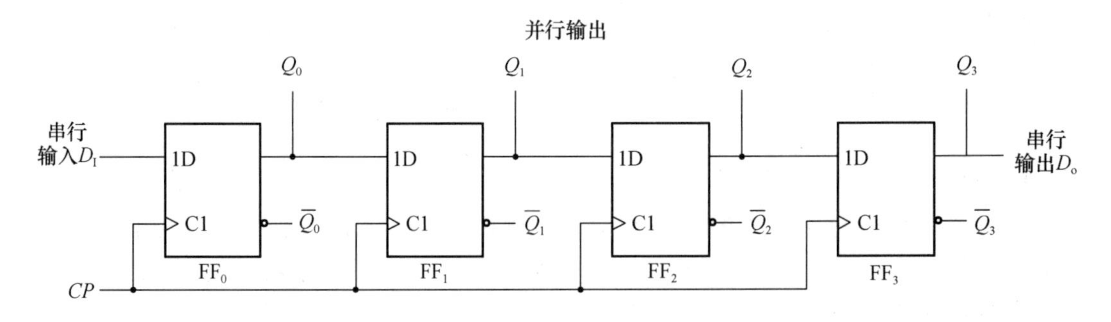

图 5-25　D 触发器构成的移位寄存器

表 5-10　电路的输出状态变化过程

CP	输入	输出			
	D_I	Q_0	Q_1	Q_2	Q_3
0	×	×	×	×	×
↑	D_3	D_3	×	×	×
↑	D_2	D_2	D_3	×	×

表 5-10(续)

CP	输入	输出			
	D_I	Q_0	Q_1	Q_2	Q_3
↑	D_1	D_1	D_2	D_3	×
↑	D_0	D_0	D_1	D_2	D_3

移位寄存器的工作原理如下:由于从 CP 上升沿到达开始到输出端新状态建立需要经过一段传输延迟时间,所以当 CP 的上升沿同时作用于所有触发器时,加到寄存器输入端 D_I 的代码存入 FF_0,其他触发器输入端 D 的状态还没有改变,即 FF_1 按照 Q_0 原来的状态翻转,FF_2 按照 Q_1 原来的状态翻转,FF_3 按照 Q_2 原来的状态翻转,相当于移位寄存器原有的代码依次右移了一次。

若 4 个时钟信号内输入的代码依次为 1011,移位寄存器的初始状态为 0000,则在时钟信号的作用下移位寄存器内的代码移动情况如表 5-11 所示。

表 5-11 移位寄存器内的代码移动情况

CP	输入	输出			
	D_I	Q_0	Q_1	Q_2	Q_3
0	0	0	0	0	0
↑	1	1	0	0	0
↑	0	0	1	0	0
↑	1	1	0	1	0
↑	1	1	1	0	1

由表 5-11 可知,经过 4 个时钟信号后,串行输入的 4 位代码将全部移入移位寄存器中,同时在 4 个触发器的输出端可得到并行输出的代码。因此,利用移位寄存器可实现代码的串行/并行转换。再连续加入 4 个时钟信号,4 位代码将从串行输出端 Q_3 依次移出,实现代码的并行/串行转换。

5.4.2 计数器

1. 计数器概述

(1) 计数器的作用:计数器是一个用以实现计数功能的时序部件,它不仅可用来累计输入脉冲的个数,还常用作数字系统的定时,分步,产生节拍脉冲、脉冲序列,执行数字运算以及实现其他特定的逻辑功能。

(2) 计数器的模:计数器是一个周期性的时序逻辑电路,其状态图有一个闭合环,闭合环循环一次所需要的时钟脉冲的个数称为计数器的模值,也称为计数器的进制。

(3) 计数器的分类:计数器种类很多,有多种分类方法。

① 按构成计数器中的各触发器是否使用一个时钟脉冲源分为同步计数器、异步计

数器。

② 按计数器模值分为二进制计数器、十进制计数器、任意进制计数器。

③ 按计数的增减规律分为加法计数器、减法计数器、可逆计数器。

④ 按制造工艺分为 TTL 计数器、CMOS 计数器。

在中规模集成计数器中,产品较齐全,使用者只要借助器件手册提供的功能表和工作波形图以及引出端的排列,就能正确地使用这些器件。

2. 同步计数器

(1) 同步计数器的构成原理

① 同步八进制加法计数器

八进制加法计数器需要 3 个触发器,它们的状态即计数规律如表 5-12 所示。

表 5-12　八进制加法计数器的计数规律

CP 顺序	触发器现态			触发器次态		
	Q_2^n	Q_1^n	Q_0^n	Q_2^{n+1}	Q_1^{n+1}	Q_0^{n+1}
0	0	0	0	0	0	1
1	0	0	0	0	1	0
2	0	0	0	0	1	1
3	0	0	0	1	0	0
4	1	0	0	1	0	1
5	1	0	0	1	1	0
6	1	0	0	1	1	1
7	1	0	0	0	0	0

由表 5-12 可以看出它的构成规律:最低位 Q_0 总是处于翻转状态,次低位 Q_1 在低位为 1 时翻转,最高位 Q_2 在低于本位数据全为 1 时翻转。

如果用 3 个上升沿 JK 触发器构成,则 $J_0=K_0=1$;$J_1=K_1=Q_0^n$;$J_2=K_2=Q_0^nQ_1^n$,其电路如图 5-26 所示。

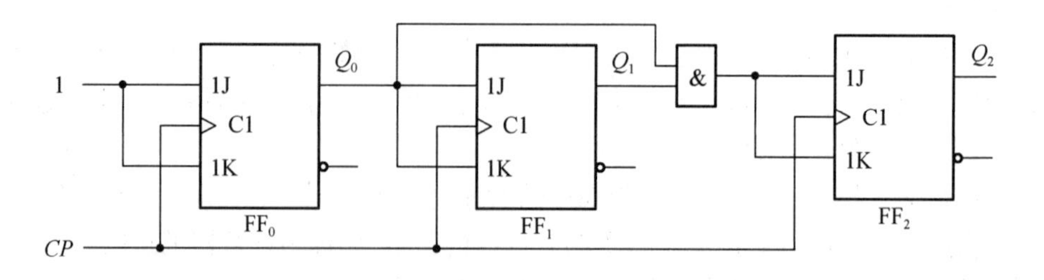

图 5-26　八进制加法计数器电路

设各触发器的初始状态均为0,八进制加法计数器电路的时序图如图5-27所示,由图可知,如果以Q_0为输出,频率为$\frac{1}{2}CP$频率;如果以Q_1为输出,频率为$\frac{1}{4}CP$频率;如果以Q_2为输出,频率为$\frac{1}{8}CP$频率,分别称为2分频、4分频、8分频,所以计数器又称为分频器。

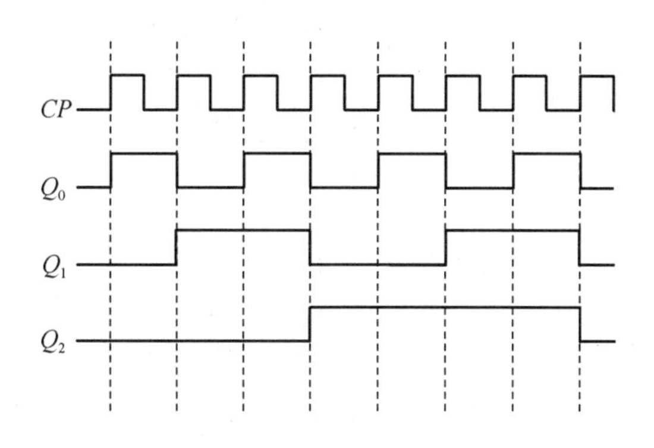

图5-27 八进制加法计数器时序图

② 同步八进制减法计数器

八进制减法计数的规律与加法计数规律的方向相反,最低位Q_0总是处于翻转状态,次低位Q_1在低位为0时翻转,最高位Q_2在低于本位数据全为0时翻转。

如果用3个上升沿JK触发器构成,则$J_0=K_0=1$;$J_1=K_1=\overline{Q}_0^n$;$J_2=K_2=\overline{Q}_0^n\ \overline{Q}_1^n$,其电路图如图5-28所示。

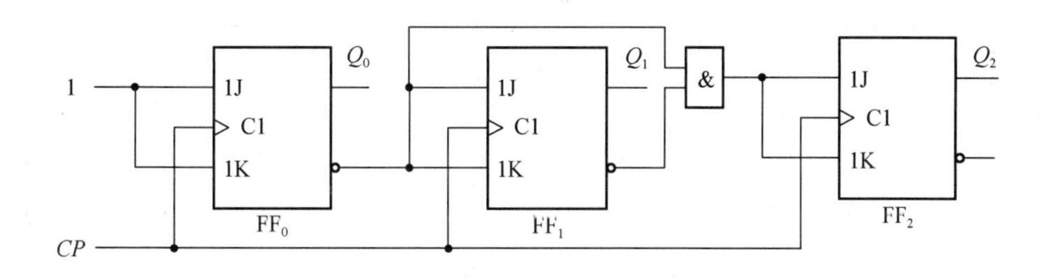

图5-28 八进制减法计数器电路图

③ 同步十六进制加法计数器

十六进制加法计数器需要4个触发器,它的计数规律与表5-12中的类似,用4个下降沿JK触发器构成的电路图如5-29所示。4个触发器状态变化规律是:最低位Q_0总是处于翻转状态,最高位Q_3在低于本位数据全为1时翻转,进位输出信号$C=Q_3Q_2Q_1Q_0$,$Q_3Q_2Q_1Q_0$在1111状态时进位输出信号C为1。

(2)同步十进制计数器

① 同步十进制加法计数器

十进制加法计数器需要4个触发器,它们的计数规律如表5-13所示。

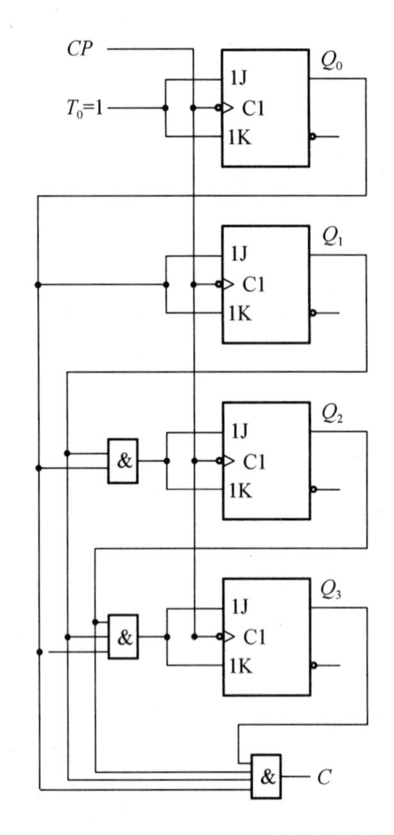

图 5-29　十六进制加法计数器电路图

表 5-13　十进制加法计数器计数规律

CP 顺序	触发器现态				触发器次态				进位输出
	Q_3^n	Q_2^n	Q_1^n	Q_0^n	Q_3^{n+1}	Q_2^{n+1}	Q_1^{n+1}	Q_0^{n+1}	
0	0	0	0	0	0	0	0	1	0
1	0	0	0	1	0	0	1	0	0
2	0	0	1	0	0	0	1	1	0
3	0	0	1	1	0	1	0	0	0
4	0	1	0	0	0	1	0	1	0
5	0	1	0	1	0	1	1	0	0
6	0	1	1	0	0	1	1	1	0
7	0	1	1	1	1	0	0	0	0
8	1	0	0	0	1	0	0	1	0
9	1	0	0	1	0	0	0	0	1

由表 5-13 可以看出它的构成规律：最低位 Q_0 总是处于翻转状态，次低位 Q_1 在低位为 1 且 Q_3 为低位时翻转，其他位则在低于本位数据全为 1 时翻转，当 $Q_3Q_2Q_1Q_0$ 为 1001 时，下

一个状态为0000,且在此状态输出进位信号 $C=1$。

用4个JK触发器构成的十进制加法计数器电路图如图5-30所示,它的状态转换图如图5-31所示。当 $Q_3Q_2Q_1Q_0$ 为1010至1111时,经过1~2个脉冲能回到有效循环当中,则称电路具有自启动能力。

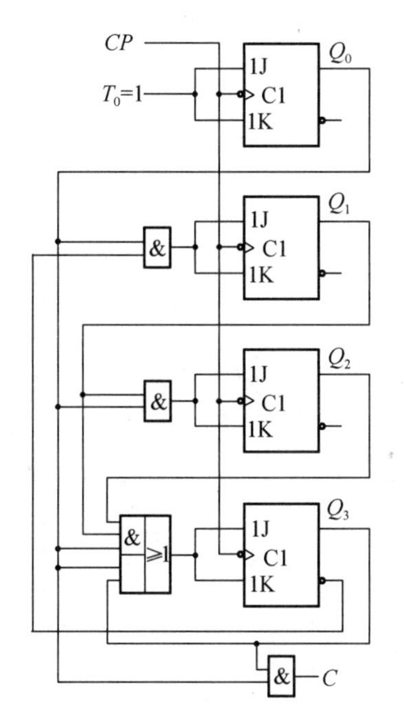

图5-30 十进制加法计数器电路图

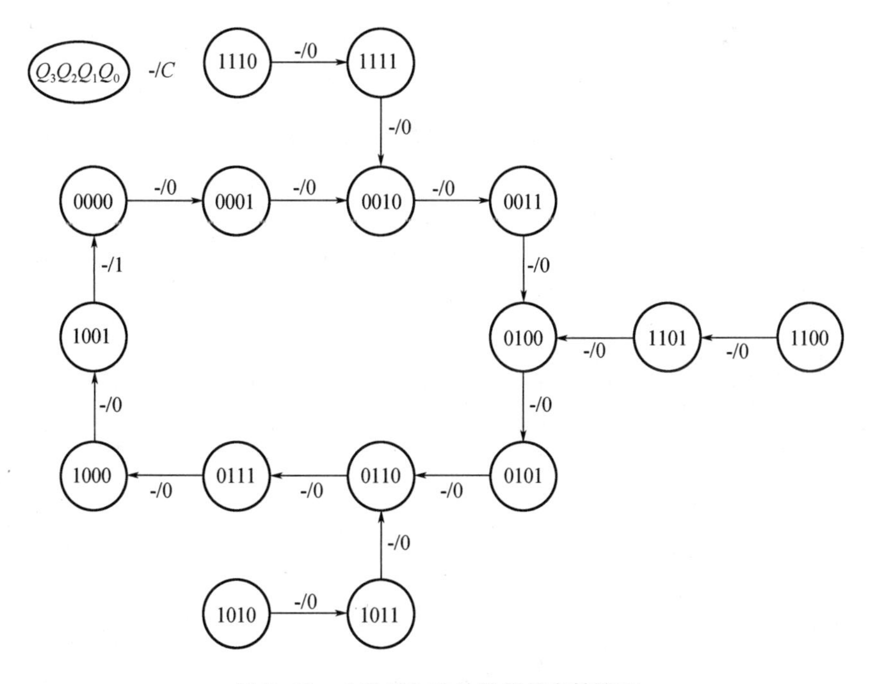

图5-31 十进制加法计数器状态转换图

② 同步十进制减法计数器

十进制减法计数器的计数规律与表 5-13 中的方向相反，最低位 Q_0 总是处于翻转状态，次低位 Q_1 在 Q_0 为 0 且 $Q_3Q_2Q_1$ 至少有一个 1 时翻转，Q_2 在 $Q_1+Q_0=0$ 且 $Q_3+Q_2=1$ 时翻转，Q_3 在低位都为 0 时翻转。十进制减法计数器电路图及状态转换图如图 5-32、图 5-33 所示，当 $Q_3Q_2Q_1Q_0$ 为 0000 时，下一个状态为 1001，且在此状态输出借位信号 $B=1$，电路具有自启动能力。

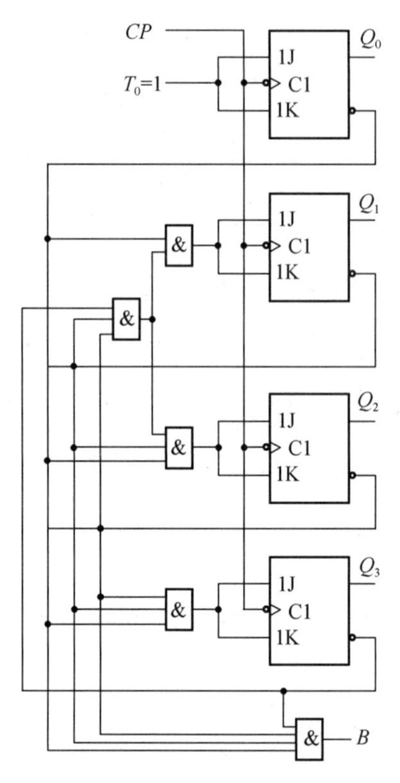

图 5-32　十进制减法器电路图

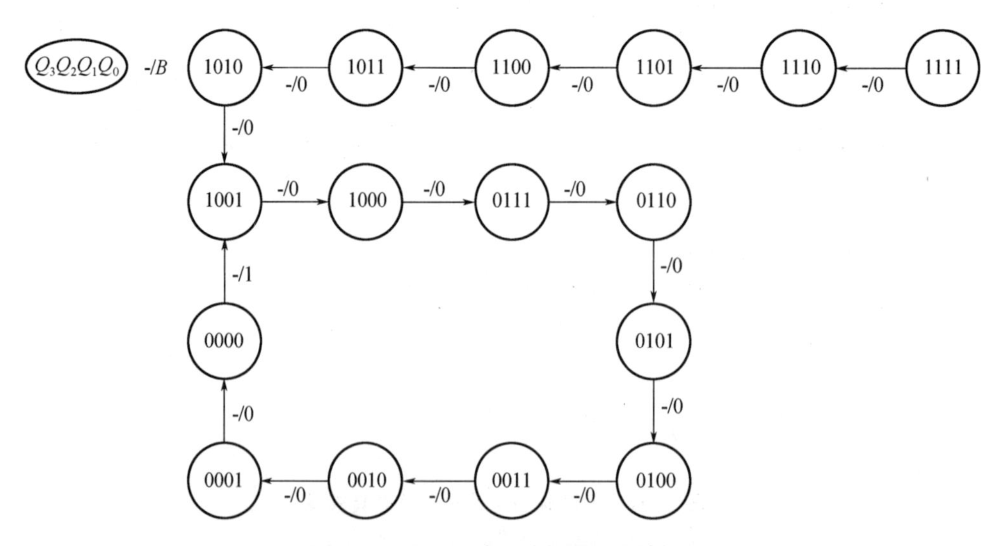

图 5-33　十进制减法计数器状态转换图

（3）同步计数器集成芯片

① 同步十六进制计数器 74LS161

74LS161 的管脚排列及逻辑符号如图 5-34 所示，功能如表 5-14 所示，具有异步清零、同步并行置数、数据保持、加法计数功能。输出有 0000～1111 共 16 个状态，在 1111 时产生高电平进位信号。

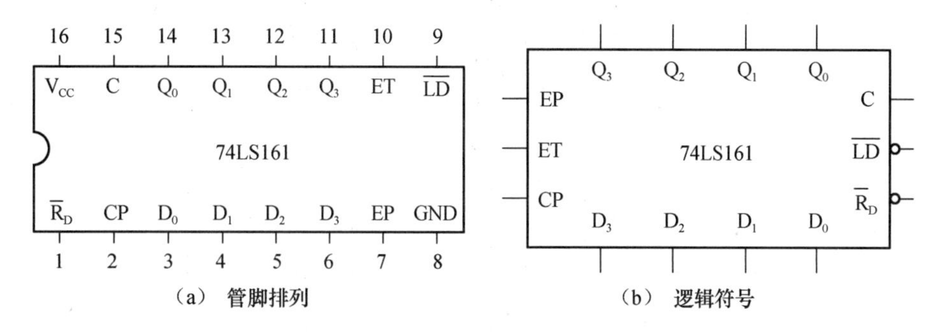

（a） 管脚排列　　（b） 逻辑符号

图 5-34　74LS161 管脚排列与逻辑符号

表 5-14　74LS161 功能表

输入									输出				功能
清零	预置	使能		时钟	预置数据输入								
$\overline{R}_D$	$\overline{LD}$	EP	ET	CP	D_3	D_2	D_1	D_0	Q_3	Q_2	Q_1	Q_0	
0	×	×	×	×	×	×	×	×	0	0	0	0	异步清零
1	0	×	×	↑	d_3	d_2	d_1	d_0	d_3	d_2	d_1	d_0	同步并行置数
1	1	0	1	×	×	×	×	×	保持				数据保持（C 不变）
1	1	×	0	×	×	×	×	×	保持				数据保持（C=0）
1	1	1	1	↑	×	×	×	×	计数				加法计数

②同步十进制计数器 74LS160

74LS160 的管脚排列及逻辑符号如图 5-35 所示，它的功能表如表 5-14 所示（与 74LS161 相同），但输出只有 0000～1001 共 10 个状态，在 1001 时产生进位输出信号，74LS160 内部逻辑结构如图 5-36 所示。

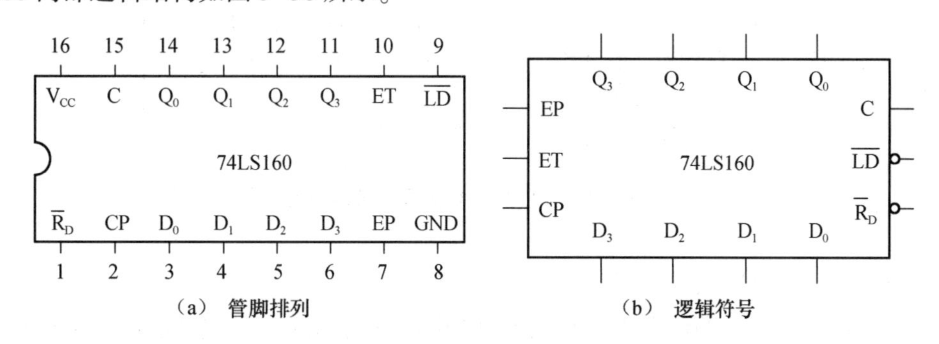

（a） 管脚排列　　（b） 逻辑符号

图 5-35　74LS160 管脚排列与逻辑符号

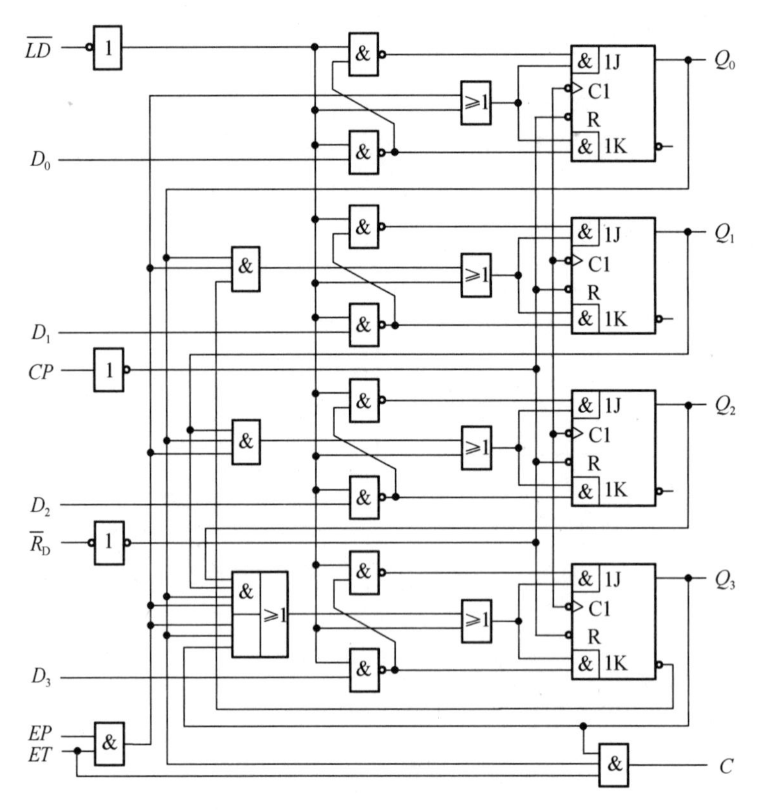

图 5-36 74LS160 内部逻辑图

3. 异步计数器

(1) 异步八进制加法计数器

八进制加法计数器的计数规律如表 5-12 所示,可以看出它的构成规律:最低位 Q_0 总是处于翻转状态,Q_1 是在 Q_0 由 1→0 时翻转,Q_2 是在 Q_1 由 1→0 时翻转。

如果用 3 个下降沿 T′触发器构成,则 $J_0=K_0=J_1=K_1=J_2=K_2=1$。$Q_0$ 的 CP 由外部时钟 CP_0 提供,Q_1 的 CP_1 由 Q_0 提供,Q_2 的 CP_2 由 Q_1 提供,则 Q_0、Q_1、Q_2 均是在时钟满足条件时翻转,电路图如图 5-37 所示。

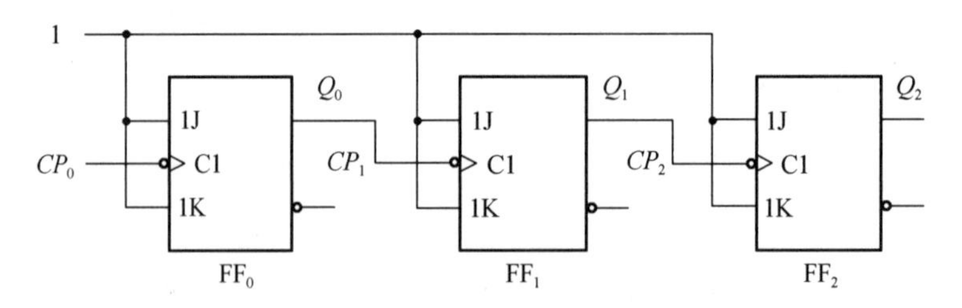

图 5-37 异步八进制加法计数器电路图

(2) 异步八进制减法计数器

八进制减法计数器的计数规律与表 5-12 中的方向相反,它的构成规律:最低位 Q_0 总是处于翻转状态,Q_1 是在 Q_0 由 0→1 时翻转,Q_2 是在 Q_1 由 0→1 时翻转,用上升沿 JK 触发器构成的异步八进制减法计数器的电路图如图 5-38 所示。

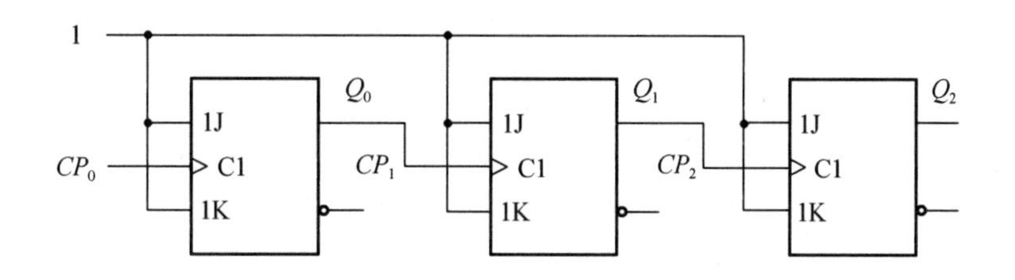

图 5-38 异步八进制减法计数器电路图

3. 任意进制计数器

在集成计数器芯片中,大多为十进制或多位二进制产品。人们在实际应用计数器时,需要的计数器模多种多样,如时钟电路中,秒转换为分、分转换为小时需要六十进制计数器,小时转换为日需要二十四进制计数器,日转换为周需要七进制计数器,日转换为月需要二十八、三十、三十一进制计数器。这样我们需要根据现有的集成产品设计任意进制的计数器。

现在有 N 进制计数器产品,但需要 M 进制计数器,如何设计?

(1) $M<N$,这时只需要一片 N 进制计数器。在计数器进制中,设法跳过($N-M$)个状态,实现的方法有置零法和置数法。

① 置零法:计数器从全零状态 S_0 开始计数,计满 M 个状态后产生清零信号,使计数器恢复到初始态 S_0,然后再重复上述过程。

a. 异步清零法:有异步清零功能的集成芯片,如 74LS160、74LS161 采用这种方法。

原理:N 进制计数器从全零状态 S_0 开始→接收 M 个计数脉冲→进入 S_M 状态→清零控制端 $R_D=1$ 或 $\overline{R}_D=0$→立刻返回 S_0 状态→跳过了($N-M$)个状态。其状态转换图如图 5-39 所示。

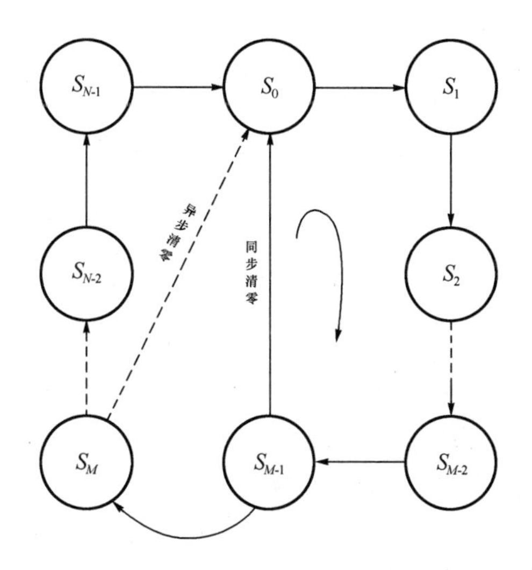

图 5-39 设计 M 进制计数器的状态转换图(异步清零法)

电路进入 S_M 状态后，立即又被置成 S_0 状态，S_M 状态仅在的瞬间出现，在稳定的循环中不包含 S_M 状态。

b. 同步清零法：有同步清零功能的集成芯片，如 74LS163 采用这种方法。

与异步清零法类似，这种方法只是在 S_{M-1} 状态产生清零信号→等待下一个 CP 到来→返回 S_0。

注意两种方法的区别：一是产生清零的控制信号起作用时是否受时钟脉冲控制，二是产生清零的信号状态是否为稳定状态。

② 置数法：它可以通过预置功能使计数器从某个预置状态 S_i 开始计数，计满 M 个后产生置数信号，使计数器又进入预置状态 S_i，然后再重复上述过程。

a. 同步置数法：有同步置数功能的集成芯片，如 74LS160、74LS161 采用这种方法。

原理：N 进制计数器从任一状态 S_i 开始→接收 M 个计数脉冲→进入 S_{i+M-1} 状态→置数控制 $LD=1$ 或 $\overline{LD}=0$→等待下一个 CP 到来→返回 S_i，跳过了$(N-M)$个状态，其状态转换图如图 5-40 所示。

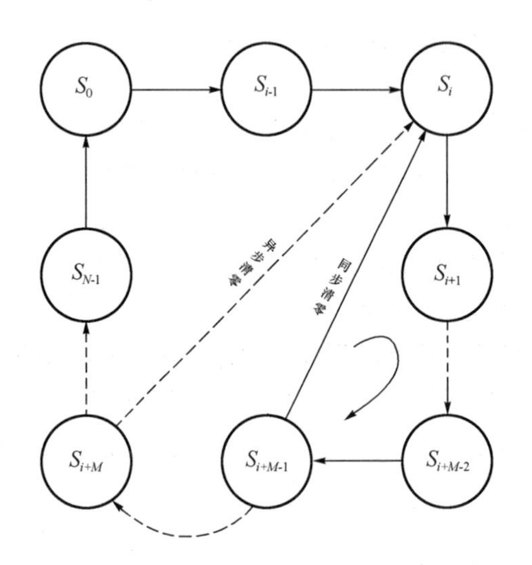

图 5-40　设计 M 进制计数器的状态转换图(同步置数法)

b. 异步置数法：有异步置数功能的集成芯片，如 74LS193 采用这种方法。

原理：从任一状态 S_i 开始→在 S_{i+M} 状态→置数控制端 $LD=1$ 或 $\overline{LD}=0$→立刻返回 S_i。

置数法和清零法区别：置数法的计数状态不一定从全零状态开始，置数操作可以在任意状态进行。

（2）$M>N$，这时需要多片 N 进制计数器。

M 可以分解为两个小于 N 的因数相乘，即 $M=N_1\times N_2$，多级之间连接方式如下。

① 串行进位方式：用低位计数器的进位输出信号 L 作为高位计数器的时钟信号，各级计数器的使能端始终处于有效状态，低位计数器的模就是两片之间的进位关系。

② 并行进位方式：各级计数器的 CP 端接到一起，用低位计数器的进位输出信号 L 控制高低计数器的使能 EP、ET，低位计数器的模就是两片之间的进位关系。

③ 整体置数法：多片 N 进制计数器先用并行进位方式拼成 $M_1=N\times N$ 进制的计数器，然后用置数法设计成 M 进制的计数器，根据使用芯片的功能，选择同步置数法或异步置数法。

④ 整体清零法:多片 N 进制计数器先用并行进位方式拼成 $M_1=N\times N$ 进制的计数器,然后用清零法设计成 M 进制的计数器,根据使用芯片的功能,选择同步清零法或异步清零法。

【例 5-7】 用同步十六进制计数器 74LS161 构成二十三进制计数器。

解:首先分析 23>16,所以要用 2 片 74LS161 设计。其次分析 23 是素数,不能被分解,所以只能用整体置数法或整体清零法调序。如果设计的有效状态是 0~22,用 74LS161 设计,两片之间是 16 进制的,所以产生反馈置数的状态是 16H,产生异步清零的状态是 17H。

整体置数法电路如图 5-41 所示,整体清零法电路如图 5-42 所示。

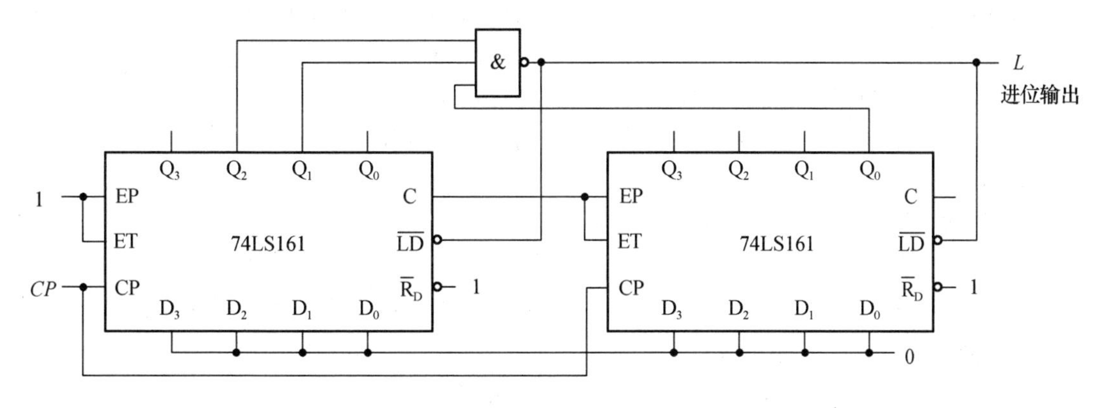

图 5-41 整体置数法电路

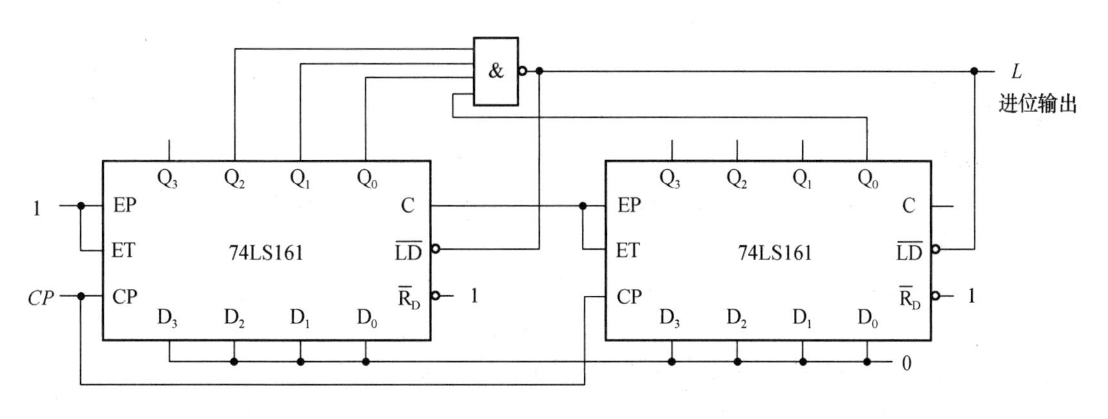

图 5-42 整体清零法电路

第 5 章习题

5.1 具有记忆和存储功能的电路属于时序逻辑电路,故(　　)电路是时序逻辑电路。

A. 译码器　　B. 寄存器　　C. 多位加法器　　D. 计数器

5.2 下列电路中,属于时序逻辑电路的是(　　)。

A. 译码器　　B. 触发器　　C. 移位寄存器　　D. 数据选择器

5.3 下列电路中,不属于时序逻辑电路的是(　　)。

A. 译码器　　B. 全加器　　C. 数码寄存器　　D. 分频器

5.4 下列电路中,不属于组合逻辑电路的是( )。

A. 译码器 B. 全加器 C. 寄存器 D. 计数器

5.5 下列电路中,属于组合逻辑电路的是( )。

A. 编码器 B. 移位寄存器 C. 触发器 D. 十进制计数器

5.6 下列逻辑电路中,属于时序逻辑电路的是( )。

A. 变量译码器 B. 加法器 C. 数码寄存器 D. 数据选择器

5.7 同步时序电路和异步时序电路比较,其差异在于后者( )。

A. 没有触发器 B. 没有统一的时钟脉冲控制

C. 没有稳定状态 D. 输出只与内部状态有关

5.8 与异步计数器比较,同步计数器的显著优点是( )。

A. 工作速度高 B. 触发器利用率高

C. 电路简单 D. 不受时钟 CP 控制

5.9 N 个触发器可以构成最大计数长度(进制数)为( )的计数器。

A. N B. $2N$ C. N^2 D. 2^N

5.10 欲设计 0、1、2、3、4、5、6、7 这几个数的计数器,如果设计合理,采用同步二进制计数器,最少应使用( )个触发器。

A. 2 B. 3 C. 4 D. 8

5.11 在异步二进制计数器中,计数从 0 至 144,需要( )个触发器。

A. 4 B. 8 C. 6 D. 10

5.12 一个五位的二进制加法计数器,由 00000 状态开始,经过 169 个输入脉冲后,此计数器的状态为( )。

A. 00111 B. 00101 C. 01000 D. 01001

5.13 N 个触发器可以构成能寄存( )位二进制数码的寄存器。

A. $N-1$ B. N C. $N+1$ D. $2N$

5.14 一位 8421BCD 码计数器至少需要( )个触发器。

A. 3 B. 4 C. 5 D. 10

5.15 5 个 D 触发器构成环形计数器,其计数长度为( )。

A. 5 B. 10 C. 25 D. 32

5.16 把一个五进制计数器与一个四进制计数器串联可得到( )进制计数器。

A. 4 B. 5 C. 9 D. 20

5.17 位移位寄存器,串行输入时经( )个脉冲后,8 位数码全部移入寄存器中。

A. 1 B. 2 C. 4 D. 8

5.18 下列电路中能够把串行数据变成并行数据的电路是( )。

A. JK 触发器 B. 3 线-8 线译码器 C. 移位寄存器 D. 十进制计数器

5.19 有一个左移移位寄存器,当预先置入 1011 后,其串行输入固定接 0,在 4 个移位脉冲 CP 作用下,四位数据的移位过程是( )。

A. 1011-0110-1100-1000-0000 B. 1011-0101-0010-0001-0000

C. 1011-1010-1101-1110-1111 D. 1011-1010-1001-1000-0111

5.20 下列各种类型的触发器中,不能用来构成移位寄存器的是( )。

A. 维持阻塞 JK 触发器 B. 同步 SR 触发器

C. 边沿 JK 触发器　　　　　　　　D. 维持阻塞 D 触发器

5.21 数字电路按照是否有记忆功能通常可分为两类:________、________。

5.22 时序逻辑电路在任一时刻的输出不仅取决于________,而且还取决于电路________。

5.23 时序逻辑电路在结构上包含________和________两部分。

5.24 时序逻辑电路按其是否有统一的时钟控制分为________时序电路和________时序电路。

5.25 同步时序逻辑电路中,所有触发器状态的变化都是在________操作下同步进行的,异步时序电路中,________各触发器的时钟信号________,因而触发器状态的变化并不都是同时发生的,且有先有后。

5.26 全面描述一个时序逻辑电路的功能,必须使用三个方程式,它们是________、________和________。

5.27 描述时序电路的逻辑功能,除逻辑方程式之外,还有另外三种方法,它们是________、________和________。

5.28 用来表示时序逻辑电路状态转换规律及输入、输出关系的有向图称为________。

5.29 若最简状态图中的状态数为 10,则所需的状态变量数至少应为________。

5.30 计数器按计数增减趋势分为________和________计数器。

5.31 某移位寄存器的时钟脉冲频率为 10 kHz,欲将存储在该寄存器中的数左移 8 位,完成该操作需要________时间。

5.32 寄存器按照功能不同可分为两类:________寄存器和________寄存器。

5.33 所谓时序逻辑电路就是在组合逻辑电路的基础上再加输出端与输入端之间的反馈回路,并在反馈回路中设有存储单元电路而构成的电路。 (　　)

5.34 时序逻辑电路不含有记忆功能的器件。 (　　)

5.35 组合逻辑电路含有记忆功能的器件。 (　　)

5.36 时序逻辑电路的特点是在任意时刻的输出信号不仅取决于该时刻输入信号的状态,而且还取决于电路原来的状态。 (　　)

5.37 数字逻辑电路的共同特点是,任何时刻的输出仅取决于当时的输入。 (　　)

5.38 一般情况下,时序逻辑电路中的存储单元由 SR 触发器或 JK 触发器、D 触发器构成。 (　　)

5.39 时序逻辑电路主要有寄存器电路、计数器电路等。 (　　)

5.40 在同步时序逻辑电路中存储电路的各触发器都受同一时钟脉冲 CP 的触发控制,因此所有触发器的状态变化都在同一时刻发生,如同时在时钟脉冲 CP 的上升沿或下降沿发生翻转。 (　　)

5.41 如果一个时序逻辑电路中的存储电路受统一时钟信号控制,则属于同步时序逻辑电路。 (　　)

5.42 同步时序逻辑电路由组合电路和存储器两部分组成。 (　　)

5.43 异步时序逻辑电路的各级触发器类型不同。 (　　)

5.44 异步时序逻辑电路中存储电路的各触发器没有统一时钟脉冲,因此各触发器状态翻转变化不是发生在同一时刻。 (　　)

5.45 译码器、计数器、全加器、顺序脉冲发生器都是时序逻辑电路。 (　　)

5.46　译码器、计数器、全加器、顺序脉冲发生器不都是组合逻辑电路。（　　）

5.47　由于每个触发器有两种稳态，因此，存储 8 位二进制数码需要 4 个触发器。（　　）

5.48　计数器是数字系统电路中应用最为广泛的基本部件，因为数字系统电路中的许多电路需要具有脉冲计数功能，计数器就是能够对输入脉冲进行加法计数或减法计数。（　　）

5.49　计数器除进行脉冲计数应用外，没有其他作用。（　　）

5.50　计数器的模是指输入的计数脉冲的最多个数。（　　）

5.51　计数器的模是指构成计数器的触发器的个数。（　　）

5.52　所谓异步计数器指计数脉冲是从最低位触发器的输入端输入，其他各级触发器则是由低位的触发器来触发。（　　）

5.53　设计一个同步模 5 递增计数器，需要 5 个触发器。（　　）

5.54　利用计数器，电路可以对输入脉冲信号进行分频。（　　）

5.55　所谓分频就是降低输入脉冲信号的频率。（　　）

5.56　输入脉冲信号的频率是 10 MHz，当对其进行五分频后的频率就是 5 MHz。（　　）

5.57　与异步计数器比较，同步计数器的显著优点是工作速度高。（　　）

5.58　减法计数器在进行减法计数时，若本位出现 0-1 就得向高一位借 1，此时本位输出是 1。若出现 1-1 就不必向高位借 1，也就没有借 1 信号输出，此时本位输出 0。（　　）

5.59　应用移位寄存器能将正弦信号转换成与之频率相同的脉冲信号。（　　）

5.60　分析图 5-43 所示时序逻辑电路的逻辑功能，并给出时序图。

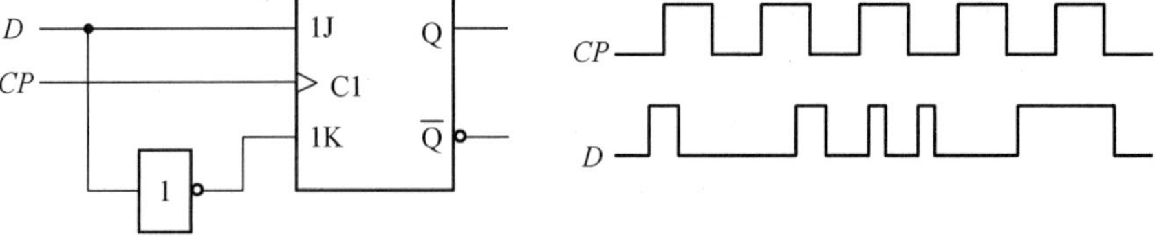

图 5-43　5.60 题图

5.61　分析图 5-44 所示的同步时序逻辑电路，画出状态图，列出状态表，并说明该电路的逻辑功能。

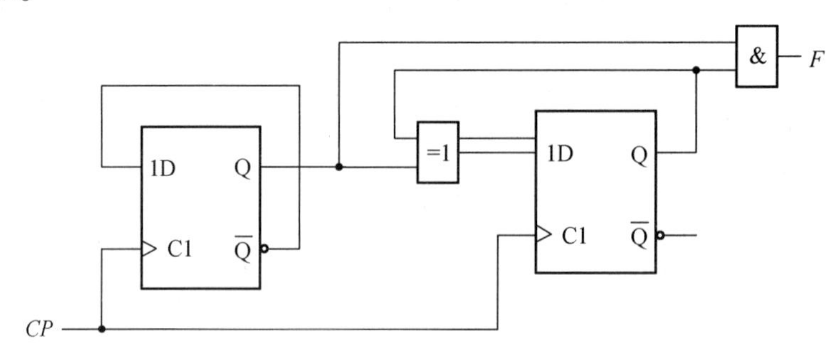

图 5-44　5.61 题图

5.62　分析图 5-45 所示的同步时序逻辑电路，要求写出驱动方程、状态方程，列出其状态真值表，画出其状态转换图。

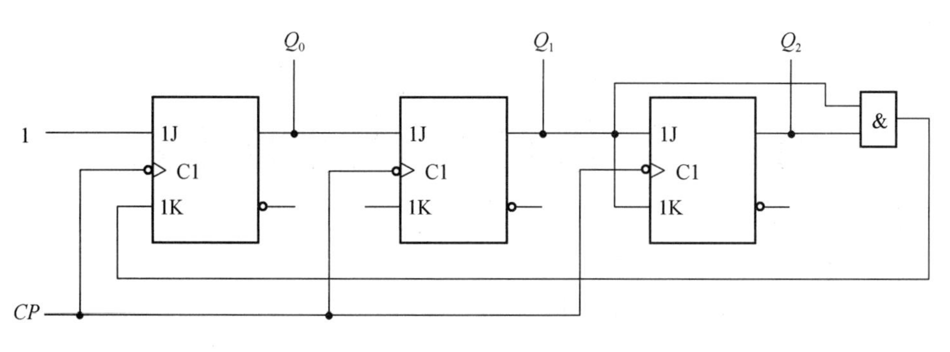

图 5-45 5.62 题图

5.63 已知如图 5-46 所示电路,回答下列问题。

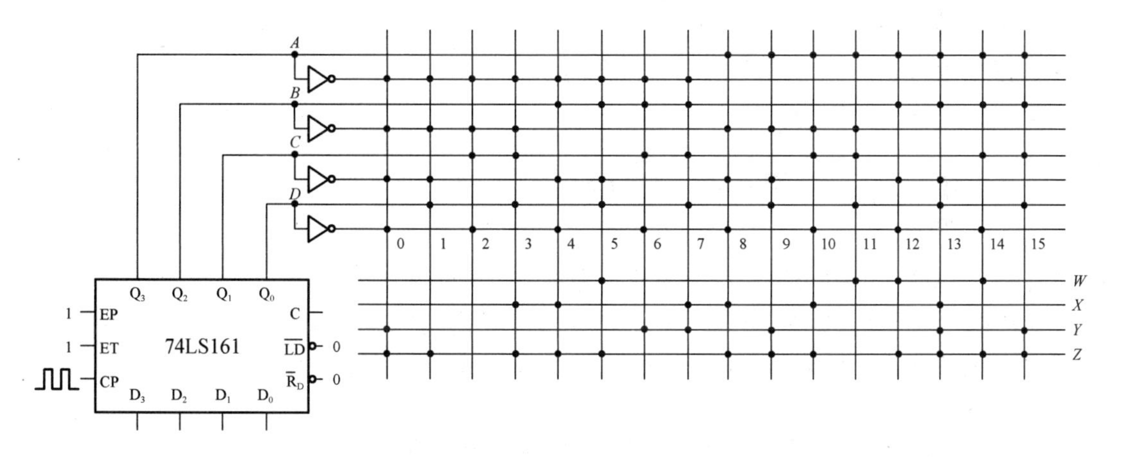

图 5-46 5.63 题图

(1) 图 5-46 为 74161 组成模值为多少的计数器?

(2) 写出 W、X、Y、Z 的函数表达式。

(3) 在 CP 作用下,画出 W、X、Y、Z 的波形,分析 W、X、Y、Z 端顺序输出 8421BCD 码的状态。

第 6 章　脉冲产生与变换电路

6.1　概　　述

矩形脉冲通常用作数字系统的同步时钟信号,波形的质量直接关系到电路能否正常工作。获取矩形脉冲主要有两种方式:一种是通过各种形式的多谐振荡器电路直接产生;另一种是通过整形电路把已有周期性变化的波形变换为满足要求的矩形脉冲,这种整形电路包括施密特触发器、单稳态触发器和多谐振荡器等。

6.2　集成 555 定时器

555 定时器是模拟功能和数字逻辑功能相结合的集成电路,优点是功耗低、输入阻抗高,配备相应的外围元器件,可以构成更多实用的电子电路,如单稳态触发器、施密特触发器和多谐振荡器等。555 定时器使用灵活方便,在信号产生、变换、控制与检测等领域中得到了广泛的应用。

555 定时器有双极型和 CMOS 型两种类型,两种类型结构及工作原理基本相同,型号分别有 NE555(或 5G555)和 C7555 等。通常,双极型 555 定时器的产品型号最后三位编码都是 555,CMOS 型 555 定时器的产品型号最后四位编码都是 7555。相比之下,双极型 555 定时器的驱动能力较强,电源电压的工作范围是+5~+16 V,最大负载电流可达 200 mA;COMS 型 555 定时器的电源电压的工作范围是+4.5~+18 V,最大负载电流在 4 mA 以下。555 定时器能直接驱动小型电机、继电器和低阻抗扬声器等电子元器件。

6.2.1　555 定时器的结构

555 定时器共有 8 个引脚,其引脚排列如图 6-1 所示。1 号引脚是接地端,2 号引脚是触发输入端,3 号引脚是输出端,4 号引脚是复位端,5 号引脚是控制电压端,6 号引脚是阈值输入端,7 号引脚是放电端,8 号引脚是电源端。

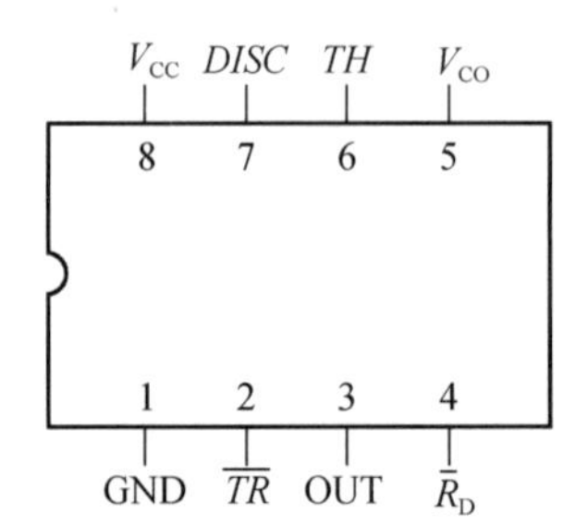

图 6-1　555 定时器引脚排列

555 定时器的电路结构如图 6-2(a)所示,逻辑符号如图 6-2(b)所示。它是由 3 个 5 kΩ 电阻、2 个电压比较器 C_1 和 C_2、一个基本 RS 锁存器、一个放电三极管 T 以及缓冲器组成。

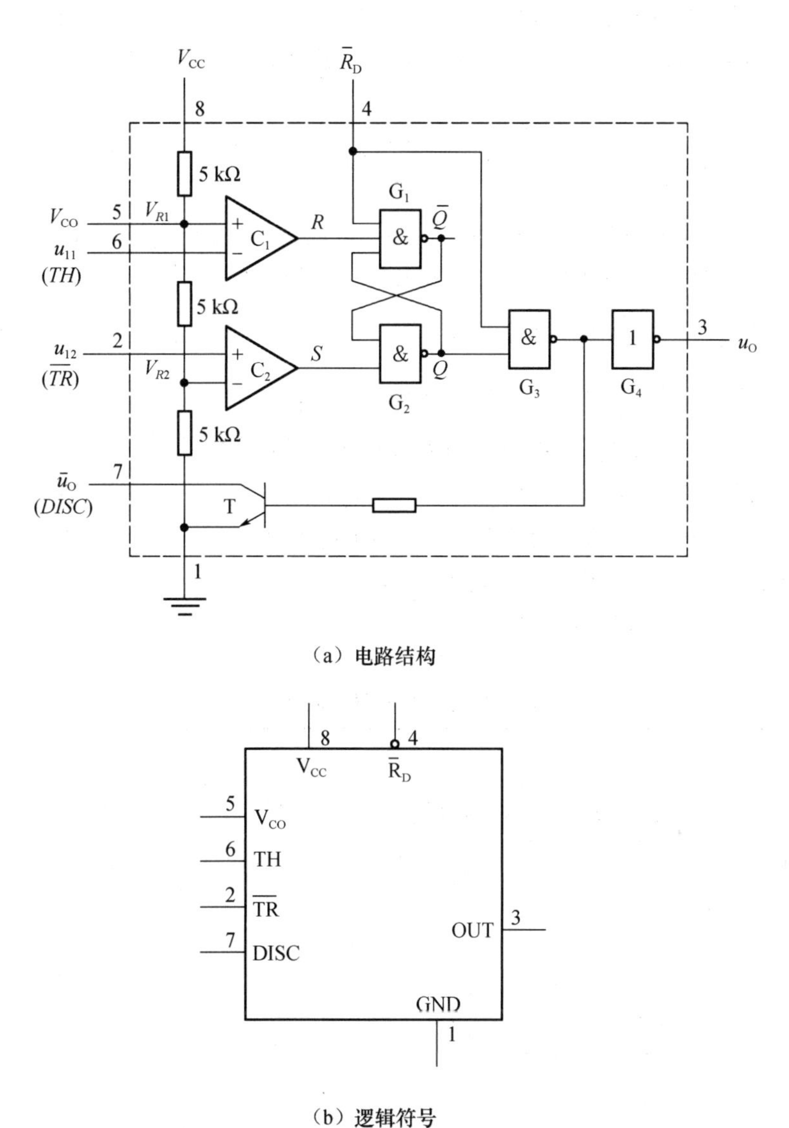

(a) 电路结构

(b) 逻辑符号

图 6-2 555 定时器的电路结构与逻辑符号

6.2.2 555 定时器的工作原理

比较器 C_1 的同相输入端(5 号引脚 V_{CO})连接在由 3 个 5 kΩ 电阻组成的分压网络的 $\frac{2}{3}V_{CC}$ 处,反相输入端(6 号引脚 TH)为阈值电压输入端,比较器 C_2 的同相输入端(2 号引脚 $\overline{TR}$)为触发电压输入端,用来启动电路,反相输入端连接在分压网络的$\frac{1}{3}V_{CC}$ 处。若电压比较器同相输入端的电压高于反相输入端的电压,则输出为 1,反之,则输出为 0。

由 G_1 和 G_2 组成的基本 RS 锁存器，当复位端输入电平 $\overline{R}_D=1$ 时有效触发。比较器 C_1 输 出端为 R 端，比较器 C_2 输出端为 S 端。当 $R=0$、$S=1$ 时，置 0，即 $Q=0$、$\overline{Q}=1$；当 $R=1$、$S=0$ 时，置 1，即 $Q=1$、$\overline{Q}=0$；当 $R=1$、$S=1$ 时，保持原有输出状态。$\overline{R}_D$ 为直接复位输入端，正常工作时，$\overline{R}_D$ 端必须接高电平。正常工作时，G_3 为输出缓冲级，$Q=0$ 时，$u_O=0$；$Q=1$ 时，$u_O=1$。

比较器的输入决定定时器的功能，比较器的输出控制 RS 锁存器和放电三极管 T 的工作状态。

控制电压端（5 号引脚 V_{CO}）是比较器 C_1 的基准电压端，通过外接元件或电压源可以改变电压值，从而改变比较器 C_1 和 C_2 的参考电压。当控制电压端接外部固定电压 V_{CO} 时，$V_{R_1}=V_{CO}$，$V_{R_2}=\frac{1}{2}V_{CO}$；当控制电压端悬空时，$V_{R_1}=\frac{2}{3}V_{CC}$，$V_{R_2}=\frac{1}{3}V_{CC}$。为了避免外部电压干扰，通常在控制电压端与地之间接一个 0.01 μF 的电容。

如图 6-2(a)所示，正常工作时，$\overline{R}_D$ 端接高电平。当 $u_{I1}>V_{R_1}$，$u_{I2}>V_{R_2}$ 时，比较器 C_1 的输出端 $R=0$，比较器 C_2 的输出端 $S=1$，基本 RS 触发器置 0，T 导通，$u_O=0$；当 $u_{I1}<V_{R_1}$，$u_{I2}>V_{R_2}$ 时，$R=1$，$S=1$，基本 RS 触发器状态保持不变，T 和 u_O 的状态也保持不变；当 $u_{I1}<V_{R_1}$，$u_{I2}<V_{R_2}$ 时，$R=1$，$S=0$，基本 RS 触发器置 1，T 截止，$u_O=1$。

555 定时器逻辑功能如表 6-1 所示

表 6-1　555 定时器逻辑功能

输入			输出	
复位 $\overline{R}_D$	阈值输入 TH	触发输入 $\overline{TR}$	输出 u_O	放电三极管 T 的状态
0	×	×	低电平	导通
1	$>\frac{2}{3}V_{CC}$	$>\frac{1}{3}V_{CC}$	低电平	导通
1	$<\frac{2}{3}V_{CC}$	$>\frac{1}{3}V_{CC}$	不变	不变
1	$<\frac{2}{3}V_{CC}$	$<\frac{1}{3}V_{CC}$	高电平	截止

6.3　施密特触发器

施密特触发器能够把输入波形整形成为矩形脉冲，其电压传输特性及工作特点如下：

(1) 施密特触发器是一种电平触发器，当输入信号达到某一定电压值时，输出电压会发生突变。

(2) 电路有两个阈值电压。输入信号增加和减少时，电路的阈值电压分别是正向阈值电压（V_{T+}）和负向阈值电压（V_{T-}），两者之差称为回差电压，回差电压 $\Delta V_T=V_{T+}-V_{T-}$。

同相与反相输出的施密特触发器电压传输特性和逻辑符号分别如图 6-3 和图 6-4 所示。

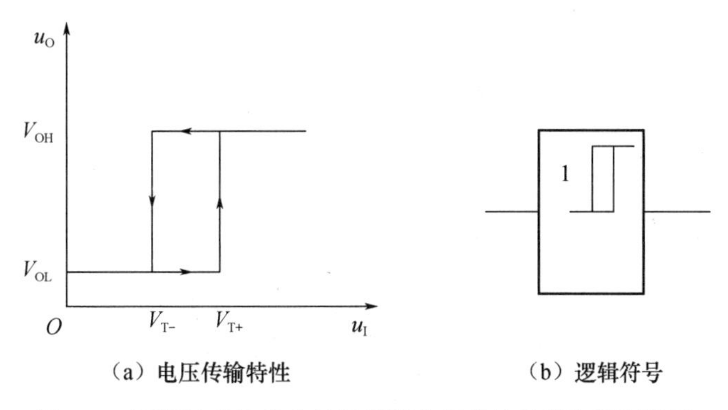

（a）电压传输特性　　（b）逻辑符号

图 6-3　同相输出的施密特触发器电压传输特性和逻辑符号

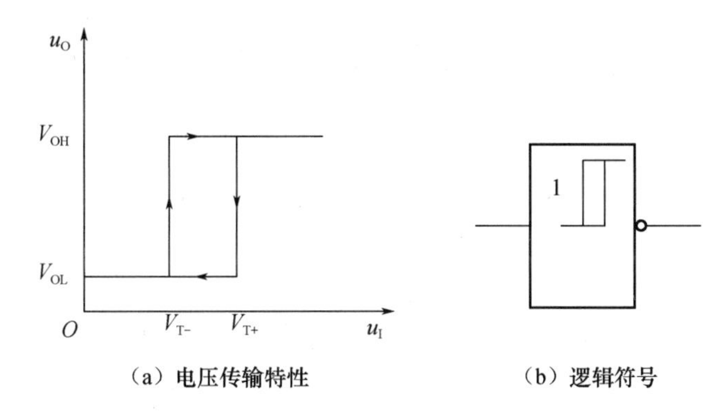

（a）电压传输特性　　（b）逻辑符号

图 6-4　反相输出的施密特触发器电压传输特性和逻辑符号

6.3.1　门电路构成的施密特触发器

采用 CMOS 反相器构成的施密特触发器电路如图 6-5 所示，电路由反相器和电阻组成。将两级反相器串接，经过分压电阻后，输出端的电压反馈回输入端，就形成了一个具有施密特触发特性的电路。

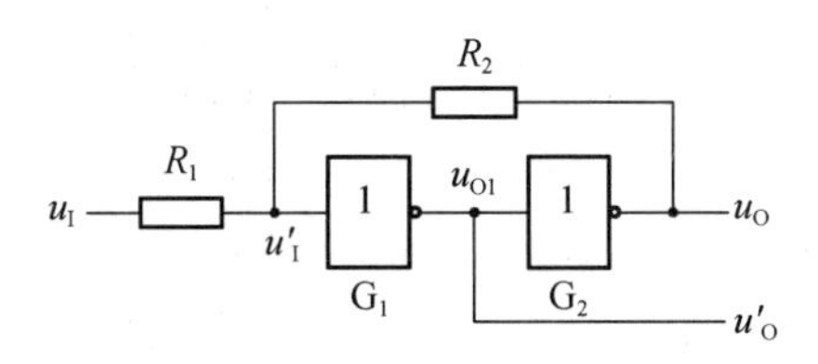

图 6-5　由 COMS 反相器构成的施密特触发器电路

假设反相器 G_1 和 G_2 是 COMS 电路，阈值电压为 $V_{TH}\approx\frac{1}{2}V_{CC}$，且 $R_1<R_2$。

当 $u_I=0$ 时，因 G_1、G_2 组成了正电路，所以 $u_O=V_{OL}\approx0$，这时 G_1 的输入 $u'_I\approx0$。

当 u_I 从 0 逐渐升高并达到 $u_I'=V_{TH}$ 时，由于 G_1 进入了电压传输特性的转折区（放大区），所以 u_I'的增加将会引发下面的正反馈过程。

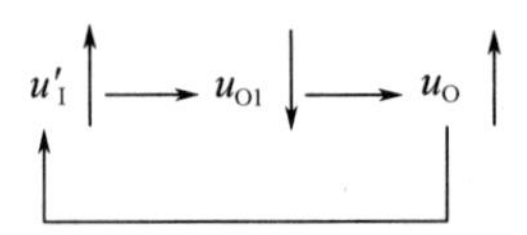

于是，电路的状态迅速地转换为 $u_O=V_{OH}\approx V_{CC}$。由此便可以求出 u_I 上升过程中电路状态发生转换时对应的输入电平。因为这时有

$$u_I'=V_{TH}\approx\frac{R_2}{R_1+R_2}V_{T+} \tag{6-1}$$

$$V_{T+}=\frac{R_1+R_2}{R_2}V_{TH}=\left(1+\frac{R_1}{R_2}\right)V_{TH} \tag{6-2}$$

当 u_I 从高电平 V_{CC} 逐渐下降并达到 $u_I'=V_{TH}$ 时，u_I'的下降会引发又一个正反馈过程。

$$u_I\downarrow\longrightarrow u_{O1}\uparrow\longrightarrow u_O\downarrow$$

使电路的状态迅速转换为 $u_O=V_{OL}\approx 0$。由此又可以求出 u_I 下降过程中电路状态发生转换时对应的输入电平 V_{T-}。因为

$$u_I'=V_{TH}=V_{CC}-(V_{CC}-V_{T-})\frac{R_2}{R_1+R_2} \tag{6-3}$$

所以

$$V_{T-}=\frac{R_1+R_2}{R_2}V_{TH}-\frac{R_1}{R_2}V_{CC} \tag{6-4}$$

将 $V_{CC}=2V_{TH}$ 代入上式后得到

$$V_{T-}=\left(1-\frac{R_1}{R_2}\right)V_{TH} \tag{6-5}$$

V_{T+}与 V_{T-}之差定义为回差电压，即

$$\Delta V_T=V_{T+}-V_{T-}=\frac{2R_1}{R_2}V_{TH} \tag{6-6}$$

根据式（6-2）和式（6-5）描绘出的电压传输特性如图 6-6（a）所示。因为 u_O 和 u_I 的高、低电平是同相的，这种形式的电压传输特性称为同相输出的施密特触发特性，同理可以描绘出反相输出的施密特触发特性，如图 6-6（b）所示。

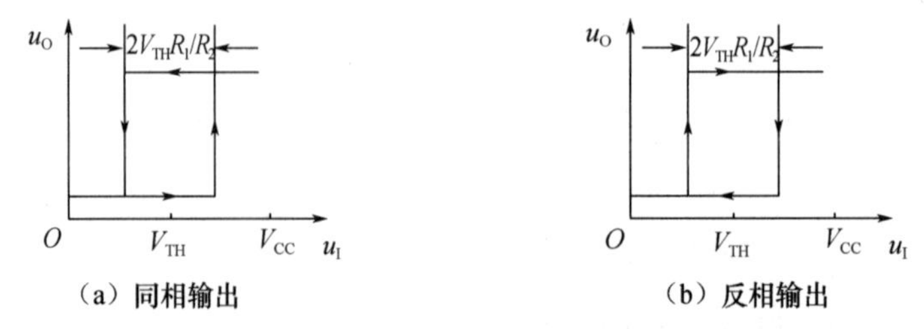

（a）同相输出　（b）反相输出

图 6-6　CMOS 反相器构成的施密特触发电路的电压传输特性

由式(6-6)可知,改变 R_1 和 R_2 的比值,就可以调节 V_{T+}、V_{T-} 和回差电压 ΔV_T 的大小。要求 $R_1<R_2$,否则电路会进入自锁状态,不能正常工作。

6.3.2 555定时器构成的施密特触发器

由555定时器构成的施密特触发器电路如图6-7(a)所示。其中,触发输入端(2号引脚$\overline{TR}$)和阈值输入端(6号引脚 TH)连接在一起,外接输入电压 u_I 是施密特触发器的输入端;复位端(4号引脚 $\overline{R}_D$)接电源 V_{CC};放电端(7号引脚 $DISC$)通过电阻 R 连接 V_{CC};控制电压端(5号引脚 V_{CO})对地接0.01 μF电容,起滤波作用,目的是增加比较电压的稳定性。

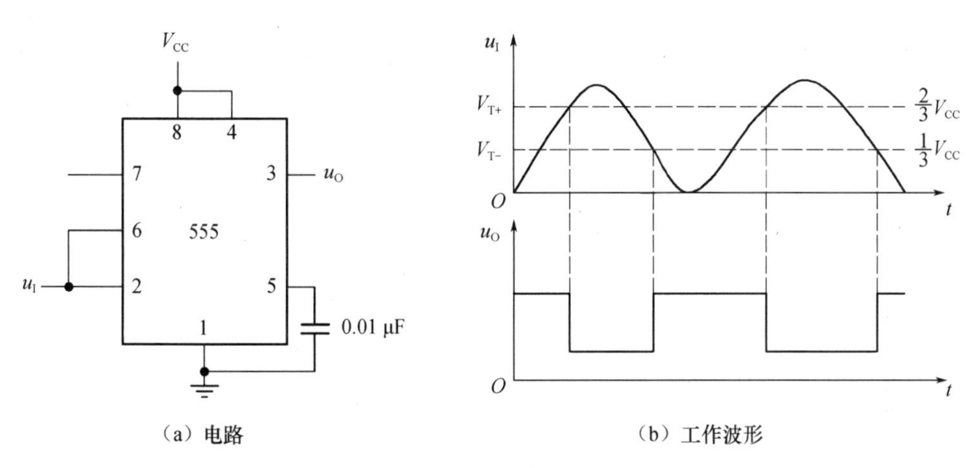

(a) 电路　　(b) 工作波形

图6-7　555定时器构成的施密特触发器

施密特触发器的工作波形如图6-7(b)所示,当 $u_I=0$ 时,比较器 C_1 输出为1、C_2 输出为0,触发器置1,即 $Q=1$、$\overline{Q}=0$、$u_O=1$。当 u_I 持续升高但未达到$\frac{2}{3}V_{CC}$ 之前,$u_O=1$ 的状态保持不变;当 u_I 升高到$\frac{2}{3}V_{CC}$ 时,比较器 C_1 输出为0、C_2 输出为1,触发器置0,即 $Q=0$、$\overline{Q}=1$、$u_O=0$。当 u_I 持续升高至达到 V_{CC} 时,$u_O=0$ 的状态保持不变;当 u_I 持续下降但未达到$\frac{1}{3}V_{CC}$ 时,$u_O=0$ 的状态依然保持不变;当 u_I 下降到$\frac{1}{3}V_{CC}$ 时,比较器 C_1 输出为1、C_2 输出为0,触发器置1,即 $Q=1$、$\overline{Q}=0$、$u_O=1$。当 u_I 持续下降达到0时,$u_O=1$ 的状态保持不变并继续重复从0上升至$\frac{2}{3}V_{CC}$ 的过程。

通过上述分析可知,由555定时器构成的施密特触发器的正向阈值电压 $V_{T+}=\frac{2}{3}V_{CC}$,负向阈值电压 $V_{T-}=\frac{1}{3}V_{CC}$,回差电压 $\Delta V_T=V_{T+}-V_{T-}=\frac{1}{3}V_{CC}$。所以,由555定时器构成的施密特触发器的传输特性取决于两个参考电压。

6.3.3 集成施密特触发器的应用

施密特触发器的用途十分广泛,在数字电路中常用于脉冲整形、波形变换和脉冲鉴幅等。

1. 脉冲整形

在数字通信系统中,脉冲信号在传输过程中经常发生畸变,如当传输线上电容较大时,波形的上升沿和下降沿会发生变形,如图 6-8(a)所示。当传输线较长,而且阻抗不匹配时,在波形的上升沿和下降沿会产生振荡,如图 6-8(b)所示。当其他脉冲信号通过导线间的分布电容或电源线叠加到矩形脉冲信号时,信号将出现附加噪声,如图 6-8(c)所示。只要 V_{T+} 和 V_{T-} 选择合适,就可以利用施密特触发器对发生畸变的脉冲进行整形并产生理想的效果。

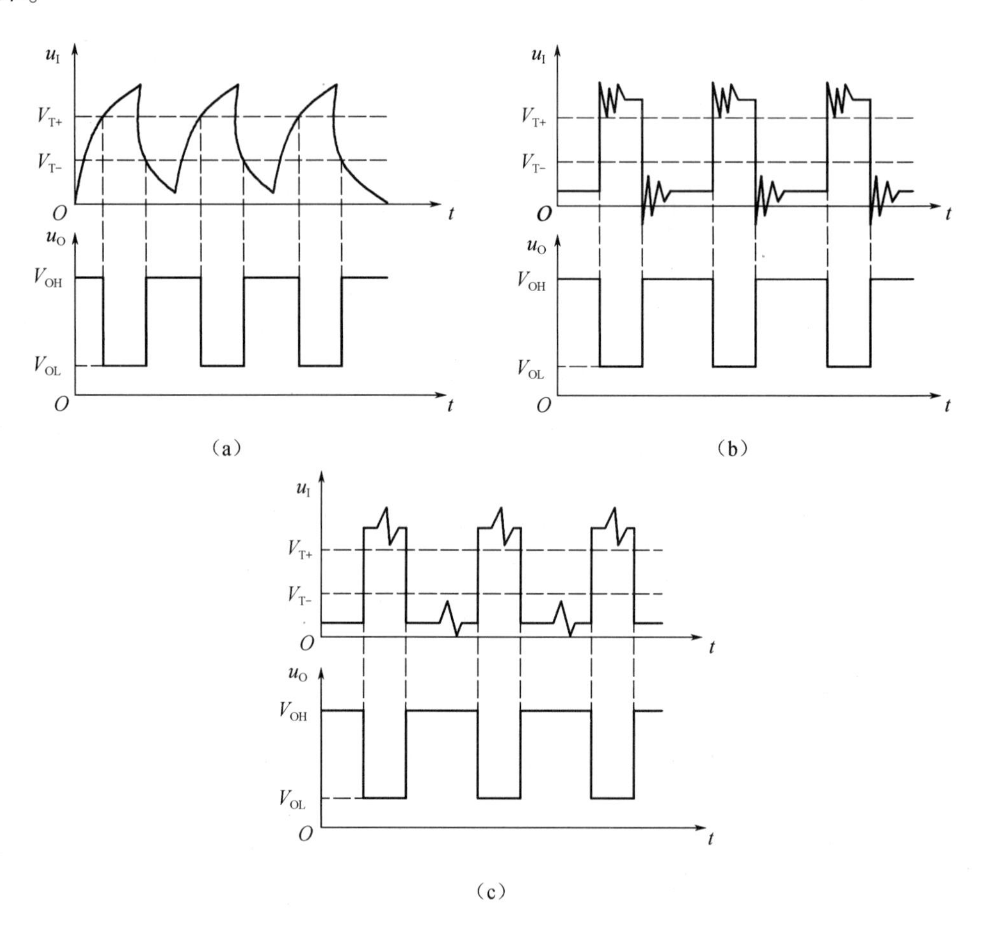

图 6-8　用施密特触发器对脉冲整形

2. 波形变换

利用施密特触发器状态转换过程中的正反馈作用,可以把边沿变化缓慢的周期信号变换为边沿很陡的矩形脉冲信号。如图 6-9 所示,输入信号为正弦波,只要输入信号的幅度大于 V_{T+},即可在施密特的输出端得到同频率的矩形脉冲信号。

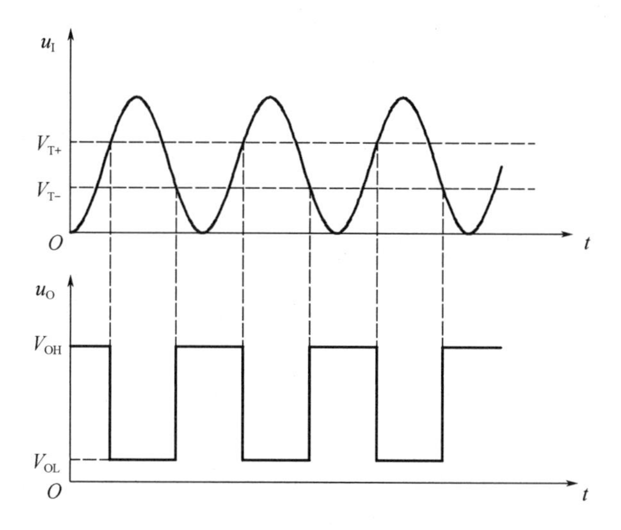

图 6-9　用施密特触发器实现波形变换

3. 脉冲鉴幅

如图 6-10 所示,将一系列幅度不等的脉冲信号加到施密特触发器的输入端,施密特触发器能将幅度大于 V_{T+} 的脉冲选出,实现脉冲鉴幅的功能。

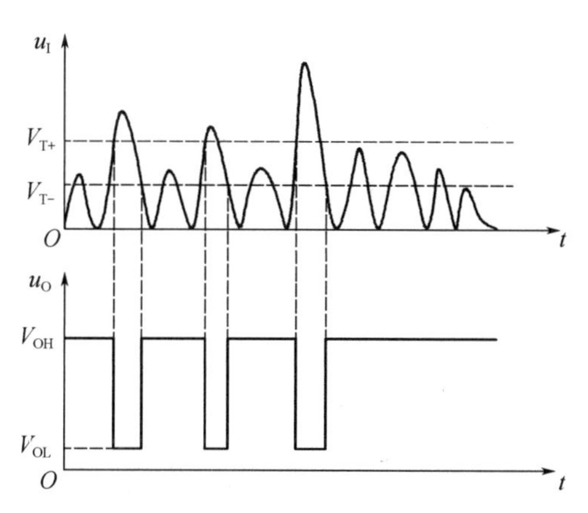

图 6-10　用施密特触发器鉴别脉冲幅度

6.4　单稳态触发器

单稳态触发器在加入触发信号后,可以由稳定状态转入暂稳态,经过一定时间后又会自动返回到原来的稳定状态。单稳态触发器在数字电路中一般用作定时、整形和延时等功能,其逻辑符号如图 6-11 所示。

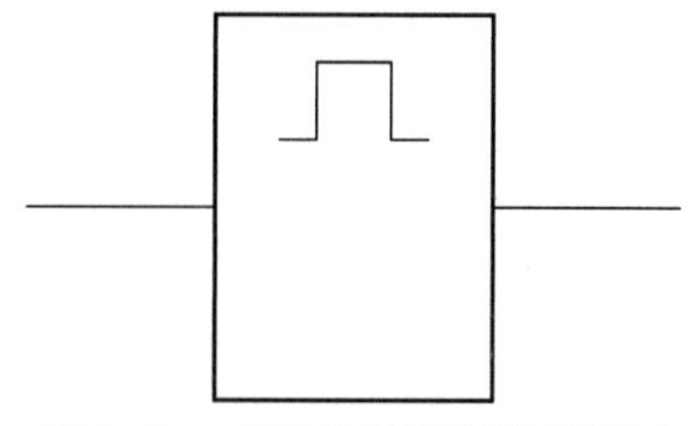

图 6-11　单稳态触发器逻辑符号

单稳态触发器具有以下特点:

（1）电路有一个稳态和一个暂稳态；

（2）电路在没有触发脉冲信号作用时处于稳定状态，在外来触发脉冲信号作用下，电路由稳态翻转到暂稳态；

（3）暂稳态不能长久保持，经过一段时间后，电路会自动返回到稳态。暂稳态的持续时间与触发脉冲无关，仅取决于电路本身的参数。

6.4.1 门电路构成的单稳态触发器

如图 6-12 所示，微分型单稳态电路由 CMOS 门电路和 RC 微分电路构成，暂稳态由 RC 电路的充、放电过程来维持。

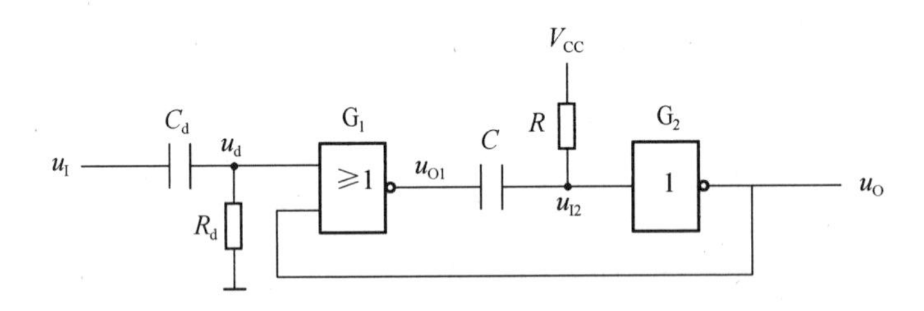

图 6-12 门电路构成的单稳态触发器

对于 CMOS 门电路，可以近似地认为 $V_{OH}=V_{CC}$，$V_{OL}\approx 0$，而且通常 $V_{TH}=\frac{1}{2}V_{CC}$。在稳态下 $u_I=0$、$u_{I2}=V_{CC}$，故 $u_O=0$、$u_{O1}=V_{CC}$，电容 C 上没有电压。

当触发脉冲 u_I 加到输入端时，在 R_d 和 C_d 组成的微分电路的输出端得到很窄的正、负脉冲 u_d。当 u_d 上升到 V_{TH} 时，将引发如下的正反馈过程：

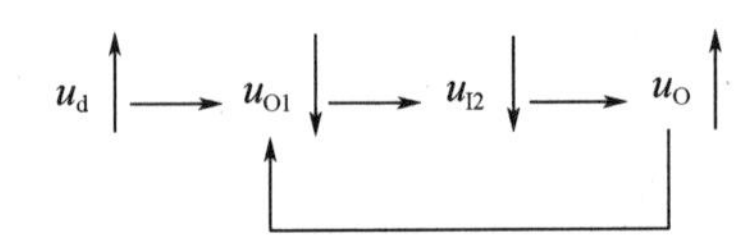

这一正反馈过程使 u_{O1} 迅速跳变为低电平，由于电容 C 上的电压不可能发生突变，所以 u_{I2} 也同时跳变到低电平，并使 u_O 跳变为高电平，电路进入暂稳态，即使 u_d 回到低电平，u_O 的高电平仍将维持。

与此同时，电容 C 开始充电，在充电过程中，u_{I2} 逐渐升高，当升到 $u_{I2}=V_{TH}$ 时，又引发另外一个正反馈过程：

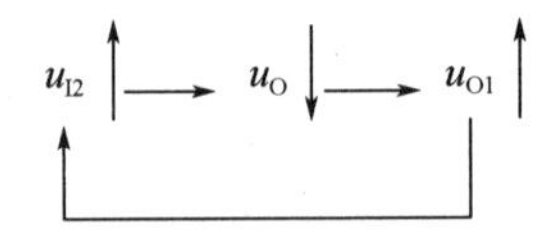

如果这时触发脉冲已经消失（u_d 已回到低电平），则 u_{O1}、u_{I2} 迅速跳变为高电平，并使输出返回 $u_O=0$ 的状态。同时，电容 C 通过电阻 R 和门 G_2 的输入保护电路使 V_{CC} 放电，直到电容上的电压为 0，电路恢复到稳定状态。

根据以上分析,即可画出电路中各点的电压波形,如图 6-13 所示。

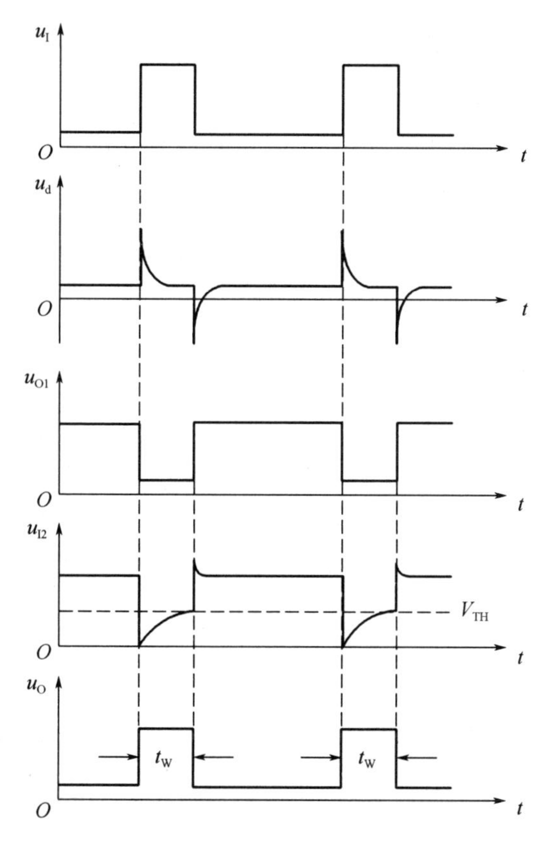

图 6-13 门电路构成的单稳态触发器电路的电压波形图

通常使用输出脉冲宽度 t_W、输出脉冲幅度 V_m、恢复时间 t、分辨时间 t_d 等参数描述单稳态电路的性能。如图 6-13 所示,输出脉冲宽度 t_W 等于从电容 C 开始充电到 u_{I2} 上升至 V_{TH} 的时间。电容 C 充电的等效电路如图 6-14 所示,R_{ON} 是或非门 G_1 输出低电平时的输出电阻。在 $R_{ON}=R$ 的情况下,等效电路可以简化为简单的 RC 串联电路。

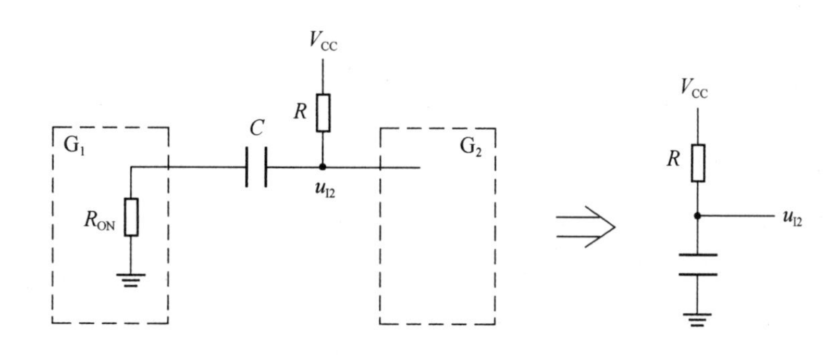

图 6-14 微分型单稳态电路中电容 C 充电的等效电路

在电容 C 的充、放电过程中,电压 u_C 从充、放电开始到变换至某一数值 V_{TH} 所经过的时间为

$$t = RC\ln \frac{u_C(\infty) - u_C(0)}{u_C(\infty) - V_{TH}} \tag{6-7}$$

式中　$u_C(0)$——电容电压的起始值；

$u_C(\infty)$——电容电压充、放电结束值。

如图 6-13 所示，t_W 为电容电压从 0 充至 V_{TH} 时所用的时间。将 $u_C(0)=0$、$u_C(\infty)=V_{CC}$ 代入式(6-7)得到：

$$t_W = RC\ln \frac{V_{CC} - 0}{V_{CC} - V_{TH}} = RC\ln 2 = 0.69RC \tag{6-8}$$

输出脉冲的幅度为

$$V_m = V_{OH} - V_{OL} \approx V_{CC} \tag{6-9}$$

在 u_O 返回低电平后，还要等到电容 C 放电完毕，电路才恢复为起始的稳态。一般认为，经过 3~5 倍于电路时间常数后，RC 电路基本达到稳态。电容 C 放电的等效电路如图 6-15 所示，VD_1 是反相器 G_2 输入保护电路中的二极管。如果 VD_1 的正向导通电阻 $R \leqslant R_{ON}$，则恢复时间为

$$t_{re} = (3 \sim 5)R_{ON}C \tag{6-10}$$

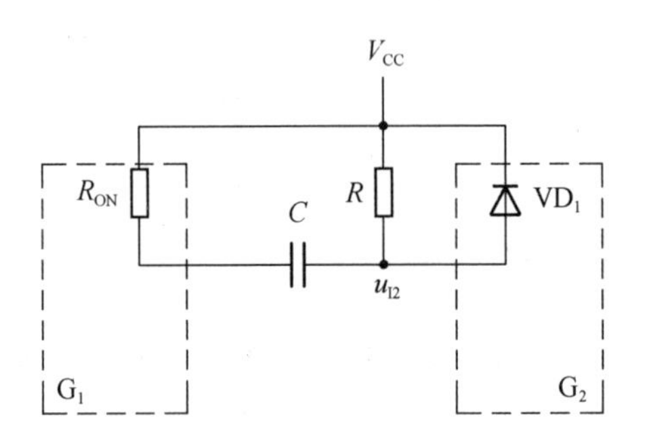

图 6-15　微分型单稳态电路中电容 C 放电的等效电路

分辨时间 t_d 是指在保证电路能正常工作的前提下，允许两个相邻触发脉冲之间的最小时间间隔：

$$t_d = t_W + t_{re} \tag{6-11}$$

6.4.2　555 定时器构成的单稳态触发器

1. 电路组成及工作原理

使用 555 定时器构成的单稳态触发器电路及工作波形如图 6-16 所示，以触发输入端(2 号引脚 $\overline{TR}$)作为输入触发端，下降沿触发；复位端(4 号引脚 $\overline{R}_D$)接电源 V_{CC}，放电端(7 号引脚 DISC)通过电阻 R 接 V_{CC}，通过电容 C 接地；同时放电端和阈值输入端(6 号引脚 TH)连接在一起；控制电压端(5 号引脚 V_{CO})对地接 0.01 μF 电容，起滤波作用，防止干扰。

(1) 稳定状态：当电路无触发信号时，u_I 保持高电平($u_I > \frac{1}{3}V_{CC}$)。在接通电源后，电源通过电阻 R 对电容 C 充电。当电容上的电压 $u_C > \frac{2}{3}V_{CC}$ 时，$R=0$，$S=1$，基本 RS 触发器置 0

($Q=0$),输出信号 u_O 为低电平。同时,三极管 T 导通,电容 C 迅速放电使 u_C 为 0。此时 $R=1,S=1$,基本 RS 触发器保持状态不变,输出端 u_O 保持低电平。上述分析表明,电路通电后在没有触发信号时,电路只有一种稳定状态,$u_O=0$。

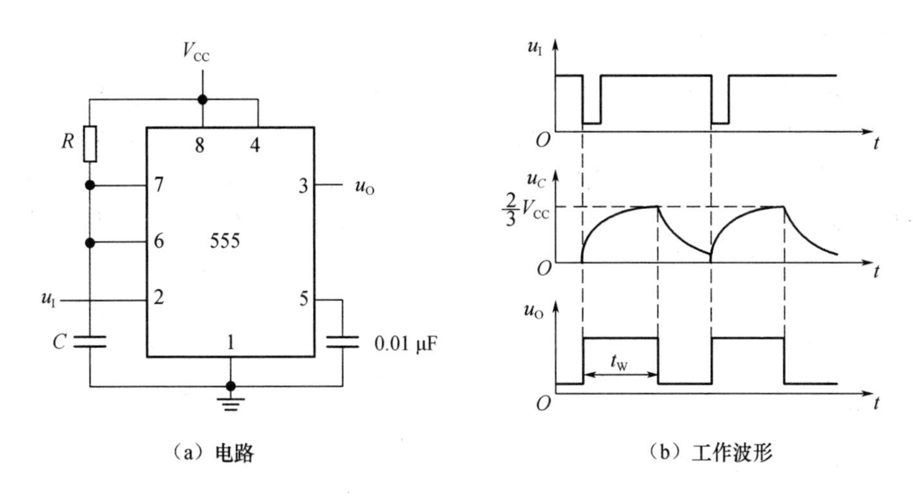

(a) 电路　　(b) 工作波形

图 6-16　555 定时器构成的单稳态触发器

(2) 暂稳态:当 u_I 下降沿到达时,555 定时器输入端由高电平跳变为低电平($u_I<\frac{1}{3}V_{CC}$)。此时 $R=1,S=0$,基本 RS 触发器置 1($Q=1$),输出信号 u_O 由低电平跳变为高电平,电路由稳态转入暂稳态。同时三极管 T 截止,电源经电阻 R 向电容 C 充电,充电时间常数 $\tau_1=RC$。在电容电压 v_C 上升到阈值电压$\frac{2}{3}V_{CC}$之前,电路将保持暂稳态不变。

(3) 恢复过程:随着对电容 C 的充电,电容的电压逐渐升高。当 $u_C>\frac{2}{3}V_{CC}$ 时(此时 u_I 已恢复至高电平),$R=0,S=1,Q=0$,输出信号 u_O 由高电平跳变为低电平,电路由暂稳态恢复到稳定状态,单稳态触发器又重新接收触发信号。当输出电压 u_O 由高电平跳变为低电平,三极管 T 转换为饱和导通状态。电容 C 通过 T 放电,放电时间常数 $\tau_2=R_{CES}C$,其中 R_{CES} 为 T 的饱和导通电阻,阻值非常小,因此 τ_2 值也非常小。经过$(3\sim5)\tau_2$ 后,电容 C 放电完毕,恢复过程结束。

2. 主要参数计算

通过上述分析,电路输出脉冲宽度 t_W 等于暂稳态持续的时间,也就是电容 C 充电过程中电容电压 u_C 从 0 上升到$\frac{2}{3}V_{CC}$ 所用的时间。根据电容 C 的充电过程可知,$u_C(0_+)=0$、$u_C(\infty)=V_{CC}$、$u_C(t_W)=\frac{2}{3}V_{CC}=V_T$,因此,输出脉冲的宽度 t_W 为

$$t_W=RC\ln\frac{u_C(\infty)-u_C(0_+)}{u_C(\infty)-V_T}=RC\ln 3\approx 1.1RC \qquad (6-12)$$

由式(6-12)可知,暂稳态的持续时间仅取决于电路本身的参数,即外接定时元件 R 和 C,而与外界触发脉冲信号无关,增大 R 或 C 即可延长暂稳态的时间。通常,电阻 R 的

取值在几百欧姆至几兆欧姆之间，电容 C 的取值在几百皮法至几百微法之间，脉冲宽度 t_W 可以从几微秒到几分钟。需要注意的是，随着 t_W 宽度的增加，其精度和稳定度都会下降。

6.4.3 集成单稳态触发器

因单稳态触发器应用十分广泛，目前存在多种集成单稳态触发器产品，如 TTL 系列的 74121、74122、74123 等，CMOS 系列的 CC14528、CC4098 等。这些集成单稳态触发器产品在使用时，仅需要很少的外接元件与连线，其余电路都集成在一个芯片中，使用起来极为方便。集成单稳态触发器产品具有定时范围宽、稳定性好、使用方便等优点。根据电路工作特性的不同，集成单稳态触发器分为可重复触发和不可重复触发两种，其工作波形如图 6-17 所示。

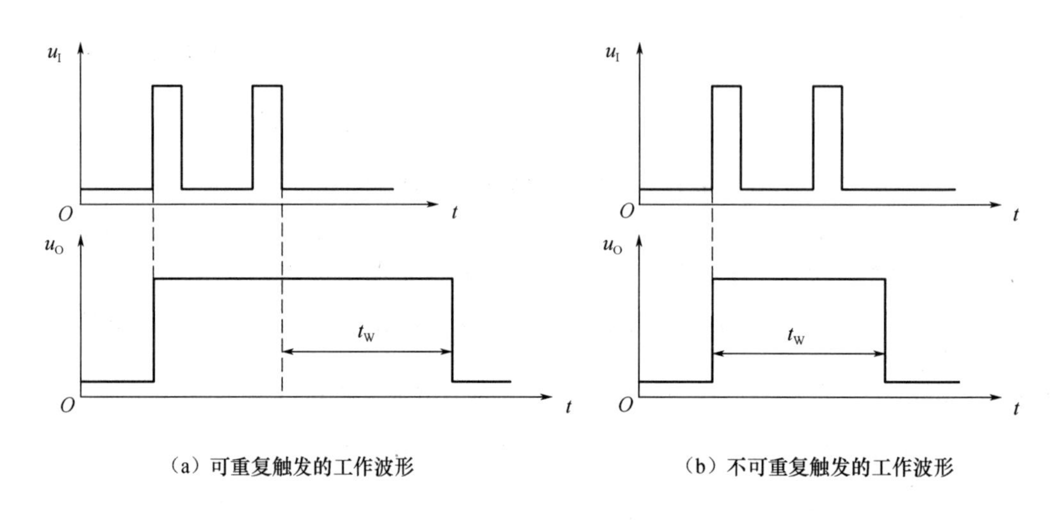

（a）可重复触发的工作波形　　（b）不可重复触发的工作波形

图 6-17　两种集成单稳态触发器的工作波形

不可重复触发的单稳态触发器一旦被触发进入暂稳态以后，即使再加入触发脉冲也不会影响电路的工作过程，必须在暂稳态结束以后，才能接收下一个触发脉冲而转入下一个暂稳态，不可重复触发的单稳态触发器有 74121、74221 等型号。可重复触发的单稳态触发器在电路被触发而进入暂稳态以后，如果再次加入触发脉冲，电路将会被重新被触发，输出脉冲会继续维持一个 t_W 宽度，可重复触发的单稳态触发器有 74122、74123 等型号。有些集成单稳态触发器上还设有复位端（如 74221、74122、74123 等），通过复位端加入低电平信号能立即终止暂稳态过程，使输入返回低电平。

1. 不可重复触发的集成单稳态触发器 74121

（1）电路连接

74121 是一种不可重复触发的集成单稳态触发器，其引脚排列如图 6-18 所示。

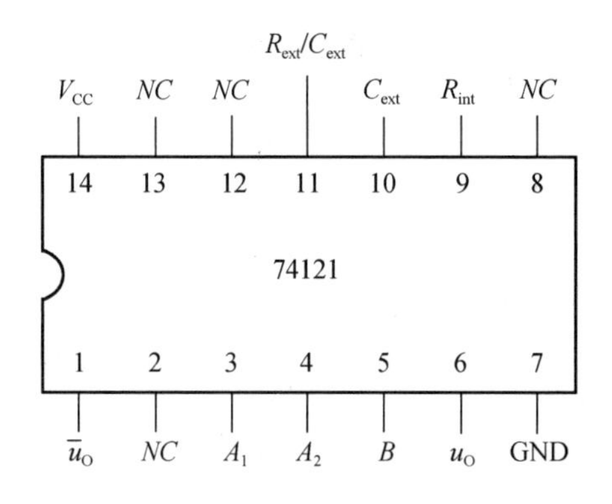

图 6-18　74121 引脚排列

74121 有两种触发方式:下降沿触发和上升沿触发。A_1(3 号引脚)和 A_2(4 号引脚)是两个下降沿有效的触发信号输入端,B(5 号引脚)是上升沿有效的触发信号输入端。u_O(6 号引脚)和 $\bar{u}_O$(1 号引脚)是两个状态相反的输出端,R_{int}(9 号引脚)是内置阻值为 2 kΩ 定时电阻的引出端,R_{ext}/C_{ext}(11 号引脚)和 C_{ext}(10 号引脚)是外接定时电阻和电容的连接端。使用时,外接定时电阻 R_{ext} 的一端接 V_{CC}(14 号引脚),另一端接 R_{ext}/C_{ext},外接定时电容 C 的一端接 C_{ext},另一端接 R_{ext}/C_{ext}。若 C 是电解电容,则其正极接 C_{ext},负极接 R_{ext}/C_{ext},并将 R_{int} 与 V_{CC} 连接起来。74121 的外接定时电容、电阻的连接方法如图 6-19 所示,图 6-19(a)是使用外部电阻 R_{ext} 且电路为上升沿触发连接方式,图 6-19(b)是使用内部电阻 R_{int} 且电路为下降沿触发方式连接。

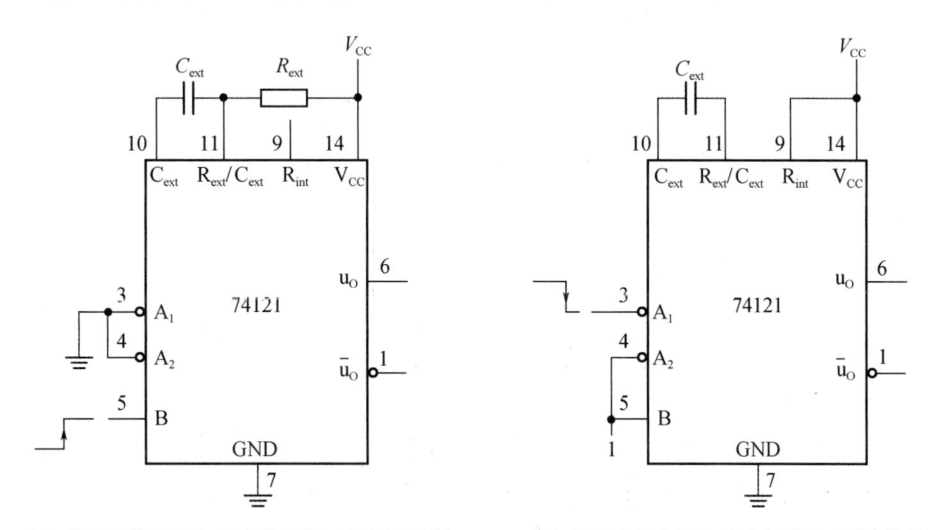

(a) 使用外接电阻R_{ext}的电路连接(上升沿触发)　　(b) 使用内部电阻R_{int}的电路连接(下降沿触发)

图 6-19　74121 定时电容、电阻的连接方法

(2) 主要参数

①输出脉冲宽度 t_W

$$t_W = RC\ln 2 \approx 0.7RC \tag{6-13}$$

使用外接电阻时脉冲宽度为

$$t_W \approx 0.7R_{ext}C \tag{6-14}$$

使用内部电阻时脉冲宽度为

$$t_W \approx 0.7R_{int}C \tag{6-15}$$

② 输入触发脉冲最小周期 T_{min}

$$T_{min} = t_W + t_{re} \tag{6-16}$$

③ 周期性输入触发脉冲占空比 q

$$q = \frac{t_W}{T} \tag{6-17}$$

最大占空比为

$$q_{max} = \frac{t_W}{T_{min}} = \frac{t_W}{t_{re} + t_W} \tag{6-18}$$

上述公式中,T 是输入触发脉冲的重复周期;t_W 是单稳态触发器的输出脉冲宽度;t_{re} 是恢复时间。

(3)逻辑功能

74121 的逻辑功能如表 6-2 所示。

表 6-2　74121 的逻辑功能

输入			输出		
A_1	A_2	B	u_O	$\overline{u}_O$	工作特征
0	×	1	0	1	保持稳态
×	0	1	0	1	
×	×	0	0	1	
1	1	×	0	1	
1	↓	1	⊓	⊔	下降沿触发
↓	1	1	⊓	⊔	
↓	↓	1	⊓	⊔	
0	×	↑	⊓	⊔	上升沿触发
×	0	↑	⊓	⊔	

根据 74121 的逻辑功能表可知,电路输出正脉冲需要具备下列条件:

①A_1 和 A_2 两个输入中至少有一个为低电平,且 B 产生由 0 到 1 的正跳变。

②B 为高电平,且 A_1 和 A_2 中至少有一个产生由 1 到 0 的负跳变。

(4) 工作波形

由 74121 的逻辑功能表得到对应的工作波形如图 6-20 所示。

2. 可重复触发的集成单稳态触发器

74123 是一种可重复触发的集成单稳态触发器,并具有复位功能,其引脚排列如图 6-21 所示。

74123 是将两个独立的可重复单稳态触发器集成在一个芯片中。A(1、9 号引脚)和 B(2、10 号引脚)是两对触发输入端,A 为下降沿触发,B 为上升沿触发;$\overline{R}_D$(3、11 号引脚)为直接复位端，u_O（5、13号引脚）和 $\bar{u}_O$（4、12号引脚）是两个状态相反的输出端。外接定时电容 C_{ext} 与外接电阻 R_{ext}、内部电阻 R_{int} 的接法与74121相同，74123的逻辑功能如表6-3所示。

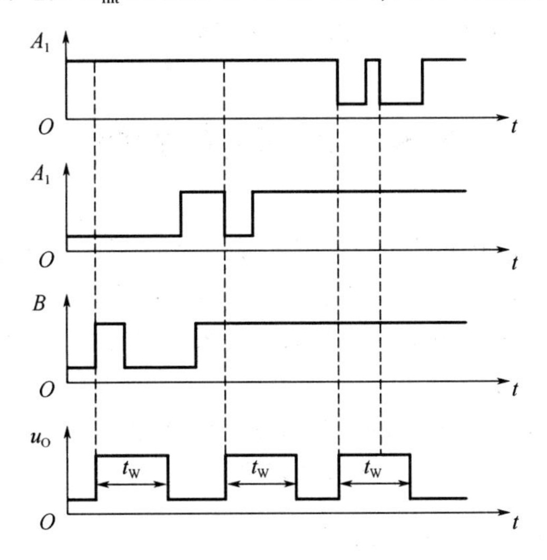

图 6-20　74121 的工作波形

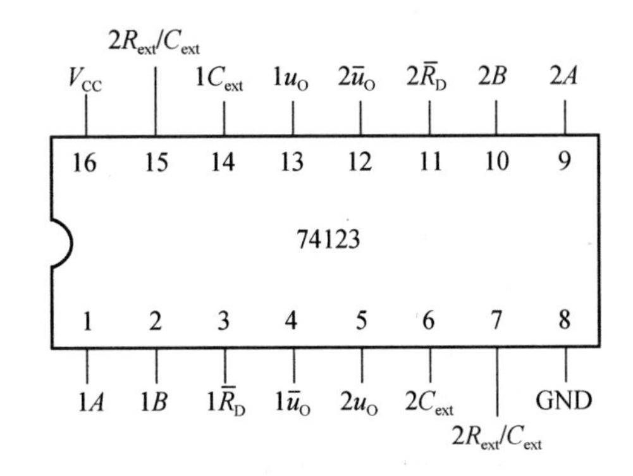

图 6-21　74123 的引脚排列

表 6-3　74123 的逻辑功能

输入			输出	
$\bar{R}_D$	A	B	u_O	$\bar{u}_O$
0	×	×	0	1
×	1	×	0	1
×	×	0	0	1
1	0	↑	⊓	⊔
1	↓	1	⊓	⊔
↑	0	1	⊓	⊔

当定时电容 C_{ext}>1 000 pF 时，74123 输出的脉冲宽度为

$$t_W \approx 0.54R_{ext}C_{ext} \tag{6-19}$$

在输出脉冲宽度结束之前重新输入触发信号,利用集成单稳态触发器 74123 可以产生持续时间很长的输出脉冲,从而延长了输出脉冲的宽度。

6.5 多谐振荡器

多谐振荡器是产生矩形脉冲的自激振荡器,是典型的脉冲产生电路,在接通电源之后,不需要外加触发信号就会自动产生一定频率和幅值的矩形脉冲或方波。因产生的矩形脉冲波形中除基波外还包含谐波,所以把这种矩形波振荡器称为多谐振荡器。多谐振荡器具有下列特点:

(1) 电路工作时没有稳态,只有两个暂稳态交替变化,输出连续的矩形脉冲信号。

(2) 电路输出的高电平和低电平是自动切换的。

6.5.1 门电路构成的多谐振荡器

1. 电路组成及工作原理

由 CMOS 门电路构成的多谐振荡器电路如图 6-22 所示,电路由反相器与 R、C 元件、补偿电阻 R_S 及保护二极管组成。补偿电阻 R_S 的作用是减少电源电压变化对振荡频率的影响,一般取 $R_S=10R$。

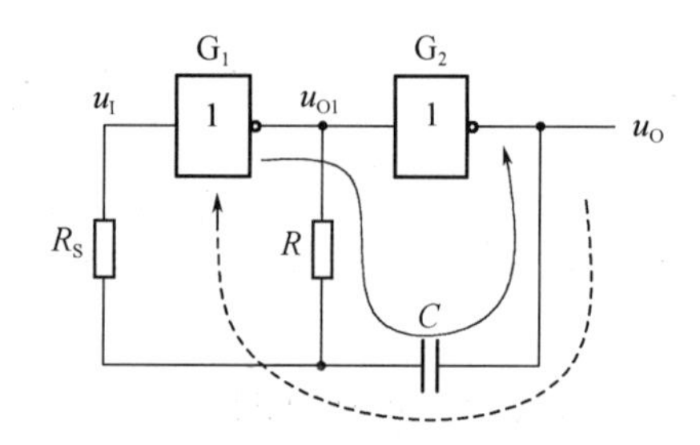

图 6-22 COMS 门电路构成的多谐振荡器电路

设电路在 $t=0$ 时接通电源,此时电容尚未充电,且非门的阈值电压 $V_{TH}=\frac{1}{2}V_{DD}$。

(1) 第一暂稳态及电路自动翻转的过程:初始状态为 $u_I=0$,G_1 截止,$u_{O1}=V_{DD}$,G_2 导通,$u_O=V_{OL}$,u_{O1} 的高电平经 R 向 C 充电,充电路径如图 6-22 中的实线所示。电容 C 上的电压随时间的增加逐渐上升,经 R_S 耦合导致 u_I 增加。当 $u_I<V_{TH}$ 时,输出始终为低电平,这个过程为第一暂稳态;当 u_I 达到 V_{TH} 时,G_1 门进入其电压传输特性转折区,电路产生如下正反馈过程:

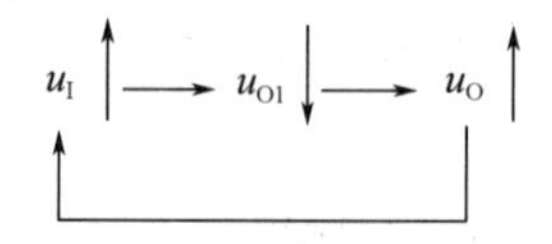

这一正反馈过程使 G_1 导通,G_2 截止,电路进入第二暂稳态,$u_I=V_{OL}$,$u_O=V_{DD}$。

(2) 第二暂稳态及电路自动翻转的过程:在进入第二暂稳态瞬间,u_O 从 0 跳变到 V_{DD},电容两端电压不能突变,u_I 也随之跳变到高电平。由于保护二极管的钳位作用,u_I 没有上升至 $V_{DD}+\Delta V_{TH}$,而是仅跳变到 $V_{DD}+\Delta V_+$,ΔV_+ 为保护二极管的正向导通电压,如图 6-23 所示。

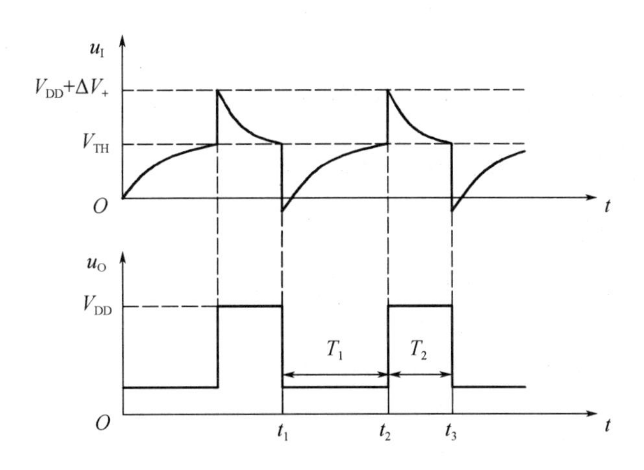

图 6-23 CMOS 门电路构成的多谐振荡器电路工作波形

此时电容 C 的高电平经 R 放电,放电路径如图 6-22 中的虚线所示。电容 C 上的电压随放电时间的增加逐渐下降,经 R_S 耦合导致 u_I 下降。当 u_I 下降至 V_{TH} 时,电路产生如下正反馈过程:

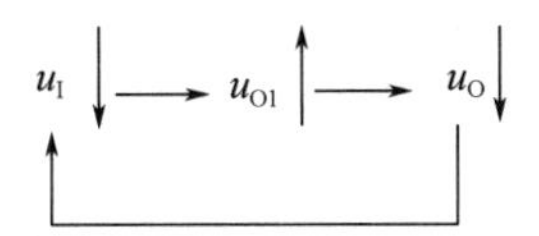

这一正反馈过程使 G_1 截止,G_2 导通,电路又返回到第一暂稳态,$u_{O1}=V_{DD}$,$u_O=V_{OL}$。此后,电路将重复第一暂稳态及电路自动翻转的过程,周而复始地从一个暂稳态翻转到另一个暂稳态,从而在 G_2 的输出端会得到周期性的方波,如图 6-23 所示。

2. 主要参数计算

多谐振荡器的振荡周期由电容 C 的充放电时间决定,电容 C 的充放电过程呈现在 u_I 的变化上。设电路的第一暂稳态和第二暂稳态时间分别为 T_1 和 T_2,根据电路状态转换时 u_I 的特征值,便可计算出电路的振荡周期。

(1) 第一暂稳态 T_1:如图 6-23 所示,将 t_1 作为第一个暂稳态的起点,则 $u_I(0_+)=-\Delta V_+\approx 0$,$u_I(\infty)=V_{DD}$,$u_I(t_2)=V_{TH}=\frac{1}{2}V_{DD}$,$u_I$ 由 0 变化到 V_{TH} 所需要的时间为

$$T_1=\tau\ln\frac{V_{DD}}{V_{DD}-V_{TH}}=RC\frac{V_{DD}}{V_{DD}-V_{TH}} \qquad (6-20)$$

(2) 第二暂稳态 T_2,与 T_1 计算方式相同,将图 6-23 中的 t_2 作为第二个暂稳态的起点,则

$u_I(0_+)=V_{DD}+\Delta V_+\approx V_{DD}$，$u_I(\infty)=0$，$u_I(t_3)=V_{TH}$，由此可以求出

$$T_2=\tau\ln\frac{V_{DD}}{V_{TH}}=RC\ln\frac{V_{DD}}{V_{TH}} \tag{6-21}$$

因此，电路的振荡周期为

$$T=T_1+T_2=RC\ln\frac{V_{DD}^2}{(V_{CC}-V_{TH})V_{TH}}$$
$$=RC\ln 4\approx 1.4RC \tag{6-22}$$

由式(6-22)可知，改变 R、C 的大小便可改变输出波形的振荡周期(或振荡频率)。

6.5.2 施密特触发器构成的多谐振荡器

1. 电路组成及工作原理

利用施密特触发器构成的多谐振荡器电路如图 6-24 所示。

在接通电源瞬间，电容 C 上的电压 u_C 为 0，输出 u_O 为高电平。u_O 的高电平通过电阻 R 对电容 C 充电，u_C 逐渐上升。当 u_C 上升到 V_{T+} 时，施密特触发器发生翻转，输出 u_O 变为低电平。此后，电容 C 又开始放电，u_C 逐渐降低。当 u_C 下降到 V_{T-} 时，施密特触发器再次发生翻转，输出 u_O 变为高电平。电容 C 返回最初的充电过程，从而电路便会输出周期性的方波，u_C 和 u_O 的波形如图 6-25 所示。

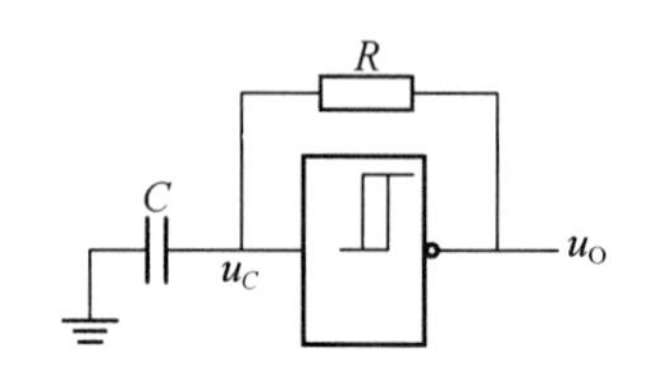

图 6-24 用施密特触发器构成的多谐振荡器电路

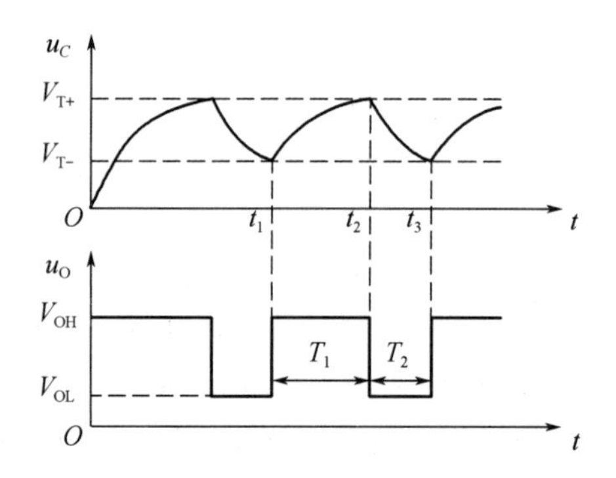

图 6-25 用施密特触发器构成的多谐振荡器工作波形

2. 主要参数计算

如图 6-25 所示，设 $V_{OH}\approx V_{DD}$，$V_{OL}=0$，电路的第一暂稳态和第二暂稳态时间分别为 T_1 和 T_2。

(1) 第一暂稳态时间 T_1：以图 6-25 中 t_1 作为时间起点，电容充电时，起始值 $u_C(0_+)=V_{T-}$，稳定值 $u_C(\infty)=V_{CC}$，转换值 $u_C(t_2)=V_{T+}$，所以

$$T_1=RC\ln\frac{u_C(\infty)-u_C(0_+)}{u_C(\infty)-u_C(t_2)}=RC\ln\frac{V_{DD}-V_{T-}}{V_{DD}-V_{T+}} \tag{6-23}$$

(2) 第二暂稳态时间 T_2：以图 6-25 中 t_2 作为时间起点，电容放电时，起始值 $u_C(0_+)=$

V_{T+},稳定值 $u_C(\infty)=0$,转换值 $u_C(t_3)=V_{T-}$,所以

$$T_2 = RC\ln\frac{u_C(\infty)-u_C(0_+)}{u_C(\infty)-u_C(t_3)} = RC\ln\frac{V_{T+}}{V_{T-}} \tag{6-24}$$

因此,电路的振荡周期为

$$T = T_1 + T_2 = RC\ln\frac{V_{DD}-V_{T-}}{V_{DD}-V_{T+}} + RC\ln\frac{V_{T+}}{V_{T-}}$$

$$= RC\ln\left(\frac{V_{DD}-V_{T-}}{V_{DD}-V_{T+}}\frac{V_{T+}}{V_{T-}}\right) \tag{6-25}$$

6.5.3 555 定时器构成的多谐振荡器

由 555 定时器构成的多谐振荡器电路如图 6-26 所示,触发输入端(2 号引脚 $\overline{TR}$)与阈值输入端(6 号引脚 TH)相连,一路通过电容 C 接地,另一路通过电阻 R_2 与放电端(7 号引脚 DISC)相连,同时,放电端通过电阻 R_1 连接电源 V_{DD},复位端(4 号引脚 $\overline{R}_D$)连接 V_{DD};控制电压端(5 号引脚 V_{CO})对地接 0.01 μF 电容,起滤波作用。

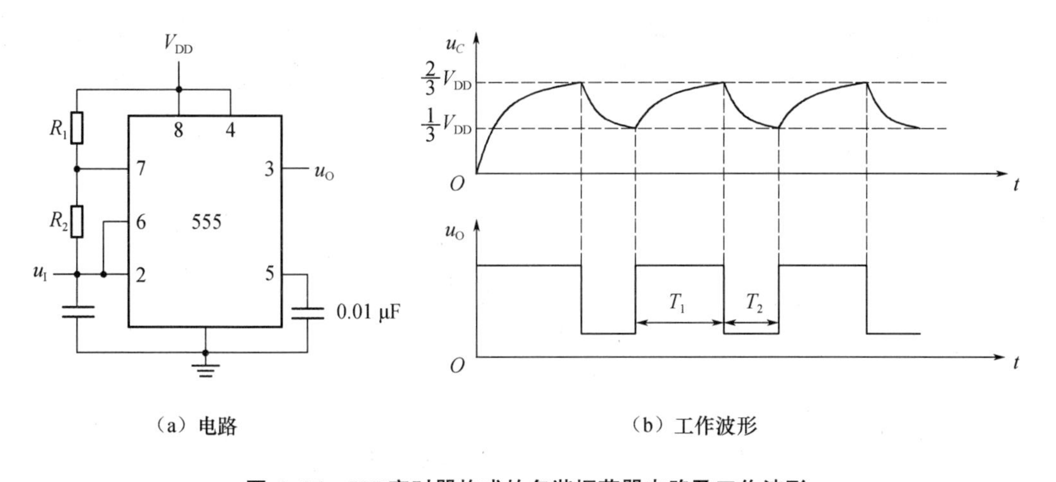

(a) 电路　　(b) 工作波形

图 6-26 555 定时器构成的多谐振荡器电路及工作波形

接通 V_{DD} 后,V_{DD} 经 R_1、R_2 对 C 充电,当电容 C 两端的电压 u_C 上升到$\frac{2}{3}V_{DD}$ 时,$u_O=0$,三极管 T 导通,C 通过 R_2 和 T 放电,u_C 下降;当 u_C 下降到$\frac{1}{3}V_{DD}$ 时,u_O 由 0 变为 1,T 截止,V_{DD} 再次通过 R_1、R_2 对 C 充电。电容 C 不断重复充、放电过程,便会输出周期性的矩形波。

通过上述分析,电路第一个暂稳态的脉冲宽度 T_1 为 u_C 从$\frac{1}{3}V_{CC}$ 上升到$\frac{2}{3}V_{DD}$ 所需要的时间,即

$$T_1 \approx 0.7(R_1+R_2)C \tag{6-26}$$

第二个暂稳态的脉冲宽度 T_2 为 u_C 从$\frac{2}{3}V_{DD}$ 下降到$\frac{1}{3}V_{DD}$ 所需要的时间,即

$$T_2 \approx 0.7R_2C \tag{6-27}$$

因此,电路的振荡周期为

$$T = T_1 + T_2 \approx 0.7(R_1 + 2R_2)C \tag{6-28}$$

振荡频率为

$$f = \frac{1}{T} \approx \frac{1.43}{(R_1 + 2R_2)C} \tag{6-29}$$

电路产生脉冲信号的占空比为

$$q = \frac{T_1}{T} \times 100\% = \frac{R_1 + R_2}{R_1 + 2R_2} \times 100\% \tag{6-30}$$

用555定时器构成的多谐振荡器,优点是电路简单,频率调节方便;缺点是频率的稳定性不高,输出波形的占空比调节不够灵活,且占空比只能大于50%,不能获得方波。

6.5.4 石英晶体多谐振荡器

某些场合对多谐振荡器的振荡频率要求较高,例如,当多谐振荡器的振荡频率作为数字时钟的脉冲源时,振荡频率的稳定性会直接影响计时的准确性,这时可以采用石英晶体多谐振荡器。

石英晶体的逻辑符号和电抗的频率特性如图6-27所示。当外加电压的频率为 $f=f_0$ 时,石英晶体的电抗 $X=0$,信号最容易通过,在其他频率下电抗都很大,信号均会被衰减掉。

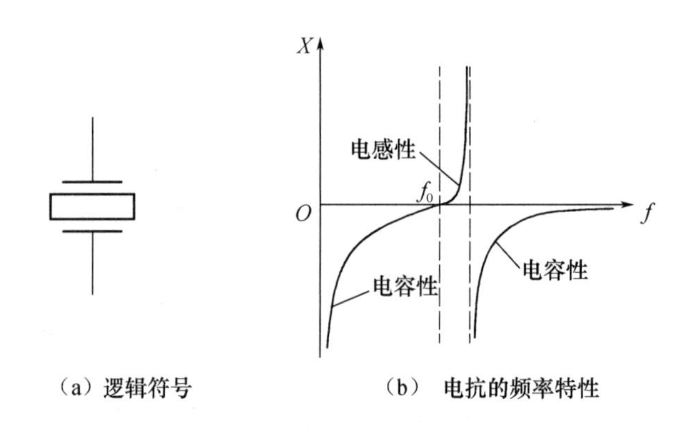

图6-27 石英晶体振荡器的符号与电抗的频率特性

由石英晶体构成的多谐振荡电路如图6-28所示。设电路接通电源时,门电路 G_1 的输出为高电平,门电路 G_2 的输出为低电平,在不考虑石英晶体作用的情况下,G_1 高电平输出通过电阻 R_1 对电容 C_2 充电,使门电路 G_1 输入端的电压增大为高电平,输出跳变为低电平。与此同时,电容 C_1 在门电路 G_2 输入端的电平,通过电阻 R_2 放电,使门电路 G_2 输入端的电压为低电平,输出跳变为高电平,实现门电路 G_1 的输出从高电平跳变为低电平、门电路 G_2 的输出从低电平跳变为高电平的第一次翻转。电路周而复始地翻转产生方波信号输出。

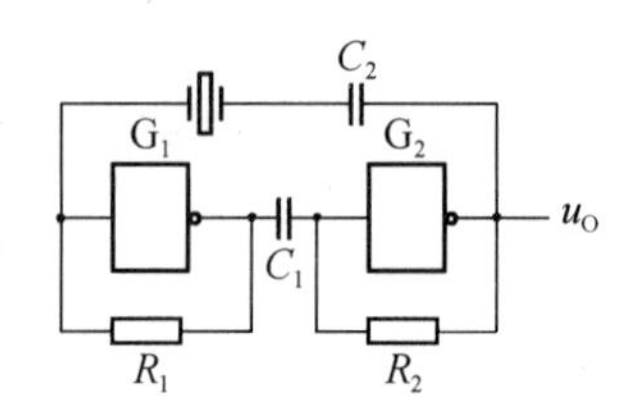

图6-28 石英晶体构成的多谐振荡电路

串联在两级放大器之间的石英晶体的作用是选频,当电路的振荡频率等于石英晶体的固有振荡频率f_0时，信号才能通过，并在频率f_0处形成自激振荡，输出方波信号。石英晶体的振荡频率f_0仅取决于其体积、形状和材料，与外接R、C元件无关，因而这种电路振荡频率的稳定性非常高。

第6章习题

6.1 单稳态触发器有________、________、________作用。

6.2 施密特触发器有________、________、________作用。

6.3 施密特触发器的上限阈值电压和下限阈值电压的差值称为________。

6.4 多谐振荡器没有________状态，只有两个________状态，所以又称为________电路。

6.5 施密特触发器固有的性能指标是________、________、________。

6.6 555定时器中A_1和A_2是________，A_1同相输入端参考电压为________，A_2反相输入端参考电压为________。

6.7 由555定时器构成的多谐振荡器电路的振荡周期为________，输出脉冲宽度为________。

6.8 由555定时器构成的多谐振荡器电路输出脉冲的占空比为________。

6.9 在对频率稳定性要求较高的场合，普遍采用________振荡器。

6.10 由555定时器构成的单稳态触发器，其暂稳态时间为________。

6.11 ( )可以用来自动产生矩形脉冲信号。

A. 施密特触发器　B. 多谐振荡器　C. 555定时器　D. 单稳态触发器

6.12 石英晶体多谐振荡器的输出脉冲频率取决于( )。

A. 晶体的固有频率　B. 晶体的固有频率和RC参数值

C. RC参数的大小　D. 组成振荡器的门电路的平均传输时间

6.13 组成脉冲波形变换电路的基础是( )。

A. 电容与电阻　B. 电阻与二极管　C. 电容与三极管　D. 电阻与三极管

6.14 如果需要把正弦波信号转换成矩形脉冲输出，可利用的电路为( )。

A. 3线-8线译码器　B. 寄存器　C. 施密特触发器　D. 计数器

6.15 555定时器构成的单稳态触发器的触发信号宽度( )RC的时间常数。

A. 小于　B. 大于　C. 等于　D. 都可以

6.16 若将输入脉冲信号延迟一段时间后输出，应采用( )电路。

A. 施密特触发器　B. 单稳态触发器　C. 多谐振荡器　D. 555定时器

6.17 数字系统中，能实现精确定时的电路是( )。

A. 施密特触发器　B. 单稳态触发器

C. 多谐振荡器　D. 石英晶体振荡器配合集成计数器

6.18 由555定时器构成的施密特触发器，当电源电压为15 V时，其回差电压ΔV_T的值为( )。

A. 15 V　B. 10 V　C. 5 V　D. 2.5 V

6.19 欲在一串幅度不等的脉冲信号中剔除幅度不够大的脉冲，可采用( )电路。

A. 施密特触发器　　B. 单稳态触发器　　C. 多谐振荡器　　D. 555 定时器

6.20　改变(　　)值,不会改变由 555 定时器构成的多谐振荡器电路的振荡频率。

A. 电源电压 V_{CC}　　B. 电阻 R_1　　C. 电阻 R_2　　D. 电容 C

6.21　用 555 定时器构成的多谐振荡器电路如图 6-29 所示,当电位器 R_W 滑动至上、下两端时,分别计算振荡频率和相应的占空比。

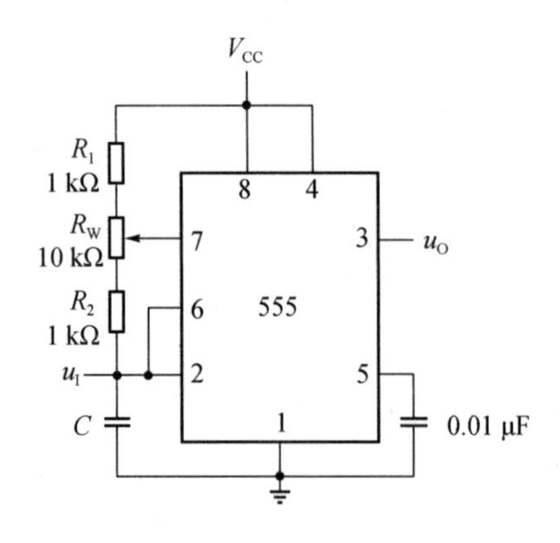

图 6-29　6.21 题图

6.22　用 555 定时器构成的施密特触发器电路输入波形 u_I 如图 6-30 所示,其中上限阈值电压为 3.3 V,下限阈值电压为 1.7 V,画出对应的输出波形 u_O。

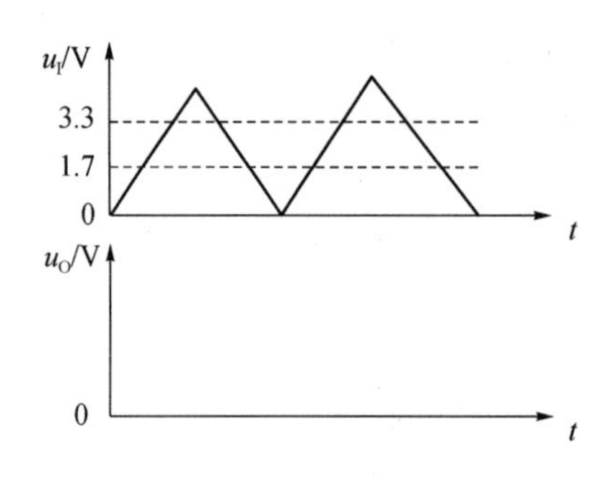

图 6-30　6.22 题图

6.23　由集成单稳态触发器 74121 组成的电路如图 6-31 所示。

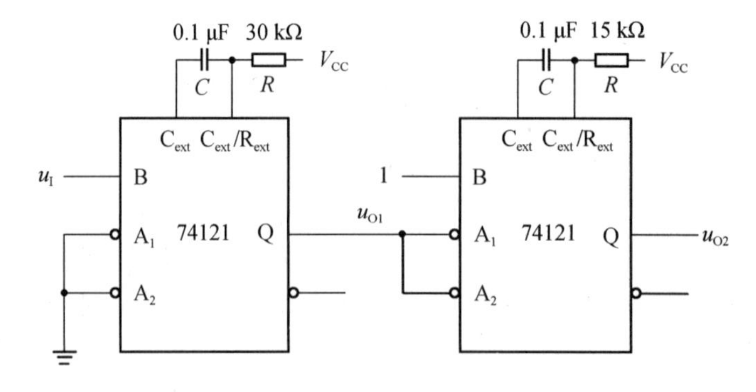

图 6-31　6.23 题图(1)

（1）计算 u_{O1}、u_{O2} 的输出脉冲宽度；

（2）若 u_I 如图 6-32 所示，试画出输出 u_{O1}、u_{O2} 的波形图。

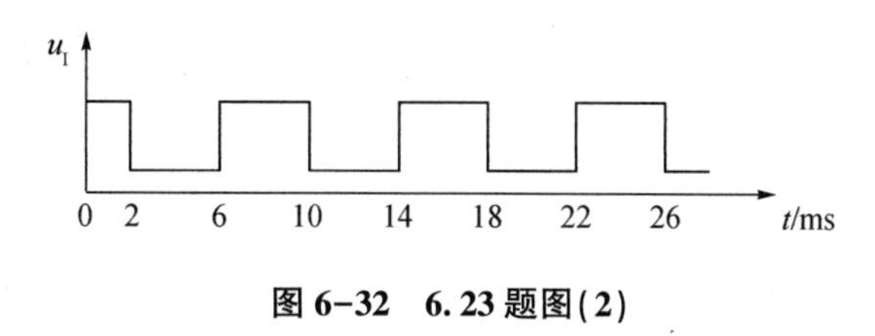

图 6-32　6.23 题图(2)

6.24　如图 6-33 所示的微分型单稳态触发器电路，已知 $R=51$ kΩ，$C=0.01$ μF，电源电压 $V_{CC}=10$ V。试求在触发信号作用下输出脉冲的宽度和幅度。

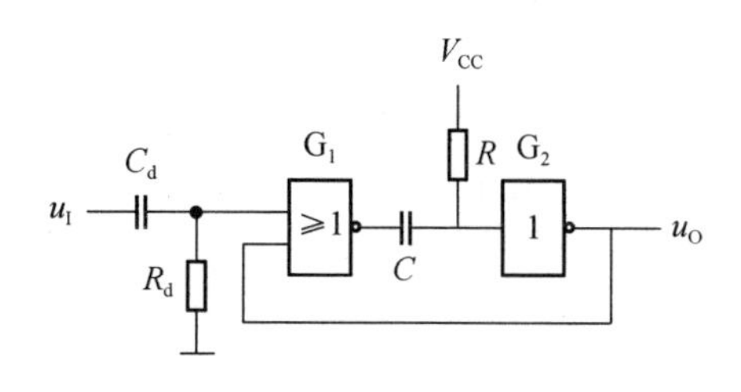

图 6-33　6.24 题图

6.25　如图 6-34 所示，已知 CMOS 集成施密特触发器的电源电压 $V_{CC}=15$ V，$V_{T+}=9$ V，$V_{T-}=4$ V。

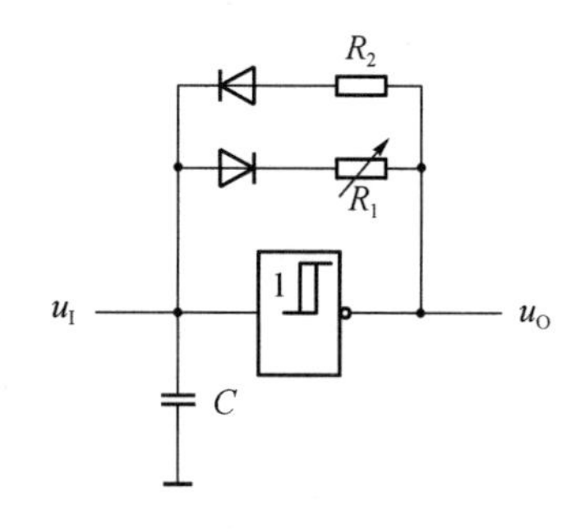

图 6-34　6.25 题图

（1）为了得到占空比 $q=50\%$的输出脉冲，试求$\frac{R_1}{R_2}$；

（2）若给定 $R_1=3$ kΩ，$R_2=8.2$ kΩ，$C=0.05$ μF，试求电路的振荡频率及输出脉冲的占空比。

第 7 章　数/模与模/数转换电路

7.1　概　　述

随着电子技术的飞速发展,数字设备已经渗透到了绝大部分领域。例如,计算机对生产过程进行自动控制时,所针对的数据往往是温度、压力、速度等模拟量,而计算机只能对数字量进行处理,所以计算机在进行处理前需要将模拟量转换成对应的数字量,随后还要将处理后的数据转换为模拟量,才能实现对模拟量进行控制。另外,数字仪表只能对数字量进行显示,显示前也要将被测的模拟量转换为数字量。由此产生了一种模拟量与数字量相互转换的电路,这种电路称为数/模转换电路或模/数转换电路。

能够将数字量转换为模拟量的电路,称为数/模转换电路(数/模转换器、D/A 转换器或 DAC);能够将模拟量转换为数字量的电路,称为模/数电路(模/数转换器、A/D 转换器或 ADC)。D/A 转换器和 A/D 转换器是计算机系统中不可缺少的接口电路。

数字控制系统流程如图 7-1 所示,其利用模拟传感器将温度、压力、电压或电流等物理量转换为模拟量,利用 A/D 转换器将模拟量转换为对应的数字量传送至数字控制计算机进行数据运算和处理,如编码、滤波等,输出的数字量通过 D/A 转换器转换为对应的模拟量作为控制信号,通过模拟控制器对操控对象进行控制。

图 7-1　数字控制系统流程图

7.2　D/A 转换器

7.2.1　D/A 转换器的基本原理

D/A 转换器的作用是将输入的数字量转换为对应的模拟量,输出的模拟量与输入的数字量成正比。D/A 转换器框图如图 7-2 所示,$D_{n-1}D_{n-2}\cdots D_0$ 是输入的 n 位数字量,u_O 是输出的模拟量,V_{REF} 是转换所需要的参考电压(或称基准电压),电压值通常是恒定的,三者的关系为

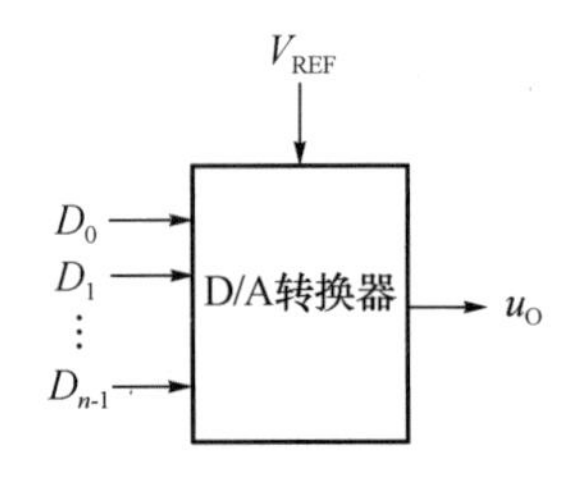

图 7-2　D/A 转换器框图

$$u_O = k\left(\sum_{i=0}^{n-1} D_i \times 2^i\right) V_{REF} = u_O$$
$$= kV_{REF}(D_{n-1} \times 2^{n-1} + D_{n-2} \times 2^{n-2} + \cdots + D_0 \times 2^0) \qquad (7-1)$$

式中 k——常数,可见,输出的数字量与输入的模拟量成正比。

数字量转换成模拟量,是将输入的二进制数中每一位上的"1"按照位权的大小,分别转换成相应的模拟量,然后将这些模拟量相加,结果就是与数字量成正比的模拟量。

图 7-3 所示为 n 位 D/A 转换器框图,D/A 转换器由数码寄存器、模拟开关、解码网络、求和电路和基准电压几部分组成。输入的 n 位数字量存储在数码寄存器中,寄存器输出的每一位数码驱动对应数位上的模拟开关,在解码网络中获得对应位权的数值并传送至求和电路,求和电路将各位权的数值相加,由此得到与输入数字量对应的模拟量。

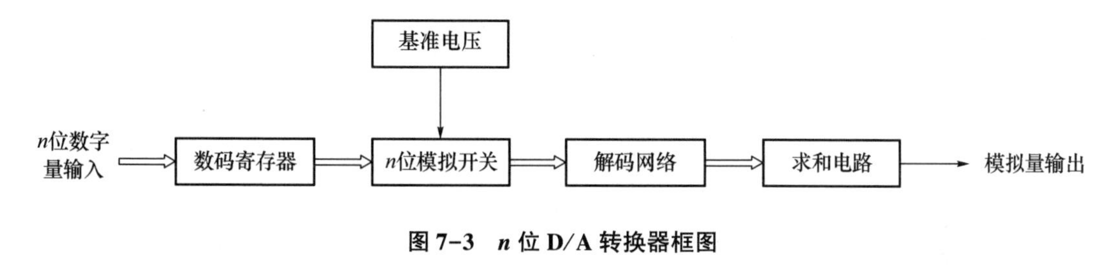

图 7-3 n 位 D/A 转换器框图

7.2.2 倒 T 型电阻网络 D/A 转换器

如图 7-4 所示,4 位倒 T 型电阻网络 D/A 转换器电路由倒 T 型电阻网络、模拟开关、电流求和放大器和基准电压四部分组成,包括若干个阻值为 R 和 $2R$ 的电阻。模拟开关 S_3、S_2、S_1、S_0 的状态分别由 4 位输入信号 D_3、D_2、D_1、D_0 控制,当 $D_i = 0$ 时,S_i 接地;当 $D_i = 1$ 时,S_i 接运算放大器的反相输入端。基准电压 V_{REF} 一般由稳压电路提供,稳定性高。

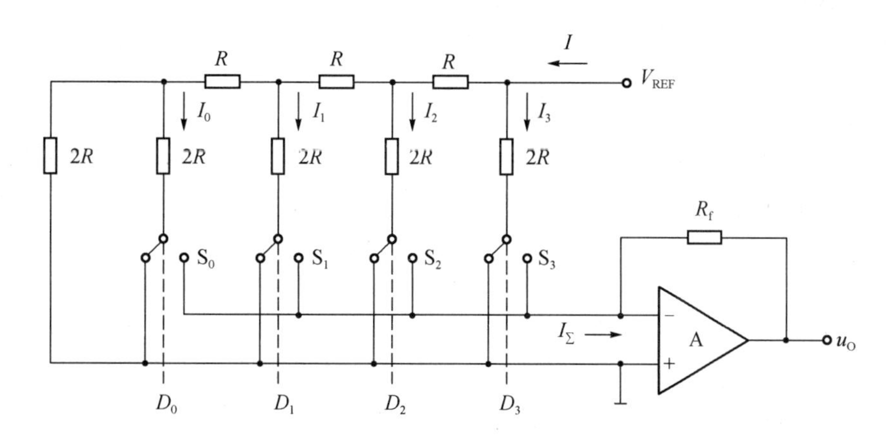

图 7-4 倒 T 型电阻网络 D/A 转换器电路图

运算放大器对各路输入数字量 D_i 所对应的电流求和,构成电流求和放大器,并转换成对应的输出模拟电压 u_O。

运算放大器采用反相输入方式,反相输入端为虚地,与 S_i 相连的阻值为 $2R$ 的电阻等效接地,与模拟开关位置无关,因此,流经每条阻值为 $2R$ 的电阻支路上的电流与模拟开关的状态无关。

对倒T型电阻网络D/A转换器电路进行分析,可知电阻网络的等效电阻为R,总电流$I=\frac{V_{REF}}{R}$,流过各开关支路的电流分别为

$$I_0=\frac{I}{2^4},I_1=\frac{I}{2^3},I_2=\frac{I}{2^2},I_3=\frac{I}{2}$$

对于输入一个任意4位二进制数$D_3D_2D_1D_0$,总电流i_Σ为

$$\begin{aligned}i_\Sigma&=D_3I_3+D_2I_2+D_1I_1+D_0I_0\\&=\frac{I}{2^4}(D_3\times2^3+D_2\times2^2+D_1\times2^1+D_0\times2^0)\\&=\frac{V_{REF}}{2^4R}\left[\sum_{i=0}^{3}(D^i\times2^i)\right]\end{aligned}\tag{7-2}$$

输出电压为

$$u_O=-R_fi_\Sigma=-\frac{V_{REF}}{2^4}\cdot\frac{R_f}{R}\left[\sum_{i=0}^{3}D_i\times2^i\right]\tag{7-3}$$

由此可以推导出n位倒T型电阻网络D/A转换器输出电压的一般关系式为

$$u_O=-\frac{V_{REF}}{2^n}\cdot\frac{R_f}{R}\left[\sum_{i=0}^{n-1}(D_i\times2^i)\right]\tag{7-4}$$

式(7-4)中,$\frac{V_{REF}}{2^n}\cdot\frac{R_f}{R}$为常数,$D_i=D_{n-1}D_{n-2}\cdots D_0$为$n$位二进制数。

由式(7-4)可以看出,倒T型电阻网络D/A转换器实现了从数字量到模拟量的转换,输出的模拟电压值u_O与输入的数字量成正比。因为各支路电流直接流入运算放大器的输入端,传输时间是同步的,不存在时间差,所以倒T型电阻网络D/A转换器不仅提高了转换速度,而且减少了转换过程中输出端出现尖峰脉冲的概率。

7.2.3 权电阻网络D/A转换器

权电阻网络D/A转换器是在运算放大器的反相输入端各支路中接入不同阻值的权电阻,各支路电流总和与输入的数字量成正比,因此会在运算放大器的输出端得到与输入的数字量成正比的电压。

如图7-5所示,4位权电阻网络D/A转换器由权电阻网络、模拟开关、反相求和放大器和基准电压V_{REF}组成。电路工作时,当支路输入的数字量为1时,模拟开关连接V_{REF},通过权电阻网络产生一个与该位数字权重成正比的电流值;当支路输入的数字量为0时,模拟开关接地,不会产生电流。在运算放大器的反相输入端Σ处会得到各支路不同权重的电流和,其与输入的数字量成正比,总电流经过运算放大器后便得到对应的模拟电压。因为运算放大器采用反相输入方式,所以反相输入端Σ为虚地,流过Σ的电流为

$$I_\Sigma=V_{REF}\left(\frac{D_3}{R}+\frac{D_2}{2R}+\frac{D_1}{2^2R}+\frac{D_0}{2^3R}\right)\tag{7-5}$$

$$u_O=-I_\Sigma R_f=-R_f\cdot V_{REF}\left(\frac{D_3}{R}+\frac{D_2}{2R}+\frac{D_1}{2^2R}+\frac{D_0}{2^3R}\right)\tag{7-6}$$

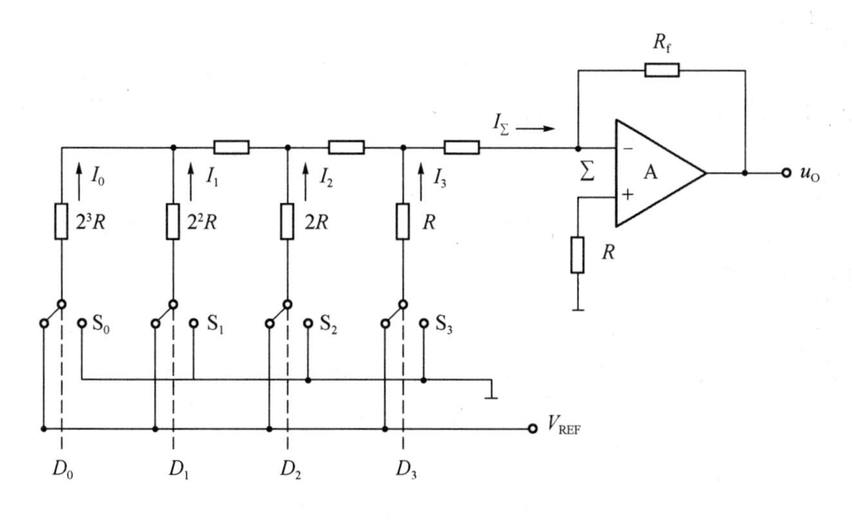

图 7-5 权电阻网络 D/A 转换器电路图

若取 $R_f=\frac{R}{2}$，则

$$u_O=-\frac{V_{REF}}{2^4}(D_3\times 2^3+D_2\times 2^2+D_1\times 2^1+D_0\times 2^0)$$

$$=-\frac{V_{REF}}{2^4}\left[\sum_{i=0}^{3}(D_i\times 2^i)\right] \tag{7-7}$$

由此可以推导出，对于 n 位的权电阻网络 D/A 转换器，若满足 $R_f=\frac{R}{2}$，则输出的模拟电压为

$$u_O=-\frac{V_{REF}}{2^4}\left[\sum_{i=0}^{n-1}(D_i\times 2^i)\right] \tag{7-8}$$

式(7-8)表示，输出的模拟电压值与输入的数字量成正比，从而实现了数字量到模拟量的转换。

权电阻网络 D/A 转换器的优点是结构简单，电路用的元器件比较少。缺点是当输入数字量位数较多时，权电阻阻值分散性大。因为转换精度取决于权电阻网络的相对精度，所以转换精度会随着输入数字量位数的增加而降低。同时，支路上的电流有建立的过程，当输入的数字量由 0 变为 1 时，输出的信号会产生尖峰脉冲。

7.2.4 技术指标

1. 分辨率

D/A 转换器的分辨率是指最小输出电压（输入的数字量只有最低位为 1）与最大输出电压（输入的数字量所有位都为 1）之比，D/A 转换器的位数越多，分辨率就越高。

n 位 D/A 转换器的分辨率为$\frac{1}{2^n-1}$。例如，一个 10 位的 D/A 转换器其分辨率为$\frac{1}{2^{10}-1}=\frac{1}{1\ 023}\approx 0.001$。

2. 转换精度

D/A 转换器的转换精度是指实际输出的模拟电压值与理想值之间的偏差,用 LSB(最低有效位)的倍数表示,LSB 表示输入的数字量为 00…01 时输出的模拟电压值,通常要求 D/A 转换器的误差小于$\frac{1}{2}V_{LSB}$。

影响转换精度的主要因素有失调误差、增益误差、非线性误差和微分非线性误差。

3. 转换速度

转换速度一般由建立时间决定,建立时间是指从输入信号开始,到输出电流或电压达到稳态值时所需要的时间。不同类型 D/A 转换器的转换速度是不同的,倒 T 型电阻网络 D/A 转换器的转换时间一般在几百毫秒到几微秒之间。

7.3 A/D 转换器

7.3.1 A/D 转换器的基本原理

A/D 转换的目的是把在时间和幅值上连续的模拟量转换为在时间上按一定间隔或频率有对应幅度的离散的数字量,即在时间轴上选取一系列的点,对输入的模拟量进行采样,再把采样值转换为数字量。A/D 转换过程一般是通过采样、保持、量化和编码 4 个步骤完成的。图 7-6 所示为 A/D 转换器的原理框图。

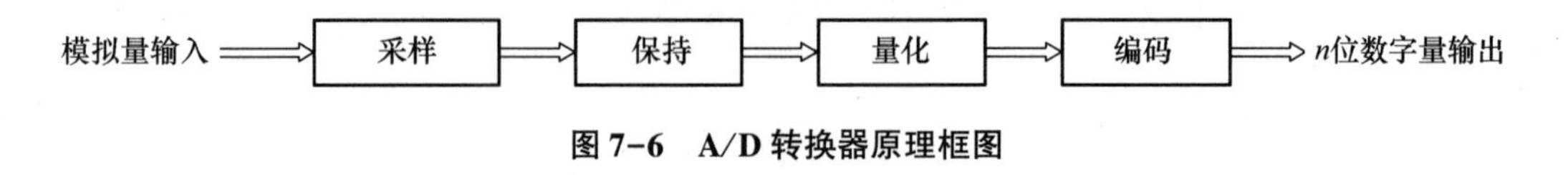

图 7-6 A/D 转换器原理框图

1. 采样和保持

把模拟量每隔固定时间抽取一次样值,使时间上连续变化的模拟量转换为时间上离散变化的模拟量,这个过程称为采样。为了使采样后的信号 u_O 能够完整地保留原始信号 u_I 中的信息,必须满足条件:

$$f_S \geq 2f_{max} \tag{7-9}$$

式(7-9)中 f_S 为采样频率,f_{max} 为输入信号 u_I 中最高次谐波分量的频率,这一关系称为采样定理,也称奈奎斯特定理。

在满足式(7-9)的条件下,A/D 转换器能够不失真地恢复出原始模拟信号。采样频率越高,转换的时间越短,对 A/D 转换器工作速度的要求就越高,一般取 $f_S=(3\sim5)f_{max}$。图 7-7 所示的是对某一输入模拟信号采样后得到的波形。

把采样信号转换为对应的数字量需要一定的时间,为了给后续的量化和编码过程提供一个稳定值,在每次采样后,采样电压必须保持一段时间,一般采样与保持都是同时完成的。图 7-8 所示为采样保持电路的原理图,它由输入运算放大器 A_1、输出运算放大器 A_2、模拟开关 S、保持电容 C_H 和控制模拟开关 S 工作状态的逻辑单元电路 L 组成。

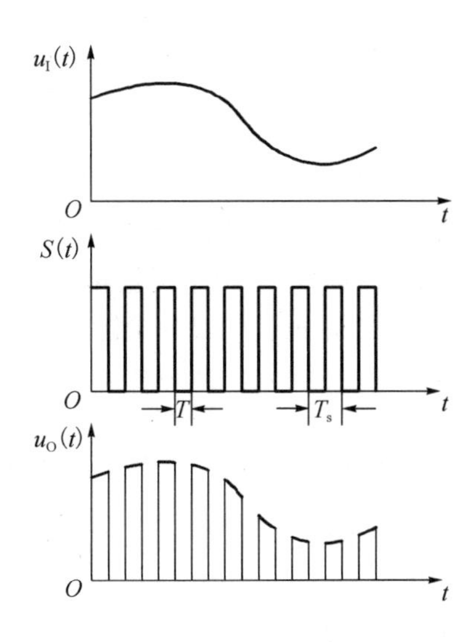

图 7-7 模拟信号采样过程

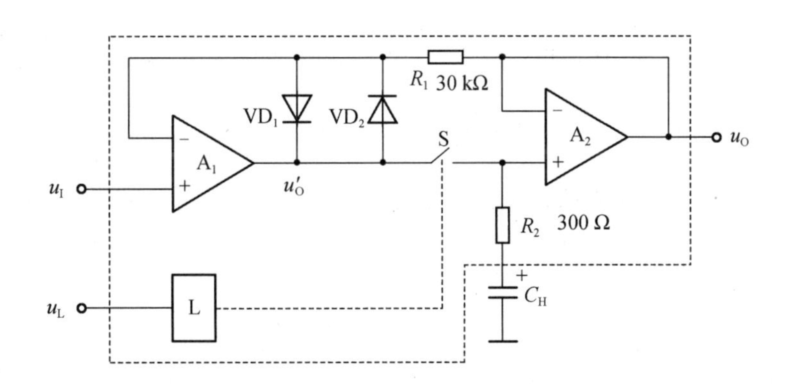

图 7-8 采样保持电路

当 $u_L=1$ 时,模拟开关 S 闭合。A_1、A_2 接成电压跟随器,所以输出 $u_O=u'_O=u_I$。同时,u'_O 通过电阻 R_2 对外接电容 C_H 充电,使 $u_{C_H}=u_I$。因为电压跟随器的输出电阻非常小,所以对外接电容 C_H 充电时间很短。

当 $u_L=0$ 时,模拟开关 S 断开,采样过程结束。由于 u_{C_H} 无放电通路,所以 u_{C_H} 上的电压值能保持一段时间不变,使采样结果 u_O 保持下来。

2. 量化与编码

把时间上离散的采样电压用某个最小数量单位的整数倍表示,这个过程称为量化。最小数量单位叫作量化单位,用 Δ 表示。量化过程只能采取近似的方法,包括舍尾取整法和四舍五入法。

舍尾取整法的量化方式为:当输入电压 u_I 介于两个相邻量化值之间时,输出结果取较低的量化值。例如,当 $(n-1)\Delta \leqslant u_I < n\Delta$ 时,输出结果 $u_O=(n-1)\Delta$。

四舍五入法的量化方式为:当输入电压 u_I 介于两个相邻量化值之间时,按照四舍五入的方式进行选取。例如，当$(n-1)\Delta \leqslant u_{\mathrm{I}} < \left(n-\frac{1}{2}\right)\Delta$时，输出结果$u_{\mathrm{O}}=(n-1)\Delta$；当$\left(1-\frac{1}{2}\right)\Delta \leqslant u_{\mathrm{I}} < n\Delta$时，输出结果$u_{\mathrm{O}}=n\Delta$。

由于输入电压是连续变化的，其幅值不一定能被Δ整除，因而不可避免地会引入误差，这种误差称为量化误差，用ε表示。量化误差属于原理误差，是不可被消除的。A/D 转换器的位数越多，量化误差的绝对值就越小。采用不同量化方式产生的最大量化误差$\varepsilon_{\max}$是不一样的，舍尾取整法的最大量化误差$\varepsilon_{\max}=1\mathrm{LSB}$，四舍五入法的最大量化误差$|\varepsilon_{\max}|=\frac{1}{2}\mathrm{LSB}$。

例如，要将电压范围在 0～1 V 的模拟信号转换成 3 位二进制代码，采用舍尾取整法的量化方式时，量化单位取$\Delta=\frac{1}{8}$ V。如图 7-9(a)所示，当模拟信号电压在$0\sim\frac{1}{8}$ V 时，输出结果取 0Δ，输出二进制代码为 000；当模拟信号电压在$\frac{1}{8}\sim\frac{2}{8}$ V 时，输出结果取 1Δ，输出二进制代码为 001；以此类推，通过图 7-9(a)分析，这种量化方式的最大量化误差为$\frac{1}{8}$ V。采用四舍五入的量化方式时，量化单位取$\Delta=\frac{2}{15}$ V。如图 7-9(b)所示，当模拟信号电压在$0\sim\frac{1}{15}$ V 时，输出结果取 0Δ，输出二进制代码为 000；当模拟信号电压在$\frac{1}{15}\sim\frac{3}{15}$ V 时，输出结果取 1Δ，输出二进制代码为 001；以此类推，通过图 7-9(b)分析，这种量化方式的最大量化误差为$\pm\frac{1}{15}$ V，即$\pm\frac{1}{2}$LSB。

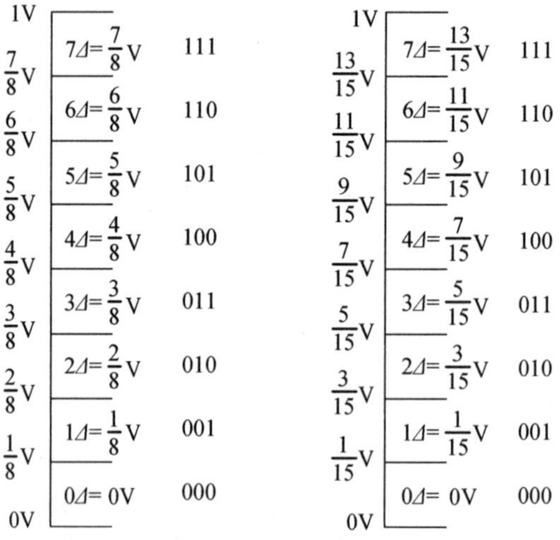

电压范围 (a)	量化值 (a)	代码	电压范围 (b)	量化值 (b)	代码
$\frac{7}{8}$V～1V	$7\Delta=\frac{7}{8}$V	111	$\frac{13}{15}$V～1V	$7\Delta=\frac{13}{15}$V	111
$\frac{6}{8}$V～$\frac{7}{8}$V	$6\Delta=\frac{6}{8}$V	110	$\frac{11}{15}$V～$\frac{13}{15}$V	$6\Delta=\frac{11}{15}$V	110
$\frac{5}{8}$V～$\frac{6}{8}$V	$5\Delta=\frac{5}{8}$V	101	$\frac{9}{15}$V～$\frac{11}{15}$V	$5\Delta=\frac{9}{15}$V	101
$\frac{4}{8}$V～$\frac{5}{8}$V	$4\Delta=\frac{4}{8}$V	100	$\frac{7}{15}$V～$\frac{9}{15}$V	$4\Delta=\frac{7}{15}$V	100
$\frac{3}{8}$V～$\frac{4}{8}$V	$3\Delta=\frac{3}{8}$V	011	$\frac{5}{15}$V～$\frac{7}{15}$V	$3\Delta=\frac{5}{15}$V	011
$\frac{2}{8}$V～$\frac{3}{8}$V	$2\Delta=\frac{2}{8}$V	010	$\frac{3}{15}$V～$\frac{5}{15}$V	$2\Delta=\frac{3}{15}$V	010
$\frac{1}{8}$V～$\frac{2}{8}$V	$1\Delta=\frac{1}{8}$V	001	$\frac{1}{15}$V～$\frac{3}{15}$V	$1\Delta=\frac{1}{15}$V	001
0V～$\frac{1}{8}$V	$0\Delta=0$V	000	0V～$\frac{1}{15}$V	$0\Delta=0$V	000

(a) 舍尾取整法　　(b) 四舍五入法

图 7-9　两种不同的量化方式

把量化后的数值用二进制代码表示，这个过程称为编码，A/D 转换器的输出信号是二进制代码。

A/D 转换器按其转换过程可分为直接型 A/D 转换器和间接型 A/D 转换器。直接型 A/D 转换器是将模拟信号直接转换成数字信号，比较典型的有并行比较型 A/D 转换器和逐次比较型 A/D 转换器。间接型 A/D 转换器是先将模拟信号转换成某一中间变量(时间或频率等)，再将中间变量转换成数字量，比较典型的有双积分型 A/D 转换器。

7.3.2 并行比较型 A/D 转换器

并行比较型 A/D 转换器由电阻分压器、电压比较器及编码电路组成，输出的二进制代码是一次形成的。并行比较型 A/D 转换器的转换速度最快，其原理图如图 7-10 所示。

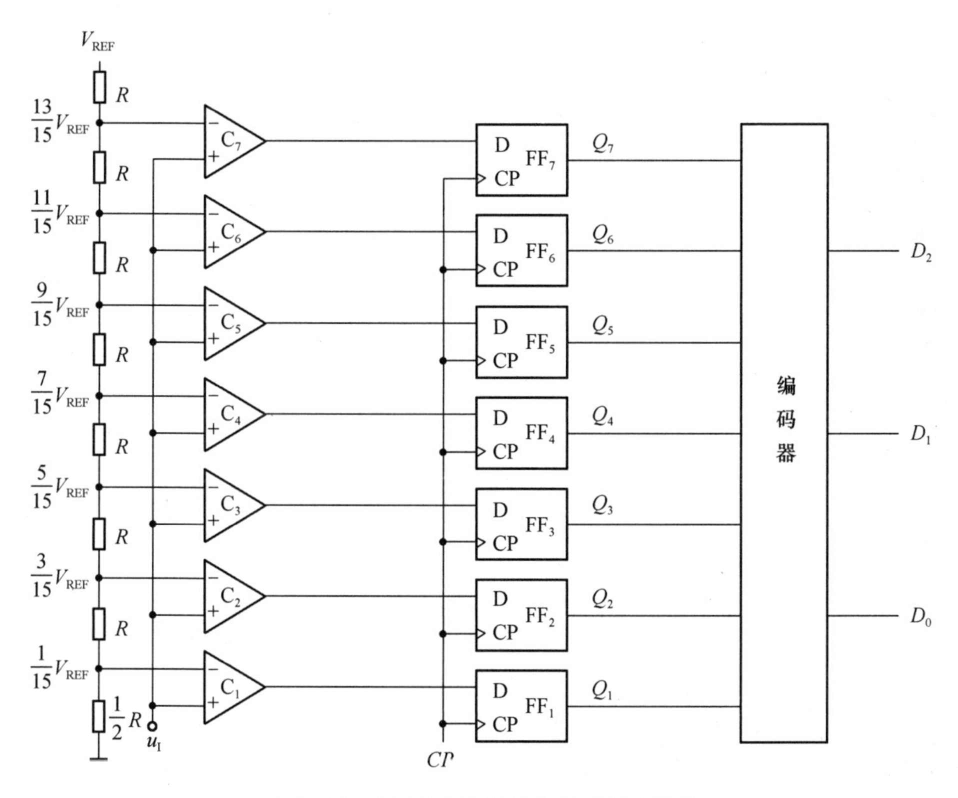

图 7-10 3 位并行比较型 A/D 转换器电路

电阻分压器将输入模拟信号的电压 V_{REF} 量化为 7 个等级的电平，当 $0\leq u_I<\frac{1}{15}V_{REF}$ 时，7 个比较器的输出全部为 0，CP 到来后，7 个触发器都置 0，经编码器编码后输出的二进制代码为 $D_2D_1D_0=000$；当 $\frac{1}{15}V_{REF}\leq u_I<\frac{3}{15}V_{REF}$ 时，7 个比较器中只有 C_1 输出为 1，CP 到来后，只有触发器 FF_1 置 1，其余触发器仍为 0，经编码器编码后输出的二进制代码为 $D_2D_1D_0=001$；当 $\frac{3}{15}V_{REF}\leq u_I<\frac{5}{15}V_{REF}$ 时，比较器 C_1、C_2 输出为 1，CP 到来后，触发器 FF_1、FF_2 置 1。经编码器编码后输出的二进制代码为 $D_2D_1D_0=010$；以此类推，可以列出 u_I 为不同等级时寄存器的状态及对应输出的二进制数，如表 7-1 所示。

表 7-1　3 位并行 A/D 转换器输入模拟电压与输出二进制代码

输入模拟电压 u_I	寄存器输出							编码输出		
	Q_7	Q_6	Q_5	Q_4	Q_3	Q_2	Q_1	D_2	D_1	D_0
$0 \leqslant u_I < \frac{1}{15}V_{REF}$	0	0	0	0	0	0	0	0	0	0
$\frac{1}{15}V_{REF} \leqslant u_I < \frac{3}{15}V_{REF}$	0	0	0	0	0	0	1	0	0	1
$\frac{3}{15}V_{REF} \leqslant u_I < \frac{5}{15}V_{REF}$	0	0	0	0	0	1	1	0	1	0
$\frac{5}{15}V_{REF} \leqslant u_I < \frac{7}{15}V_{REF}$	0	0	0	0	1	1	1	0	1	1
$\frac{7}{15}V_{REF} \leqslant u_I < \frac{9}{15}V_{REF}$	0	0	0	1	1	1	1	1	0	0
$\frac{9}{15}V_{REF} \leqslant u_I < \frac{11}{15}V_{REF}$	0	0	1	1	1	1	1	1	0	1
$\frac{11}{15}V_{REF} \leqslant u_I < \frac{13}{15}V_{REF}$	0	1	1	1	1	1	1	1	1	0
$\frac{13}{15}V_{REF} \leqslant u_I < V_{REF}$	1	1	1	1	1	1	1	1	1	1

并行比较型 A/D 转换器的缺点是使用电压比较器和触发器的数量较多,分辨率的提高伴随着元件数目几何级数的增加。当输出 n 位二进制代码时,需要的电压比较器和触发器的数量为 2^n-1。例如,当输出 10 位二进制代码时,需要的电压比较器和触发器的个数均为 $2^{10}-1=1\ 023$。

7.3.3　逐次比较型 A/D 转换器

逐次比较型 A/D 转换器是目前应用最多的一种集成 A/D 转换器,如图 7-11 所示。逐次比较型 A/D 转换器是由比较器、n 位 D/A 转换器、n 位数码寄存器、控制电路以及时钟信号 CP 等组成。输入为 u_I,输出为 n 位二进制代码 $D_{n-1}D_{n-2}\cdots D_0$。

转换前先将寄存器清零,即 $D_{n-1}D_{n-2}\cdots D_0=00\cdots0$。转换时,控制电路先将寄存器的最高位置 1($D_{n-1}=1$),其余各位全为 0,使寄存器的输出为 $D_{n-1}D_{n-2}\cdots D_0=10\cdots0$,这组二进制代码通过 D/A 转换器转换成对应的模拟电压 u_O,u_O 通过比较器 C 与 u_I 进行比较。若 $u_I>u_O$,则将这一位的 1 保留;若 $u_I<u_O$,则将这一位的 1 清除,从而确定 D_{n-1} 的值。再将次高位置 1($D_{n-2}=1$),使寄存器的输出为 $D_{n-1}D_{n-2}\cdots D_0=01\cdots0$,再通过 D/A 转换器转换成对应的模拟电压 u_O,u_O 通过比较器 C 与 u_I 比较,确定 D_{n-2} 的值。以此类推,直至确定 D_0 的值。

4 位逐次比较型 A/D 转换器电路如图 7-12 所示。

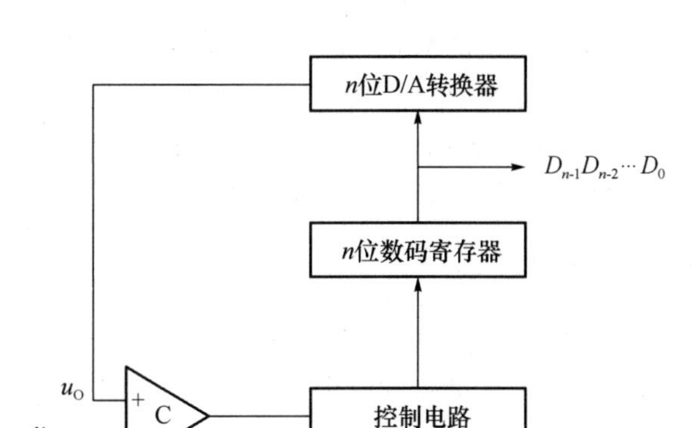

图 7-11 逐次比较型 A/D 转换器原理框图

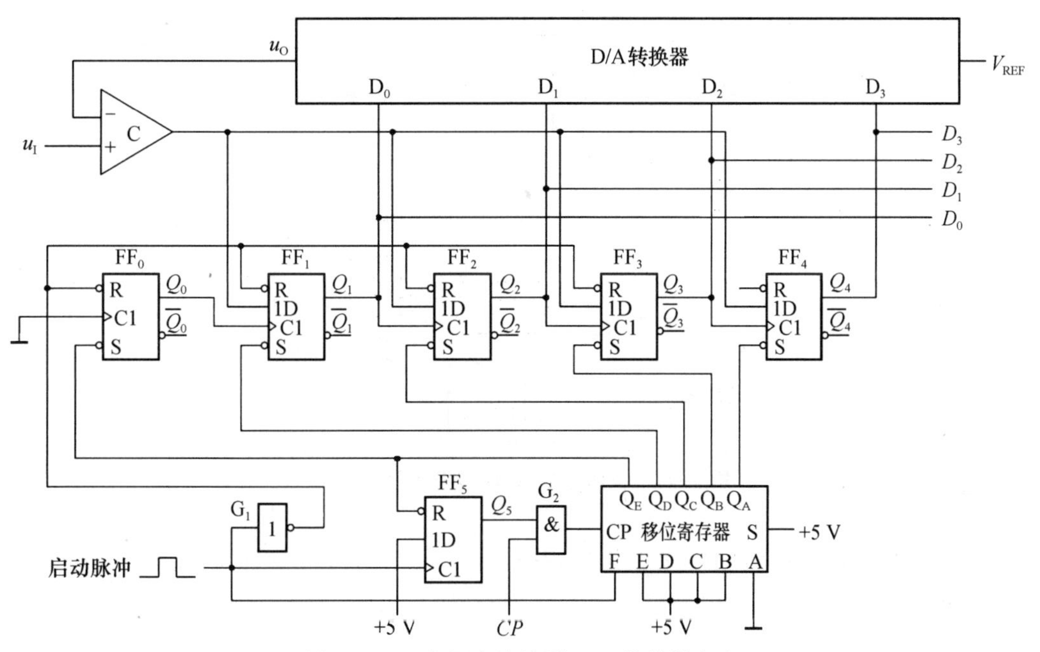

图 7-12 4 位逐次比较型 A/D 转换器电路

转换开始时,启动脉冲的一路信号经反相器 G_1 后使触发器 $FF_1 \sim FF_4$ 置零,另一路信号加到移位寄存器的使能端 F 上,F 由 0 变为 1,触发器 FF_5 的输出 $Q_5=1$,G_2 开启,时钟脉冲 CP 进入移位寄存器。

当第一个 CP 脉冲到来后,移位寄存器的输出为 $Q_AQ_BQ_CQ_DQ_E=01111$,因为 $Q_A=0$,触发器 FF_4 的输出 $Q_4=1$,即 $Q_4Q_3Q_2Q_1=1\ 000$。D/A 转换器将二进制代码 1000 转换为模拟电压 u_O,u_O 通过比较器 C 与输入电压 u_I 进行比较,若 $u_O>u_I$,比较器输出为 0,否则为 1。比较结果同时送到 $FF_1 \sim FF_4$ 的数据输入端 $D_4 \sim D_1$。

当第二个 CP 脉冲到来后,移位寄存器右移一位,其输出为 $Q_AQ_BQ_CQ_DQ_E=10111$。因为 $Q_B=0$,触发器 FF_3 的输出 Q_3 由 0 变为 1,这个正跳变作为有效触发信号加到 FF_4 的 C_1 端,使第一次比较的结果存于 Q_4。其余触发器无触发脉冲,继续保持原来的状态。Q_3 由 0 变为 1 后，D/A 转换器被输入了一组新的数据，u_O 通过比较器 C 再次与输入电压 u_I 进行比较，比较结果存于 Q_3。以此类推，直至 Q_E 由 1 变为 0，同时使 Q_5 由 1 变为 0，之后将 G_2 封锁，一次 A/D 转换过程结束，最终电路的输出端 $D_3D_2D_1D_0$ 得到与输入电压成正比的数字量。

逐次比较型 A/D 转换器的分辨率较高、转换速度较快、误差较低。

7.3.4 双积分型 A/D 转换器

双积分型 A/D 转换器的基本原理是对输入模拟电压和参考电压分别进行两次积分，将输入电压的平均值转换成与之成正比的时间间隔，在此时间间隔内对固定频率的时钟脉冲信号进行计数，计数结果就是与输入模拟电压成正比的数字量。

如图 7-13 所示，双积分型 A/D 转换器由积分器、比较器、n 位计数器、控制逻辑、时钟脉冲、开关和基准电压等组成。输入为模拟电压 u_I，输出为 n 位二进制代码。

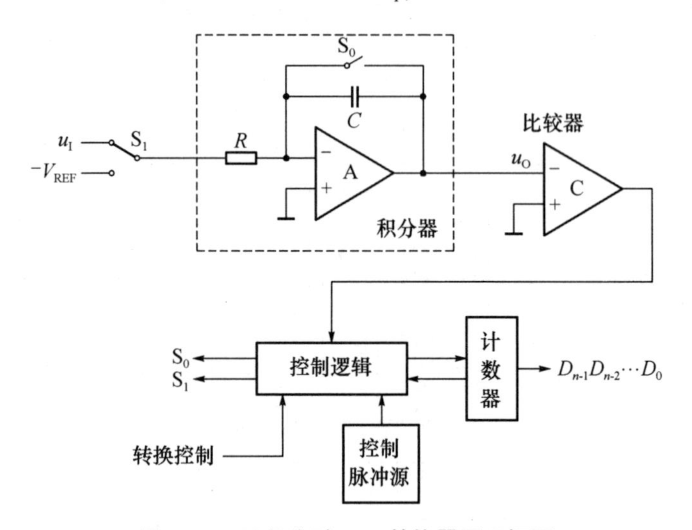

图 7-13 双积分型 A/D 转换器原理框图

双积分型 A/D 转换器的一次工作过程分为两个积分阶段。积分器的输出波形如图 7-14 所示。

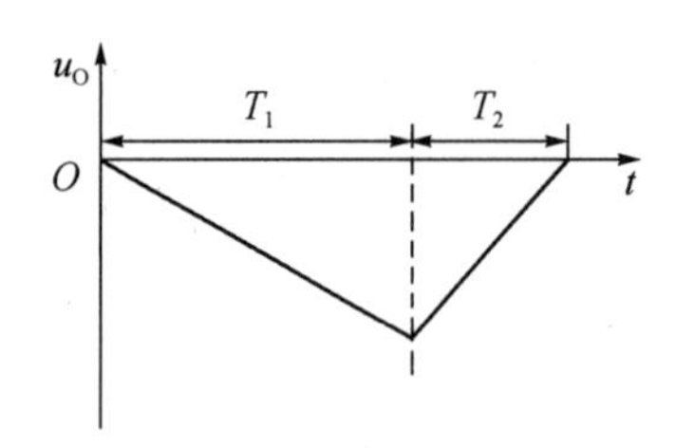

图 7-14 双积分型 A/D 转换器的输出波形

转换开始前开关 S_0 闭合，电容 C 放电，计数器清零。第一阶段的积分时间为 T_1，控制电路将开关 S_1 连接至输入电压 u_I，积分器对输入模拟电压 u_I 进行积分，积分器的输出电压 u_O 为

$$u_O = -\frac{1}{RC}\int_0^{T_1} u_I \mathrm{d}t = -\frac{u_I T_1}{RC} \tag{7-10}$$

式中,T_1、R 和 C 均为常数,因此 u_O 与 u_I 成正比。

在 T_1 期间内,计数器对频率为 $f_C=\frac{1}{T_C}$ 的时钟信号计数,设 T_1 与 T_C 有如下关系:

$$T_1 = NT_C \tag{7-11}$$

式中,N 为整数。

第二阶段的积分时间为 T_2,开关 S_0 保持断开状态,控制电路将开关 S_1 连接至基准电压 $-V_{REF}$,积分器对基准电压 $-V_{REF}$ 进行积分,积分器的输出电压为零,即

$$u_O = -\frac{u_O T_1}{RC} - \left(-\frac{1}{RC}\int_{T_1}^{T_1+T_2} V_{REF}\mathrm{d}t\right) = -\frac{u_I T_1}{RC} + \frac{V_{REF}T_2}{RC} = 0$$

$$T_2 = \frac{T_1}{V_{REF}}u_I \tag{7-12}$$

在 T_2 时间内,计数器对频率为 $f_C=\frac{1}{T_C}$ 的时钟信号计数,设计数结果为 u,即

$$u = T_2 f_C = \frac{T_2}{T_C} = \frac{T_1 u_I}{T_C V_{REF}} \tag{7-13}$$

将式(7-11)代入式(7-13),得:

$$u = \frac{N}{V_{REF}}u_I \tag{7-14}$$

式(7-14)表明,计数器的计数结果 u 与第一阶段输入的模拟电压 u_I 成正比,从而实现了输入模拟电压 u_I 到数字量输出的转换。

双积分型 A/D 转换器具有精度高、抗干扰能力强等优点,但在完成一次转换过程中需要进行两次积分,其缺点是转换时间长、工作速度低。

7.3.5 技术指标

1. 分辨率

A/D 转换器的分辨率用输出二进制数的位数表示,位数越多,误差越小,转换精度越高。

例如,A/D 转换器输入模拟电压范围为 0~5 V,输出 8 位二进制数可以分辨的最小模拟电压为 $\frac{5}{2^8-1}\approx 19.6$ mV;而输出 12 位二进制数可以分辨的最小模拟电压为 $\frac{5}{2^{12}-1}\approx 1.22$ mV。

2. 转换误差

A/D 转换器实际输出的数字量与理想输出的数字量之间的偏差称为转换误差。转换误差常用来描述转换精度,通常用 LSB 的倍数表示。量化误差、偏移误差、增益误差都会产生转换误差。通常要求转换误差小于等于 $\pm\frac{1}{2}$LSB,表明实际输出的数字量和理论上输出的数字量之间的误差小于等于最低位的 $\frac{1}{2}$。

3. 转换速度

完成一次 A/D 转换所需要的时间称为转换时间,转换时间越短,则转换速度越快。

A/D 转换器的转换时间与转换电路的类型有关。并行比较型 A/D 转换器的转换时间可达 10 ns;逐次比较型 A/D 转换器的转换时间在 10~50 μs;双积分型 A/D 转换器的转换时间在几十毫秒至几百毫秒之间。

因此,并行比较型 A/D 转换器的转换时间最短,逐次比较型 A/D 转换器的转换时间次之,双积分型 A/D 转换器的转换时间最长。

第 7 章习题

7.1　D/A 转换器是将________量转换成________量的器件, A/D 转换器是将________量转换成________量的器件。

7.2　D/A 转换器主要是由________、________、________、________等几部分构成的。

7.3　A/D 转换过程是通过________、________、________、________4 个步骤完成的。

7.4　在并联比较型 A/D 转换器中,要得到 3 位数字,要用________个比较器。

7.5　集成 D/A 转换器常采用的两种类型是________和________。

7.6　转换速度最快的 A/D 转换器是________。

7.7　根据采样定理,采样频率 f_S 至少是被采样信号最高频率 f_{max} 的________。

7.8　一个 10 位 A/D 转换器的最小分辨电压为 8 mV,采用四舍五入的量化方法,若输入电压为 5.337 V,则输出数字量为________。

7.9　8 位并行比较型 A/D 转换器内比较器数量应为________个。

7.10　D/A 转换器的转换精度主要是由________和________来决定的。

7.11　一个 8 位 D/A 转换器的最小输出电压增量为 0.04 V,若输入数字为 11001001B,输出电压是(　　)。

A. 8 V　　B. 7.72 V　　C. 3 V　　D. 5 V

7.12　A/D 转换器中,(　　)的转换速度最快。

A. 并行比较型　　B. 逐次比较型　　C. 双积分型　　D. 权电阻网络型

7.13　D/A 转换器中的主要参数有分辨率、转换误差和(　　)。

A. 输入电阻　　B. 输出电阻　　C. 转换速度　　D. 参考电压

7.14　双积分型 A/D 转换器的缺点是(　　)。

A. 转换速度较慢　　B. 转换时间不固定

C. 对元件稳定性要求较高　　D. 电路较复杂

7.15　D/A 转换器的分辨率与(　　)有关。

A. 输入数字量的位数　　B. 输出模拟电压的大小

C. 基准电压 V_{REF} 的大小　　D. 转换器的速度

7.16　如要将一个最大幅度为 7.99 V 的模拟信号转换为数字信号,要求 A/D 转换器的分辨率小于 10 mV,最少应选用(　　)位 A/D 转换器。

A. 6　　B. 8　　C. 10　　D. 12

7.17　D/A 转换器单位量化电压的大小等于 D_n 为(　　)时,D/A 转换器输出的模拟电压值。

A. 1　　B. n　　C. 2^n　　D. 2^n-1

7.18 逐次比较型 A/D 转换器的转换时间在(　　)的范围内。

A. 几十纳秒　　B. 几十微秒　　C. 几百毫秒　　D. 几十毫秒

7.19 双积分型 A/D 的转换时间在(　　)的范围内。

A. 几十纳秒　　B. 几十微秒　　C. 几百微秒　　D. 几 十毫秒

7.20 与倒 T 型电阻网络 D/A 转换器相比,权电阻网络 D/A 转换器的主要优点是消除了(　　)对转换精度的影响。

A. 网络电阻精度　　B. 模拟开关导通时间　　C. 电流建立时间　　D. 加法器

7.21 一个 8 位 D/A 转换器的单位量化电压为 0.02 V,当输入代码分别为 01011001、10100100 时,输出电压 u_O 是多少?

7.22 并行比较器 A/D 转换器输入数字量增加至 6 位,比较器数量应为多少。

7.23 如果要对输入二进制数码进行 D/A 转换,要求输出电压能分辨 2.5 mV 的变化量,最大输出电压要达到 10 V,试选择 D/A 转换器的位数 n。

7.24 某权电阻型 D/A 转换器如图 7-15 所示,图中 $D_i=1$ 时,对应的模拟开关接 V_{REF};$D_i=0$ 时,对应的模拟开关接地。试推导该 D/A 转换器输出 u_O 和输入 $D_3D_2D_1D_0$ 的关系式;说明权电阻 D/A 转换器有何优缺点。

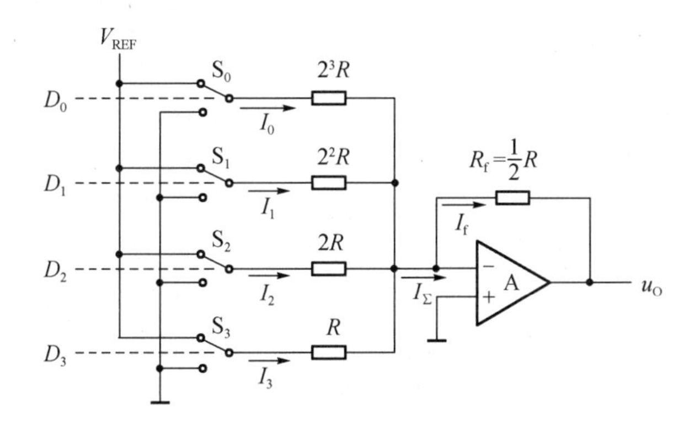

图 7-15　7.24 题图

7.25 如图 7-16 所示的倒 T 型电阻网络 D/A 转换器中,设 $R=R_f$,外接参考电压 $V_{REF}=-10$ V,为保证 V_{REF} 偏离标准值所引起的误差小于 $\frac{1}{2}$LSB,则 V_{REF} 的相对稳定度应取多少?

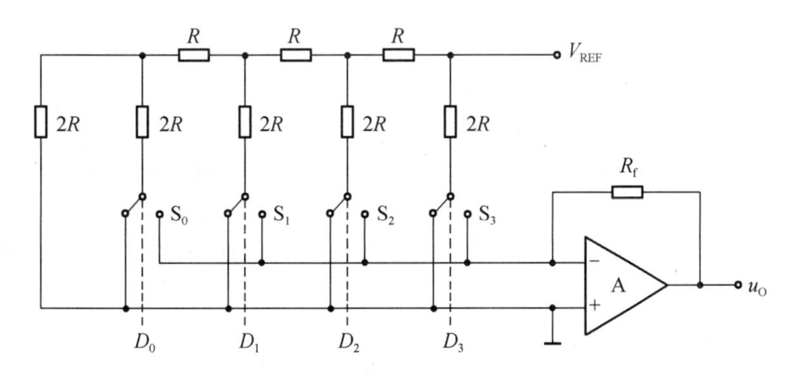

图 7-16　7.25 题图

第8章　半导体存储器与可编程逻辑器件

本章主要介绍了半导体存储器及可编程器件的结构、工作原理和使用方法。首先介绍存储器的基本概念,各种存储器的工作原理以及存储器容量的扩展方法;然后介绍可编程阵列逻辑、通用阵列逻辑的电路结构和应用;最后简单介绍复杂可编程器件、可编程门阵列和系统编程技术。

8.1　存储器概述

存储器是计算机等数字系统中的记忆设备,用来存放程序和数据,是计算机信息存储的核心。数字系统对存储器的要求是容量大、速度快、成本低,但是在一个存储器系统中要同时兼顾这三方面的要求是很困难的,为了解决这种矛盾,目前在计算机系统中,通常采用三级存储器结构,即快速缓冲存储器、主存储器和外存储器。中央处理器能直接访问的存储器称为内部存储器,包括快速缓冲存储器、主存储器。中央处理器不能直接访问外存储器。外存储器的信息必须调入内存储器后才能被中央处理器处理。

上述三种存储器形成计算机的三级存储管理。其中快速缓冲存储器主要强调快速存取,以便使存取速度和中央处理器的运算速度相匹配;外部存储器主要强调大的存储容量,以满足计算机的大容量存储要求;主存储器是计算机系统的主要存储器,要求选取适当的存储容量和存取周期,使它能容纳系统的核心软件和较多的用户程序。

目前计算机等数字系统的主存储器主要采用的是半导体存储器。半导体存储器是一种能存储大量二进制信息(或称为二值数据)的半导体器件,可以存放各种程序操作指令、数据和资料,是现代数字系统重要的、不可缺少的组成部分。半导体存储器具有集成度高、容量大、体积小、价格低、存储速度快、功耗低等优点。

8.1.1　半导体存储器分类

半导体存储器的种类很多,有以下分类方法。

(1) 按存取方式可将半导体存储器分为只读存储器(read only memory,ROM)和随机存取存储器(random access memory,RAM)。

只读存储器在正常工作状态下,数据只能从存储器中读出而不能写入。ROM 的优点是电路结构简单,数据一旦固化在存储器内部后,就可以长期保存,在断电以后也不会丢失,故属于数据非易失性存储器,常用来存放固定的信息。例如,常用于存放系统程序、数据表、字符代码等不易变化的数据。

随机存取存储器也称为随机读/写存储器。RAM 在工作时可以随时从任一指定的地址读出数据,也可以随时将数据写入任一指定的存储单元中。读出操作时原信息保留,写入操作时,新的信息取代原信息。RAM 的优点是读/写方便、使用灵活,缺点是数据容易丢失,即一旦断电,存储器中所存储的数据会全部丢失,故 RAM 是易失性存储器。RAM 一般用在需要频繁读写的场合,如计算机系统中的数据缓存。

(2) 根据存储器制造工艺的不同,存储器可分为双极型存储器和 MOS 型存储器。

双极型存储器以 TTL 触发器作为基本存储单元,具有速度快、价格高和功耗大等特点,主要用于高速应用场合,例如,计算机的高速缓存。

MOS 型存储器是以 MOS 触发器或 MOS 电路为存储单元,具有工艺简单、集成度高、功耗小、价格低等特点,主要用于计算机的大容量内存储器。

(3) 根据存储器数据的输入/输出方式不同,存储器可分为串行存储器和并行存储器。

串行存储器中,数据输入或输出采用串行方式。并行存储器中,数据输入或输出采用并行方式。显然,并行存储器读写速度快,但数据线和地址线占用芯片的引脚数目较多,且存储容量越大,所用引脚数目越多。串行存储器的速度比并行存储器慢一些,但芯片的引脚数目少了许多。

8.1.2 存储器的性能指标

存储器的性能指标很多,就实际应用而言,最重要的性能指标是存储容量、存取时间和存取周期。在介绍这三个性能指标之前,先介绍存储器中几个常用概念。

半导体存储器的核心部分是“存储矩阵”,它由若干个“信息单元”构成;每个信息单元又包含若干个“存储单元”,每个存储单元存放一位二进制数信息(0 或 1),称为一个“比特”。通常存储器以“信息单元”为单位进行数据的读写。每个“信息单元”也称为一个“字”,一个“字”中所含的位数称为“字长”。

(1) 存储容量。存储容量是指存储器能够容纳二进制信息的总量,即存储信息的总比特数,也称为存储器的位容量。存储器的容量=字数(m)×字长(n)。

(2) 存取时间。存取时间是用来衡量存储器的存取速度的,是指启动一次存储器读/写操作,到该操作完成所经历的时间。很显然,存取时间越短,存取速度越快。目前,高速缓冲存储器的存取时间已小于 20 ns,中速存储器的存取时间在 60~100 ns,低速存储器的存取时间在 100 ns 以上。

(3) 存取周期。存取周期是指连续启动两次独立的存储器操作所需的最小时间间隔。由于存储器在完成读/写操作之后需要一段恢复时间,所以存储器的存取周期略大于存储器的存取时间。如果在小于存取周期的时间内连续启动两次存储器访问,那么存取结果的正确性将不能得到保证。存取周期也是用来衡量存储器存取速度的。

8.2 只读存储器

ROM 是一种非易失性数据存储器,其中的数据一般由专用的装置写入,数据一旦写入,不能随意改写,在切断电源后,数据也不会消失。ROM 用来存放不需要经常修改的程序或数据,如计算机系统中的 BIOS 程序、系统监控程序、显示器字符发生器中的点阵代码等。ROM 从功能和工艺上可分为掩膜 ROM 和可编程 ROM。

8.2.1 ROM 的电路结构和工作原理

ROM 通常由地址译码器、存储矩阵和输出缓冲器三部分组成,其结构如图 8-1 所示。为区别不同的字,将存放同一个字的存储单元编成一组,并赋予一个号码,称为地址,不同的单元有不同的地址,在进行读操作时,可以按照地址选择要访问的单元。

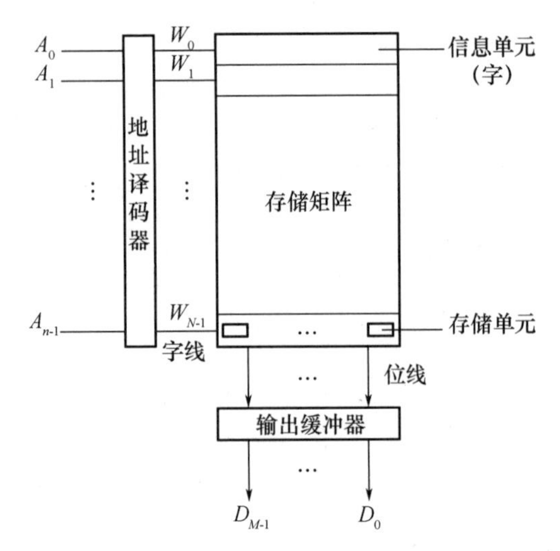

图 8-1 ROM 基本结构

图 8-1 中,$W_0, W_1, \cdots, W_{N-1}$ 是存储矩阵的输入线,共有 $N=2^n$ 条,称为字线。D_0,$D_1, \cdots, D_{M-1}$ 为存储矩阵的输出线,称为位线。字线与位线的交叉处,即是存储矩阵的一个存储单元。通常,存储单元可以由二极管、双极型晶体管或者 MOS 管构成。

地址译码器有 n 条地址输入线 $A_0, A_1 \cdots, A_{n-1}$,可以组合成 $N=2^n$ 个地址码,对应于 N 条字线。每当给定一组输入地址代码时,译码器选中某一条输出字线 W_i,该字线可以在存储矩阵中找到一个对应的“字”,并将该字中的 M 位数码通过位线送至输出缓冲器进行输出。

输出缓冲器与存储矩阵的输出位线相连,有两方面的作用:一是能提高存储器的带负载能力;二是实现对输出状态的三态控制,以便与系统的总线相连。

8.2.2 掩膜只读存储器

掩膜 ROM 所储存的数据是器件生产厂家根据用户的要求专门设计的,制作时,厂家利用二次光刻板的图形(掩膜)将其直接写入(固化)到存储器中,一旦 ROM 制成后,其内部存储的数据也就固定不变了,用户无法修改,断电后信息也不会丢失。使用时只能读出,不能写入。掩膜 ROM 的存储单元可由二极管构成,也可以用双极型晶体管或 MOS 管构成。

图 8-2 所示是用二极管与门和或门构成的掩膜 ROM 电路,具有 2 位输入地址码 A_1A_0,4 位输出数据 $D_3D_2D_1D_0$,输出缓冲器用的是三态门。由图 8-2 可知,地址译码器是由 4 个二极管与门构成的与门阵列,存储单元是由 4 个二极管或门构成的或门阵列。根据 ROM 存储容量为字线数乘位线数的定义可知,图 8-2 所示的二极管 ROM 的存储容量为 4×4=16 位。其中,接有二极管的存储单元相当于存储的是 1,没有接二极管的存储单元相当于存储的是 0。

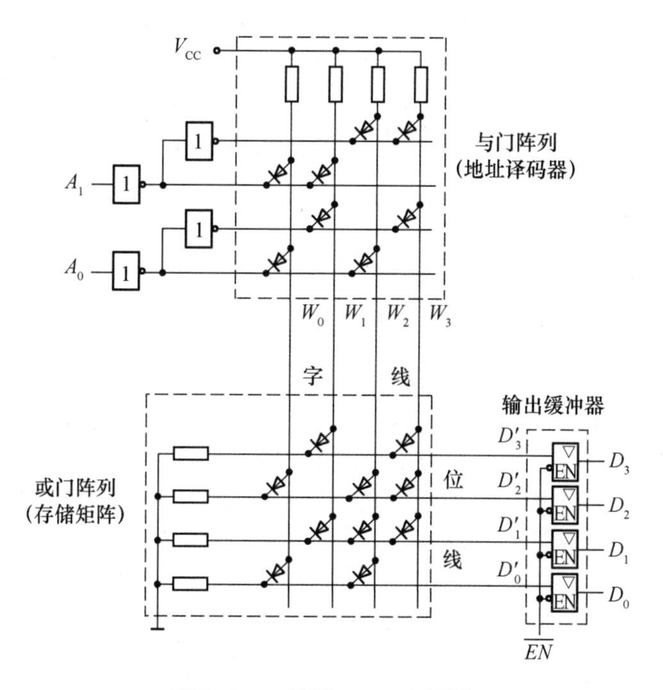

图 8-2 二极管 ROM 电路图

在进行读操作时,每输入一个地址,地址译码器的字线 $W_0 \sim W_3$ 中将有一根为高电平,其余为低电平。例如,当 $A_1A_0=00$ 时,字线 $W_0=1$,其他字线均为低电平。由于字线 W_0 只在与位线 D'_0、D'_2 交叉处接有二极管,所以这两个二极管导通,使位线 D'_0、D'_2 变为高电平。没有接二极管的存储单元对应的位线 D'_1、D'_3 仍保持低电平。当输出控制端 $\overline{EN}=0$ 时,数据经四条位线并通过三态门从 $D_0 \sim D_3$ 上输出,即 $D_3D_2D_1D_0=0101$。

由图 8-2 可得地址译码器的输出表达式为

$$\begin{cases} W_0 = \overline{A_1 A_0} \\ W_1 = \overline{A}_1 A_0 \\ W_2 = A_1 \overline{A}_0 \\ W_3 = A_1 A_0 \end{cases}$$

存储单元的输出表达式为

$$\begin{cases} D_0 = W_0 + W_2 \\ D_1 = W_1 + W_2 + W_3 \\ D_2 = W_0 + W_2 + W_3 \\ D_3 = W_1 + W_3 \end{cases}$$

图 8-2 所示二极管 ROM 的全部 4 个地址内的存储内容如表 8-1 所示。

表 8-1 图 8-2ROM 中的数据表

地址		字线				数据			
A_1	A_0	W_3	W_2	W_1	W_0	D_3	D_2	D_1	D_0
0	0	0	0	0	1	0	1	0	1
0	1	0	0	1	0	1	0	1	0
1	0	0	1	0	0	0	1	1	1
1	1	1	0	0	0	1	1	1	0

由图 8-2 所示二极管 ROM 电路可以看出,字线 W_i 与位线 D_j 的每个交叉点都是一个存储单元。交叉点处接有二极管相当于存储 1,没有接二极管相当于存储 0。为简化作图,可以用如图 8-3 所示阵列图表示图 8-2 的电路图,它由与阵列和或阵列组成。与阵列对应于地址译码器,用“ · ”标注地址码;或阵列对应于存储矩阵,用“ · ”表示交叉处接有二极管,没有接二极管的交叉点处不画。

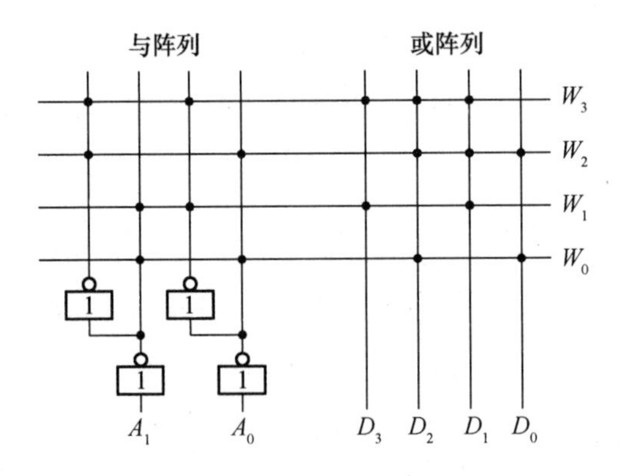

图 8-3 图 8-2 所示二极管 ROM 阵列图

实际中使用的 ROM,大多数是用 MOS 管构成的 ROM,另外也可以用双极型晶体管构成 ROM,但基本结构和工作原理与二极管 ROM 相似。图 8-4 所示是用 MOS 管构成的 4×4 存储矩阵。

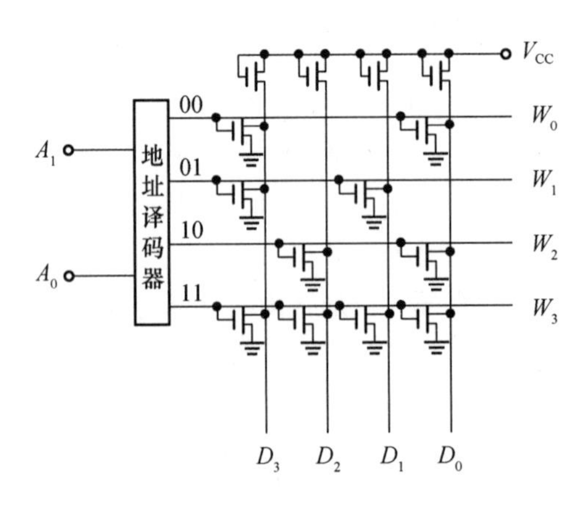

图 8-4 用 MOS 管构成的存储矩阵

掩膜 ROM 有如下主要特点：

(1) 存储的内容由制造厂家一次性写入，写入后便不能修改，灵活性差；

(2) 存储内容固定不变，可靠性高；

(3) 少量生产时造价较高，因而只适用于定型批量生产。

8.2.3　可编程只读存储器

为了便于用户根据自己的需要来确定 ROM 中的储存内容，人们设计了可编程只读存储器(programmable read-only memory，PROM)。

PROM 的总体结构与掩模 ROM 一样，同样由存储矩阵、地址译码器和输出缓冲器组成。不同的是，PROM 在出厂时已经在存储矩阵的所有交叉点上全部制作了存储元件，即在所有存储单元里都存入 1(或 0)，用户可以根据自己的需要写入信息，即利用编程器将某些单元改写为 0(或 1)。

按照制作工艺，PROM 分为一次可编程只读存储器、可擦除可编程只读存储器、电可擦除可编程只读存储器及快闪存储器等几种类型。

1. 一次可编程只读存储器

一次可编程只读存储器简称 PROM，它的存储元件通常有两种电路形式：一种是由三极管组成的熔丝型电路；另一种是由二极管组成的结破坏型电路。

熔丝型 PROM 的存储单元如图 8-5 所示，它是由一个三极管和串在发射极的快速熔断熔丝组成。出厂时，所有存储单元的熔丝都是连通的，相当于每个存储单元存储的全是 1。正常工作电流下，熔丝不会烧断。用户对 PROM 编程时，首先通过字线和位线选择需要编程的存储单元，然后通过一定幅度和宽度的脉冲电流，将选择的存储单元中的熔丝熔断，则该单元中的内容由 1 改写为 0。

结破坏型 PROM 的存储单元如图 8-6 所示，每个存储单元的字线和位线交叉处由两个二极管反向串联，相当于每个存储单元存储的全是 0。编程时，首先通过字线和位线选择需要编程的存储单元，然后在位线 B_j 和字线 W_i 之间加上一个高电压和大电流，使所选存储单元的二极管的 PN 结击穿短路，字线 W_i 和位线 B_j 接通，相当于将该单元的内容由 0 改写成 1。

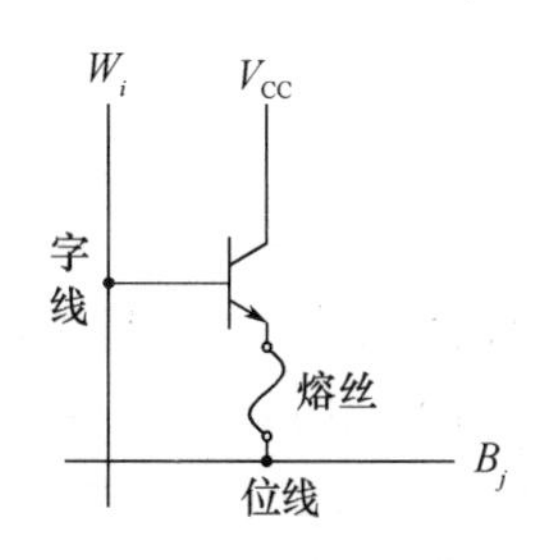

图 8-5　熔丝型存储单元

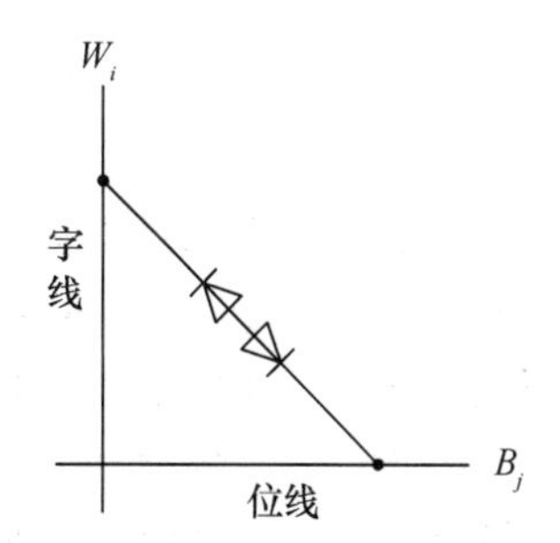

图 8-6　结破坏型存储单元

2. 可擦除可编程只读存储器

可擦除可编程只读存储器简称(erasable programmable read-only memory)，是一种可多

次擦除可编程的只读存储器。EPROM 与 PROM 的总体结构形式上没有多大的区别,只是采用了不同的存储单元。早期的 EPROM 存储单元中使用了浮栅雪崩注入 MOS 管(floating-gate avalanche injection metal oxide semiconductor,FAMOS),存储单元需用两只 MOS 管,集成度低、击穿电压高、速度较慢。

目前,EPROM 的存储单元多采用叠栅注入 MOS 管(stacked-gate injection metal oxide semiconductor,SIMOS),EPROM 存储单元如图 8-7 所示。

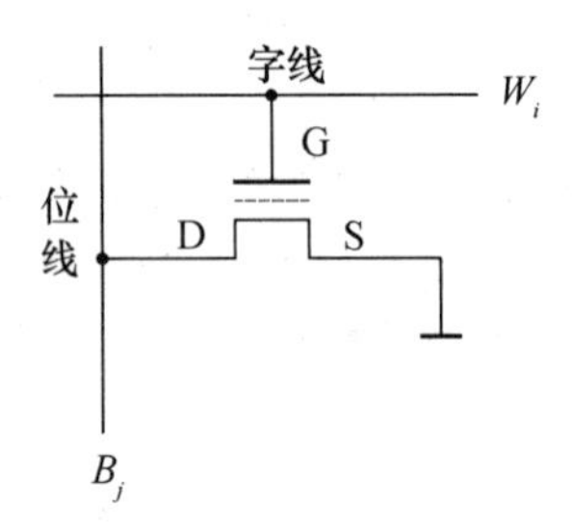

图 8-7 EPROM 存储单元

SIMOS 管的结构如图 8-8 所示,它有两个栅极——控制栅和浮栅。控制栅与字线 W_i 相连,用以控制数据的读出和写入;浮栅没有引出线,被包裹在二氧化硅(SiO_2)绝缘层中,用于长期保存注入电荷。

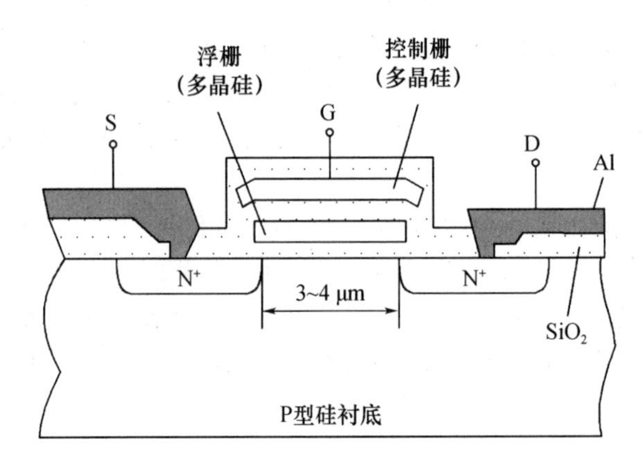

图 8-8 SIMOS 管的结构图

出厂时,EPROM 所有的存储单元的浮栅均无电荷,相当于每个存储单元存储的全是 1。用户对 EPROM 编程时,在 SIMOS 管的漏极和源极之间加上较高的电压(约+25 V)使沟道内的电场足够强而发生雪崩击穿现象,产生大量的高能电子。如果同时在控制栅上加以高压脉冲(幅度约+25 V,宽度约 50 ms)则在控制栅正脉冲电压的吸引下,部分高能电子将穿越 SiO_2 层到达浮栅,被浮栅俘获而形成注入电荷,注入电荷的浮栅可认为写入 0,没有注入电荷的浮栅仍然存储 1。当高电压去掉后,被 SiO_2 包围的浮栅上的电子很难泄露,所以一旦电子注入浮栅之后,就可以长期保存。

正常工作时,栅极加+5 V 电压,SIMOS 管不导通,因此,只能读出存储器中的内容而不能写入。

当外部能源(如紫外线光源)加到 EPROM 上时,EPROM 内部的电荷分布才会被破坏,此时聚集在 MOS 管浮栅上的电荷在紫外线照射下形成光电流被泄漏掉,使电路恢复到初始状态,从而擦除了所有写入的信息。这样 EPROM 又可以写入新的信息。

常用的 EPROM 有 2716(2 KB×8 位)、2732(4 KB×8 位)、2764(8 KB×8 位)和 27512(64 KB×8 位)等。图 8-9 所示是容量为 8 KB×8 位的 2764 的引脚框图。图中,V_{PP} 为编程电源,$\overline{CS}$ 为片选信号,$\overline{P}$ 为编程脉冲信号,$\overline{OE}$ 为输出允许信号,$A_0 \sim A_{12}$ 为地址信号,$D_0 \sim D_7$ 为数据信号。

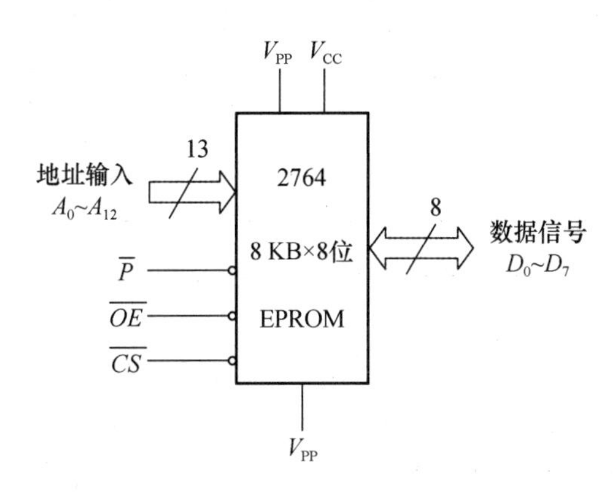

图 8-9　EPROM 2764 的引脚框图

3. 电可擦除可编程只读存储器

虽然用紫外线擦除的 EPROM 具有了可擦除重写的功能,但擦除操作复杂,擦除速度慢,而且只能整体擦除,不能单独擦除某一存储单元的内容。为了克服这些缺点,又研制出了可以用电信号擦除的可编程 ROM,即 E^2PROM(electrically erasable programmable read-only memory)。

E^2PROM 的存储单元如图 8-10 所示。其中,T_1 是一种浮栅隧道氧化层(floating-gate tunnel oxide)MOS 管,简称 Flotox 管,T_2 是普通的 N 沟道增强型 MOS 管,称为门控管。根据浮栅上是否注入电子来定义存储单元的 0 或 1 状态。

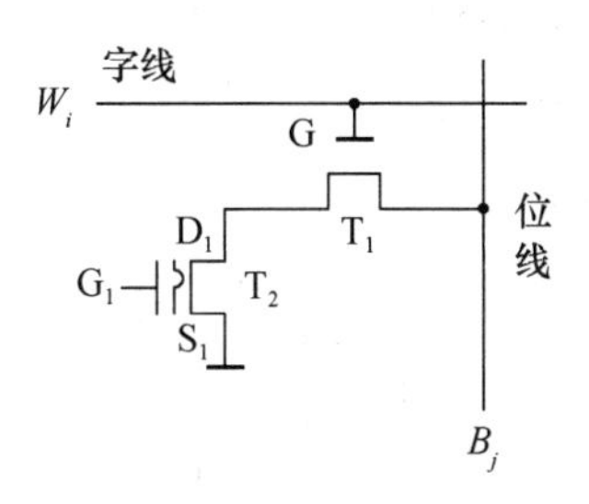

图 8-10　E^2PROM 的存储单元

Flotox 管的结构如图 8-11 所示,它也有两个栅极——擦写栅和浮栅。浮栅与漏极区之间有一个氧化层极薄的区域(厚度在 2×10^{-8} m 以下),称为隧道区。当隧道区的电场强度大于 10^7 V/cm 时,在漏极区和浮栅之间会出现导电隧道,电子可以双向通过,形成电流。这种现象称为隧道效应。

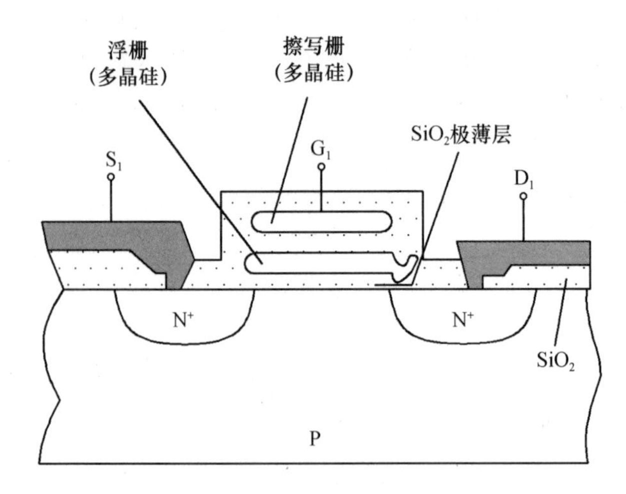

图 8-11　Flotox 管的结构图

在读出操作时，G_1 上加+3V 电压，W_1 加+5V 的正常电平，这时门控管 T_2 导通，如果 Flotox 管的浮栅上没有注入电子，则 T_1 导通，在位线 B_j 上读出 0；如果 Flotox 管的浮栅上注入电子，则 T_1 截止，在位线 B_j 上读出 1。

擦除 E^2 PROM 中的内容时，在擦写栅 G_1 和字线 W_i 上加+20 V 左右的脉冲电压，漏区接近 0 V。漏区的电子通过隧道存储于浮栅中，此时，Flotox 管的开启电压提高到+7 V 以上，称为高开启电压管。读出时 G_1 上的电压只有+3 V，Flotox 管截止。字被擦除后，存储单元为 1 状态。

写入时，应使要写入 0 的存储单元的 Flotox 管浮栅放电。因此，在该单元的擦写栅 G_1 上加上 0 V 电压，同时在字线 W_i 和位线 B_j 上加+20 V 左右脉冲电压。这时，存储于 Flotox 管浮栅中的电子通过隧道放电，使 Flotox 管的开启电压降为 0 V 左右，称为低开启电压管。读出时 G_1 上加+3 V 电压，Flotox 管导通，存储单元为 0 状态。

由于 E^2PROM 擦除和写入时需要加高电压脉冲，且时间较长，所以在系统正常工作状态下，E^2PROM 只能工作在读出状态，作为 ROM 使用。

常见的 E^2PROM 芯片有 2816、2832、2864、28256 等。图 8-12 所示的是容量为 32 KB×8 位的 28256 芯片的引脚框图。图中，$\overline{CS}$ 为片选信号，$\overline{W}$ 为写控制信号，$\overline{OE}$ 为输出允许信号，$A_0 \sim A_{14}$ 为地址信号，$D_0 \sim D_7$ 为数据信号。

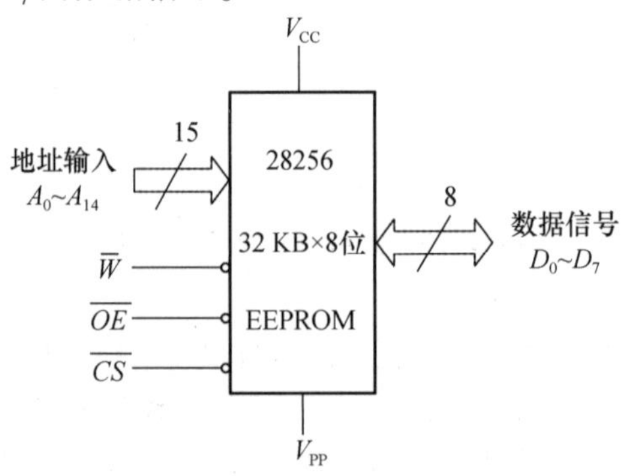

图 8-12　E^2PROM 28256 的引脚框图

4. 快闪存储器

快闪存储器(Flash Memory)是在 E^2PROM 擦写方便和 EPROM 结构简单、编程可靠的基础上研制出来的一种新型器件,是采用一种类似于 EPROM 的单管叠栅结构的存储单元制成的一种用电信号擦除的可编程 ROM。

快闪存储器中叠栅 MOS 管的结构原理图如图 8-13 所示。它的结构与 EPROM 中的 SIMOS 管很相似,最大的区别在于 EPROM 中浮栅和衬底间的氧化层厚度一般为 30~40 nm,而在快闪存储器中仅为 10~15 nm。此外,快闪存储器中浮栅与源极重叠的面积小,有利于产生隧道效应。

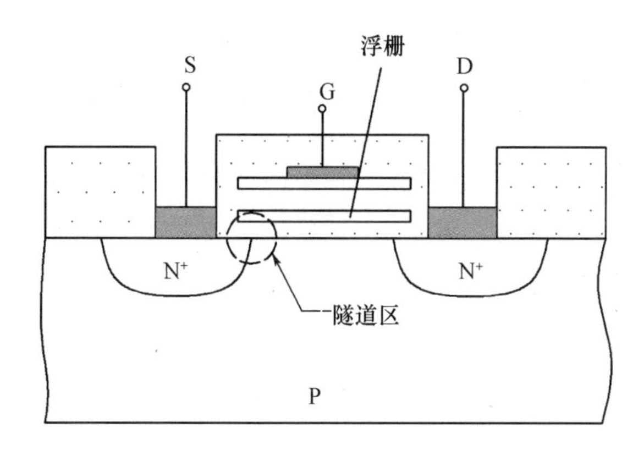

图 8-13 快闪存储器中叠栅 MOS 管的结构原理图

快闪存储器的存储单元如图 8-14 所示。在读出状态下,字线 $W_i=1$, $V_{SS}=0$,如浮栅上没有注入电子,则叠栅 MOS 管导通,位线 B_j 输出 0;如果浮栅上注入电子,则叠栅 MOS 管截止,位线 B_j 输出 1。

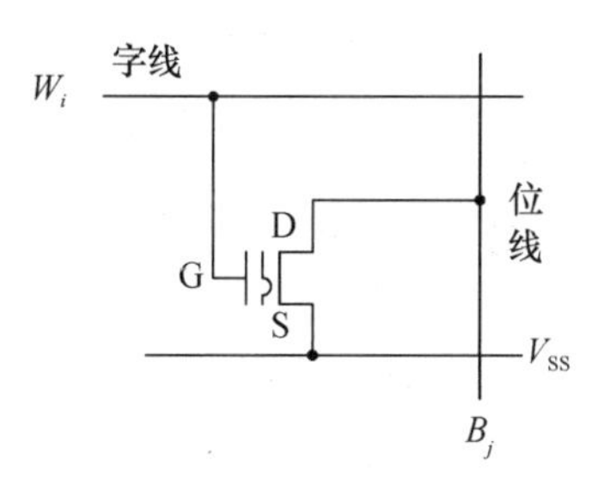

图 8-14 快闪存储器的存储单元

快闪存储器的写入方法与 EPROM 相同,即利用雪崩注入的方法使浮栅充电。快闪存储器的擦除操作是利用隧道效应实现的,类似于 E^2PROM 写入 0 时的操作。但由于快闪存储器内所有的叠栅 MOS 管的源极是连在一起的,所以擦除时全部存储单元将同时被擦除。

5. 用 ROM 实现组合逻辑函数

所有的组合逻辑函数都可变换为标准与-或形式,所以都可以用 ROM 来实现,只要 ROM 有足够的地址线和数据线就行了。

实现的方法就是把逻辑变量从地址线输入,把逻辑函数值写入相应的存储单元中,而数据输出端就是函数输出端,ROM 有几个输出端就可实现几个逻辑函数。由此可知,用具有 n 位输入地址、m 位数据输出的 ROM 可以实现一组最多 m 个任何形式的 n 变量组合逻辑函数,这也适用于 RAM。

【例 8-1】 试用 ROM 实现下列逻辑函数。

$$Y_1 = A\overline{C} + \overline{B}C$$

$$Y_2 = AB + AC + BC$$

解:(1) 将逻辑表达式化为下列标准与-或形式的最小项表达式:

$$Y_1 = \overline{A}\,\overline{B}C + A\overline{B}\,\overline{C} + A\overline{B}C + AB\overline{C} = \sum m(1,4,5,6)$$

$$Y_2 = \overline{A}BC + A\overline{B}C + AB\overline{C} + ABC = \sum m(3,5,6,7)$$

(2) 确定存储单元内容。该 ROM 有三个输入端和两个输出端,把 A、B、C 作为地址输入变量,Y_1、Y_2 作为数据输出。

(3) 将 ROM 的存储矩阵画成阵列图。如图 8-15 所示,即在字线和位线的交叉点上用小圆点表示 1,没有小圆点表示 0。

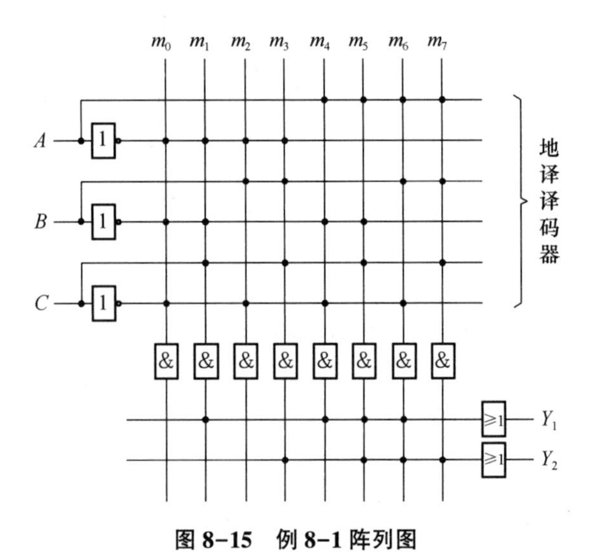

图 8-15 例 8-1 阵列图

【例 8-2】 试用 ROM 产生一组多输出的逻辑函数。

$$Y_1 = \overline{A}BC + \overline{A}\,\overline{B}C$$

$$Y_2 = A\overline{B}C\overline{D} + BC\overline{D} + \overline{A}BCD$$

$$Y_3 = ABC\overline{D} + \overline{A}B\overline{C}\,\overline{D}$$

$$Y_4 = \overline{A}\,\overline{B}C\overline{D} + ABCD$$

解:(1) 将逻辑表达式化为下列标准与-或形式的最小项表达式:

$$Y_1 = \overline{A}BCD + \overline{A}BC\overline{D} + \overline{A}\,\overline{B}CD + \overline{A}\,\overline{B}C\overline{D} = \sum m(2,3,6,7)$$

$$Y_2 = A\overline{B}C\overline{D} + ABC\overline{D} + \overline{A}BC\overline{D} + \overline{A}BCD = \sum m(6,7,10,14)$$

$$Y_3 = ABC\overline{D} + \overline{A}B\overline{C}\,\overline{D} = \sum m(4,14)$$

$$Y_4 = \overline{A}\,\overline{B}C\overline{D} + ABCD = \sum m(2,15)$$

（2）确定存储单元内容。该 ROM 有四个输入端和四个输出端，把 A、B、C、D 作为地址输入变量，Y_1、Y_2、Y_3、Y_4 作为数据输出。

（3）将 ROM 的存储矩阵画成阵列图。如图 8-16 所示，即在字线和位线的交叉点上有小圆点表示 1，没有小圆点表示 0。

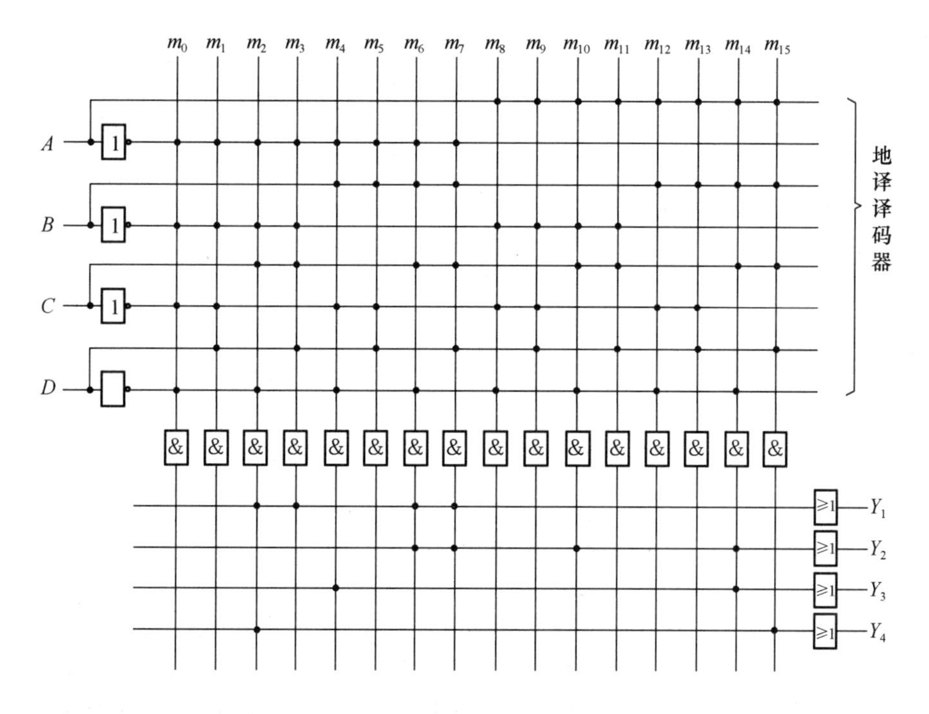

图 8-16　例 8-2 阵列图

8.3　随机存取存储器

随机存储器（RAM）也称为可读/写存储器，根据存储单元的工作原理不同，RAM 可分为静态 RAM（static random access memory，SRAM）和动态 RAM（dynamic random access memory，DRAM）两种。

SRAM 使用触发器作为存储元件，因而只要使用直流电源，就可存储数据。SRAM 的特点是速度快、工作稳定，且不需要刷新电路，使用方便灵活。但由于它所用 MOS 管较多，致使集成度低、功耗较大、成本也高。在微机系统中，SRAM 常用作小容量的调整缓冲存储器。

DRAM 使用电容作为存储单位，只有通过刷新对电容再充电，才能长期保存数据。DRAM 的特点是集成度高、功耗低、价格便宜。但由于电容存在漏电现象，电容电荷会因为漏电而逐渐丢失，因此必须定时对 DRAM 进行充电刷新。在微机系统中，DRAM 常被用作内存（即内存条）。

当电源被移走后，SRAM 和 DRAM 都会丢失存储的数据，因此 RAM 被归类为易失性存储器。

8.3.1 RAM的电路结构

图8-17所示为RAM的基本结构,其主要由存储矩阵、地址译码器和读/写控制电路三部分组成。

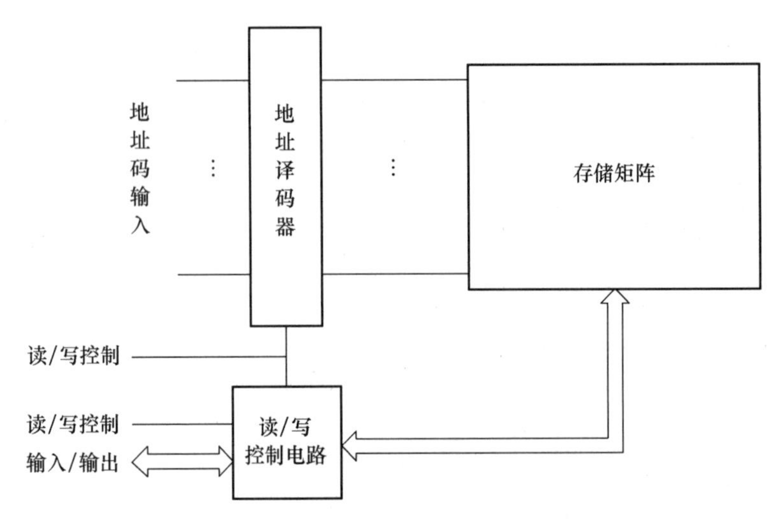

图8-17 RAM的基本结构

存储矩阵在译码器和读/写控制电路的控制下完成读/写操作。通常,RAM以字为单位进行数据的读写,在进行读/写操作时,可以按照地址选择要访问的单元。

地址译码器的作用是将输入的地址信号译成有效的行选通信号和列选通信号,从而选中相应的存储单元。RAM中的地址译码器常用双译码结构。即将输入地址分成行地址和列地址两部分,分别由行地址译码器和列地址译码器译码,其优点是可以减少字线数量。

读/写控制电路用于对RAM进行读出和写入的控制,通常读写控制电路设有片选线($\overline{CS}$)和读/写控制线($R/\overline{W}$)。其中片选信号$\overline{CS}$低电平有效,当$\overline{CS}=0$时,RAM可以进行正常的数据读/写;当$\overline{CS}=1$时,RAM输出呈高阻状态,此时RAM不能进行正常的数据读/写操作。读/写控制信号$R/\overline{W}$用于对RAM进行读出和写入的操作,当$R/\overline{W}=1$时,执行读出操作,将存储单元里的内容送到输入/输出端(I/O)上;当$R/\overline{W}=0$时,执行写入操作,加到输入/输出线上的数据被写入存储器中。

8.3.2 RAM的存储单元

1. SRAM的存储单元

常用的SRAM存储单元有MOS型和双极型两种,图8-18所示是由6只N沟道增强型MOS管($T_1\sim T_6$)和读/写控制电路构成的六管N沟道增强型MOS静态存储单元。

在图8-18所示的电路中,$T_1\sim T_4$构成基本RS触发器,用以存储一位二值信息0或1,T_5和T_6是存储单元的行门控管,起模拟开关作用,用来控制基本RS触发器的Q、$\overline{Q}$输出端和位线B_j、$\overline{B}_j$之间的联系;T_5、T_6的状态由行控制信号X_i控制,当$X_i=1$时,T_5、T_6导通,触

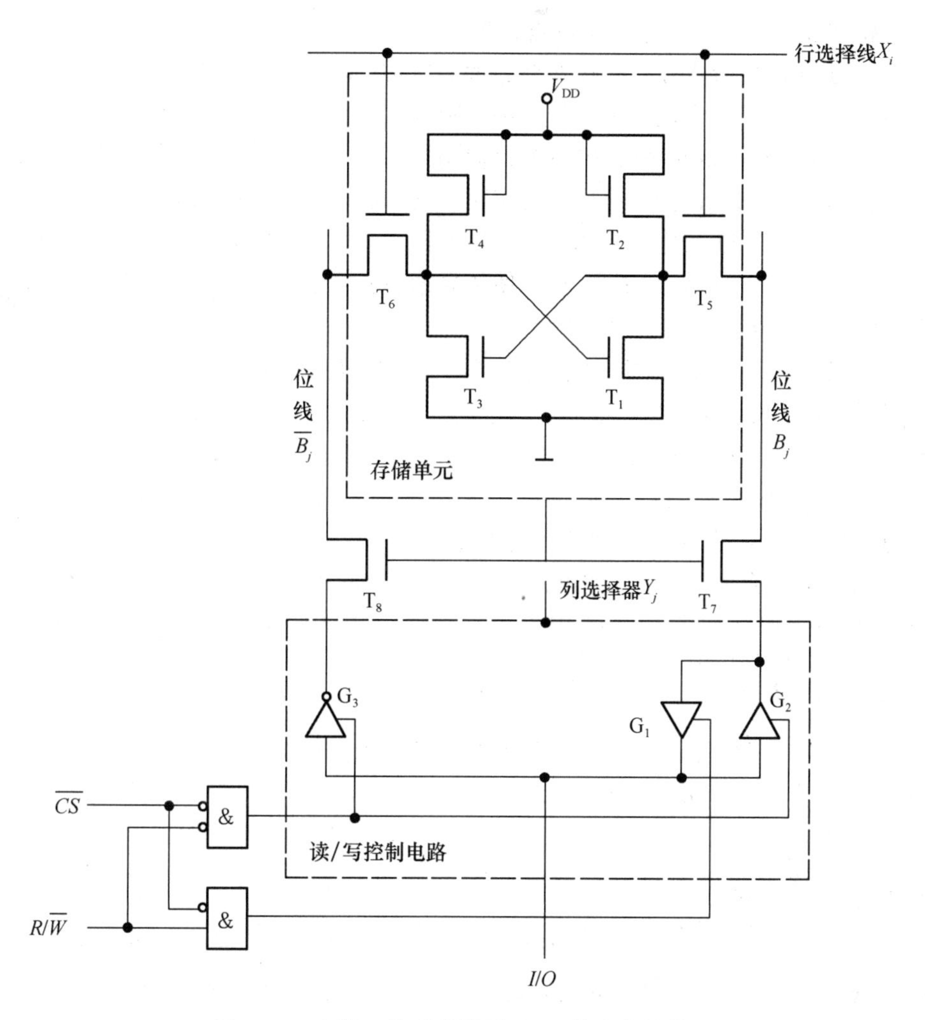

图 8-18 六管 N 沟道增强型 MOS 静态存储单元

发器 Q、$\overline{Q}$ 输出端和位线 B_j、$\overline{B_j}$ 接通；当 $X_i=0$ 时，T_5、T_6 截止，触发器 Q、$\overline{Q}$ 输出端和位线 B_j、$\overline{B_j}$ 的联系切断，基本 RS 触发器的状态维持不变。T_7、T_8 是列门控管，由列控制信号 Y_j 控制，用来控制位线 B_j、$\overline{B_j}$ 与读/写控制电路之间的接通。$Y_j=1$，T_7、T_8 导通；$Y_j=0$，T_7、T_8 截止。

存储单元所在的行和列同时被选中后，$X_i=1$，$Y_j=1$，$T_5\sim T_8$ 均导通，Q 和 $\overline{Q}$ 分别接通 B_j 和 $\overline{B_j}$。这时，如果 $\overline{CS}=0$、$R/\overline{W}=1$，则读/写控制器 G_1 打开，G_2 和 G_3 关闭，基本 RS 触发器的状态 Q 经 G_1 送到 I/O 端，完成数据的读出。如果 $\overline{CS}=0$、$R/\overline{W}=0$，则读/写控制电路的 G_2 和 G_3 打开，G_1 关闭，外电路输入 I/O 端的数据被写入存储单元。

2. DRAM 的存储单元

DRAM 存储单元是利用 MOS 管栅极电容可以在短时间内暂时存储电荷来刻录数据的。当电容充有电荷，呈现高电压时，相当于存储 1，反之相当于存储 0。但由于漏电流的存在，电容上存储的数据（电荷）不能长期保存。为防止数据被破坏，就必须定期给电容补充电荷，这种操作称为刷新或再生。

DRAM 存储单元有单管、三管和四管等形式，下面就以单管 DRAM 为例分析 DRAM 存储数据的原理。单管 DRAM 存储单元的电路结构如图 8-19 所示，其由一只 N 沟道增强型 MOS 管 T 和一个存储电容 C_S 组成。其中，MOS 管 T 相当于一个开关，当字线 X_i 为高电平时，T 导通，C_S 与位线 B_j 连通，反之则断开。

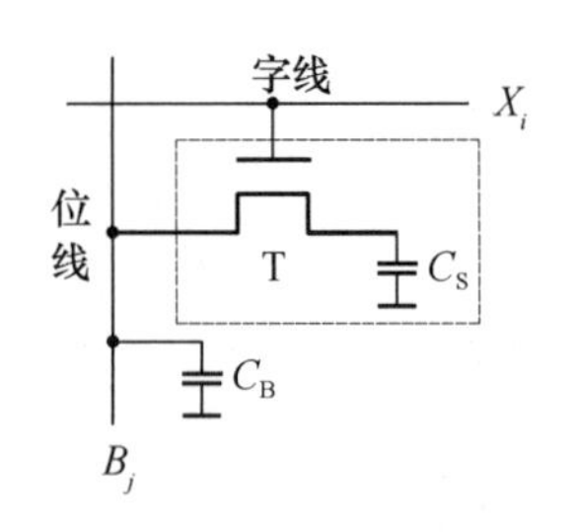

图 8-19 单管 MOS 动态存储单元

进行写入操作时，字线 X_i 加高电平，使 T 导通，写入数据由位线 B_j 经过 T 存储到 C_S 中。

进行读出操作时，X_i 同样加高电平，使 T 导通，C_S 经过 T 向位线上的分布电容 C_B 提供电荷，使位线 B_j 获得读出的信号电平。由于实际的存储器电路中位线上总是同时接有很多的存储单元，使 $C_B \gg C_S$，因此，读出的电压信号极小，需要在 DRAM 中设置的读出放大器。另一方面，由于读出时会消耗 C_S 中的电荷，存储的数据被破坏，所以每次读出后都必须对电路进行一次刷新，以维持 C_S 上所存储的数据。

单管动态存储单元是所有存储单元中电路结构最简单的一种，虽然它的外围控制电路比较复杂，但它在提高集成度方面的优势明显，是大容量 DRAM 的首先技术。

8.3.3 RAM 的扩展

在实际应用中，经常需要大容量的 RAM，在单片 RAM 芯片容量无法满足要求时，就需要进行扩展，可以将多片 RAM 组合起来，达到增加字数、倍数或两者同时增加的目的，构成容量更大的存储器，RAM 的扩展分为位扩展和字扩展两种。

1. RAM 的位扩展

当存储器的字长不够用时，可进行位扩展，位扩展可以利用芯片并联的方式实现。方法很简单，首先根据所需扩展的倍数确定 RAM 芯片数；然后将所有 RAM 的地址线、$R/\overline{W}$、$\overline{CS}$ 分别对应并联在一起，作为扩展后 RAM 的地址线、读写控制线、片选线；每片的 I/O 端均作为扩展后整个 RAM 输入/输出数据端的其中一位。

图 8-20 所示是用 8 片 1024×1 bit RAM 扩展成的 1024×8 bit RAM 的存储系统图。

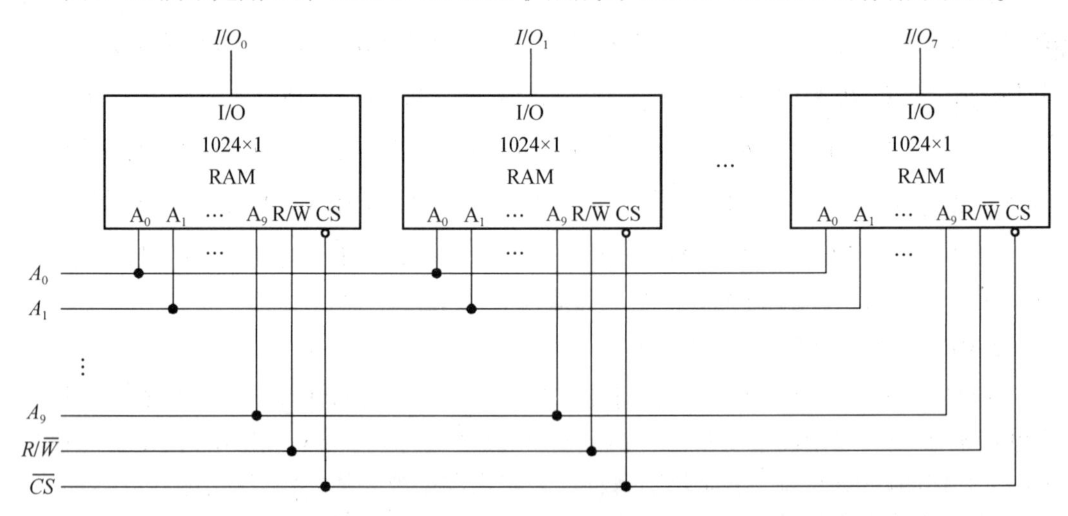

图 8-20 用 8 片 1024×1 bit RAM 扩展成的 1024×8 bit RAM 的存储系统图

2. RAM 的字扩展

当存储器的字长满足要求，但字数不够用时，可进行字扩展。字扩展可以利用外加译码器的分别控制各芯片的片选 $\overline{CS}$ 输出端来实现，具体的扩展方法是：根据所需扩展字数确定 RAM 芯片数；然后将所有 RAM 的地址线、$R/\overline{W}$ 和 I/O 线分别并联起来。作为扩展后 RAM 的地址线、读/写控制线、输入/输出数据端；RAM 字扩展后，其地址线是增加的，用增加的地址线作为外加地址译码器的输入，并将各芯片的 $\overline{CS}$ 分别与地址译码器的输出相连。

图 8-21 所示是用 8 片 1024×8 bit RAM 构成的 1024×64 bit RAM 的存储系统图。图中 I/O 线、$R/\overline{W}$ 线和地址线 A_0 ~ A_9 是并联起来的，高位地址码 A_{10}、A_{11} 和 A_{12} 经 74LS138 译码器的 8 个输出端，分别控制 8 片 1024×8 位 RAM 的片选端，以实现字扩展。

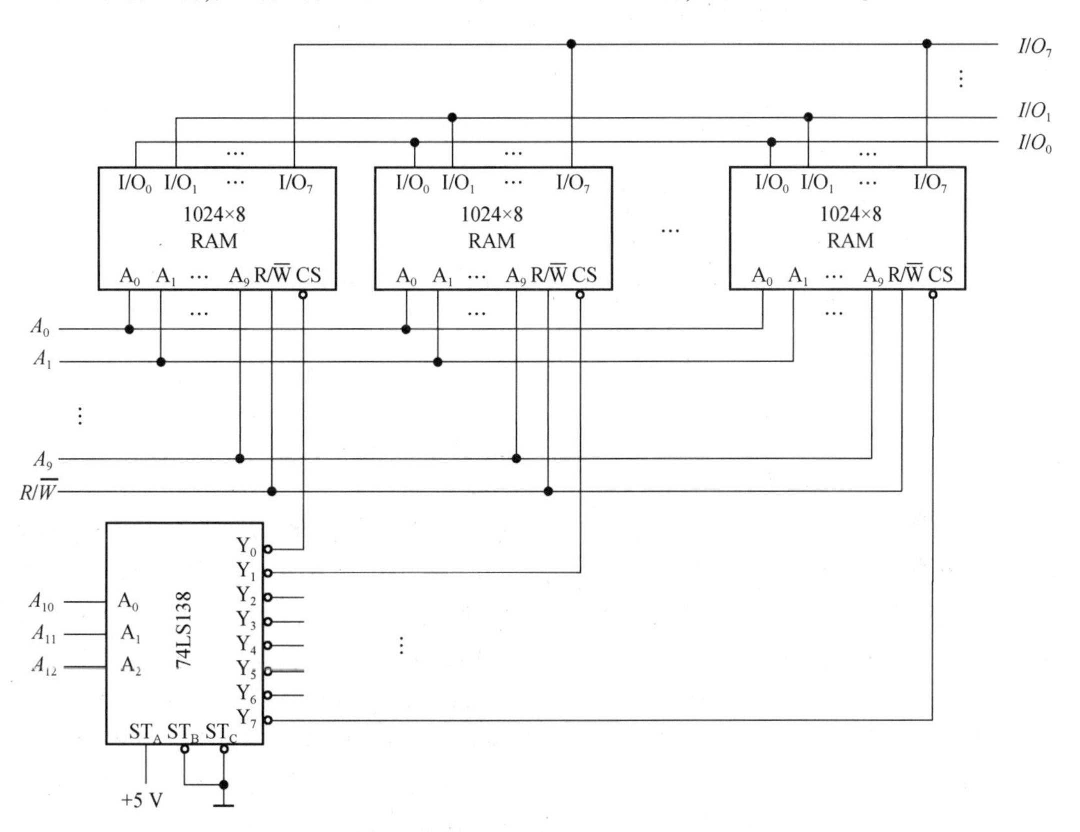

图 8-21　RAM 字扩展方法示意图

8.4　可编程逻辑器件

20 世纪六七十年代的数字电路一般都由通用的中小规模集成电路构成，当电路复杂时，设计和调试都比较麻烦。70 年代后出现了存放用户程序的可编程只读存储器（PROM），可以方便地实现逻辑电路，由此便出现了最早的可编程逻辑器件（programmable

logic device,PLD)。该类器件具有结构灵活、集成度高、处理速度快和可靠性高等特点,因此发展极其迅速,从早期的仅几百门规模、需专用编程器编程的简单可编程逻辑器件,发展到数百万门规模、可在线直接编程的高密度可编程逻辑器件,在工业控制和产品开发等方面得到了广泛的应用。

可编程逻辑器件的分类,如图 8-22 所示。其中,最早的可编程逻辑器件是 PROM,然后是 PLA(programmable logic array)和 PAL(programmable array logic),以后逐步改进到通用阵列逻辑 GAL(generic array logic)。由于这些器件的电路结构比较简单、规模较小(一般在 1 000 门以下),统称为简单的可编程逻辑器件 SPLD(simple PLD)。1 000 门以上的可编程逻辑器件称为复杂可编程逻辑器件 CPLD(complex PLD),现场可编程门阵列 FPGA(field programmable gate array)尽管也称为可编程器件,但与 PLD 属于不同的分支,是门阵列与可编程技术相结合的产物,因此它与 CPLD 具有不同的电路结构,CPLD 和 FPGA 统称为高密度可编程逻辑器件 HDPLD(high density PLD)。

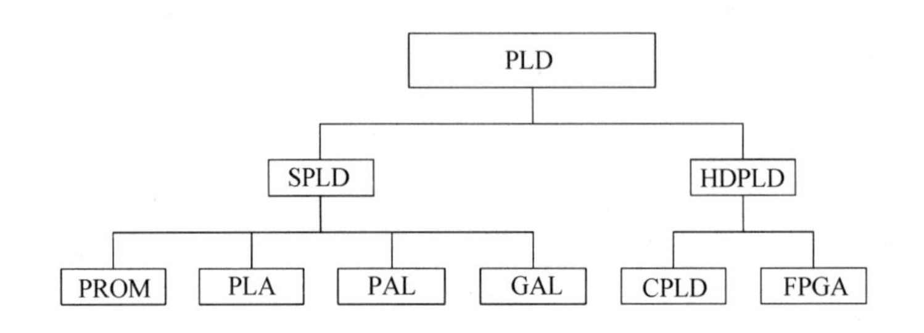

图 8-22 可编程逻辑器件的分类

8.4.1 简单可编程逻辑器件

数字电路分为组合逻辑电路和时序逻辑电路,时序逻辑电路在结构上是由组合逻辑电路和记忆单元组成的。由于组合逻辑电路总可以用一组与或表达式来描述,进而用一组与门和或门来实现,因此,PLD 的核心结构为与门阵列和或门阵列。图 8-23 给出了 PLD 的基本结构框图,用户通过编程对与门、或门阵列进行连线组合,即可完成一定的逻辑功能。为适应各种输入情况,门阵列的输出端都设置有输入缓冲器,从而使输入信号有足够的驱动能力,并产生互补的原变量和反变量。PLD 可以由或门阵列直接输出,即组合方式,也可以通过寄存器输出,即时序方式。输出端一般采用三态输出结构,并设置内部通路,可以把输出信号反馈到与门阵列的输入端。表 8-2 给出了四类简单 PLD 的结构特点。

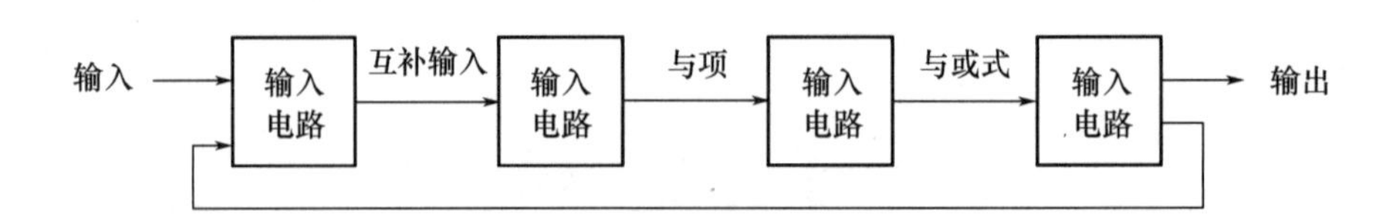

图 8-23 PLD 基本结构框图

表 8-2 简单 PLD 结构特点

器件名称	阵列		输出
	与	或	
PROM	固定	可编程	PROM
PLA	可编程	可编程	PLA
PAL	可编程	固定	PAL
GAL	可编程	固定	GAL

1. PLD 的电路表示法

PLD 电路表示法在芯片内部配置和逻辑图之间建立了一一对应关系，并将逻辑图和真值表结合起来，构成了一种紧凑而易于识读的表达形式。

(1) 门阵列交叉点连接方法

① 硬线连接：两条交叉线硬线连接是固定的，不可以编程改变，交叉点处用实点“•”表示。

② 编程连接：两条交叉线依靠用户编程来实现接通连接或断开，交叉点处用叉“×”表示。

③ 断开：表示两条交叉线无斜体连接，既无实点也无叉。

硬线连接、编程连接和断开的图形符号如图 8-24 所示。

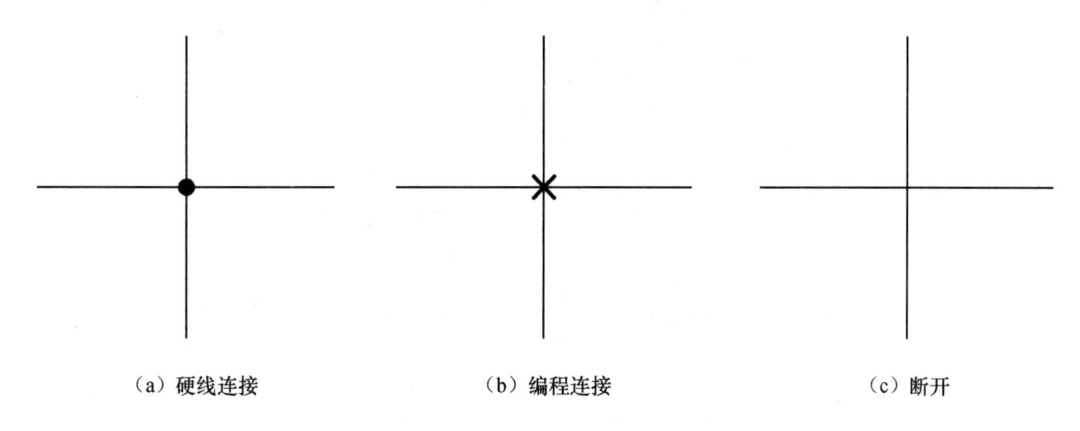

(a) 硬线连接　　(b) 编程连接　　(c) 断开

图 8-24 PLD 连接方式的图形符号

(2) PLD 的逻辑符号表示方法

PLD 的阵列连接规模十分庞大，为方便起见，常采用简化法来绘制 PLD 的逻辑图，图 8-25 给出了 PLD 的逻辑符号表示方法。PLD 电路的输入缓冲器采用互补输出结构，如图 8-25(a)所示；一个 4 输入端与门的 PLD 的表示如图 8-25(b)所示，通常把 A、B、C、D 称为输入项，L_1 称为乘积项，则有 $L_1=ABCD$；一个 4 输入端或门的 PLD 表示法如图 8-25(c)所示，有 $L_2=A+B+C+D$；PLD 电路的输出缓冲器一般采用三态反相输出缓冲器，如图 8-25(d)所示。

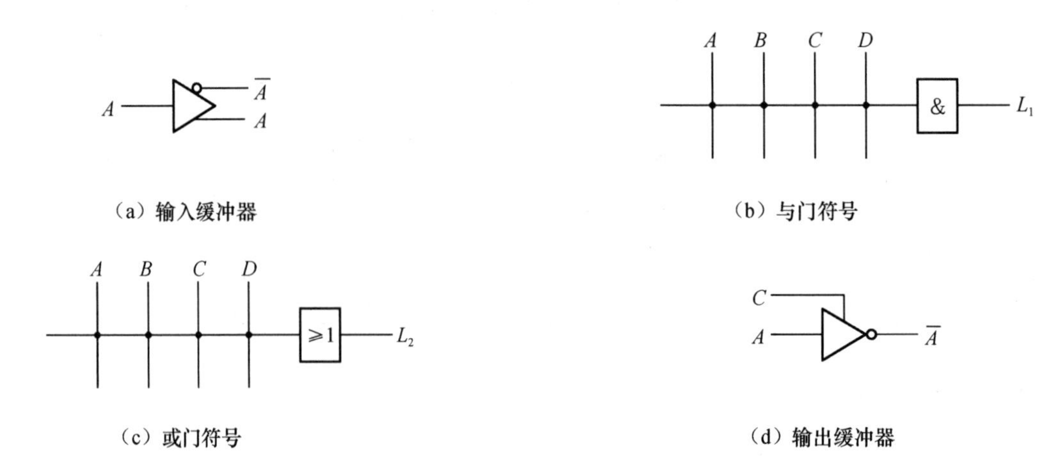

图 8-25　PLD 的逻辑符号表示方法

(3) PLD 阵列表示方法

阵列图由上述缓冲器、与门阵列和或门阵列组合构成,如图 8-26 所示。图中,A、B 为输入信号,F_1、F_2、F_3 为输出信号。与门阵列是固定的,或门阵列是可编程的。

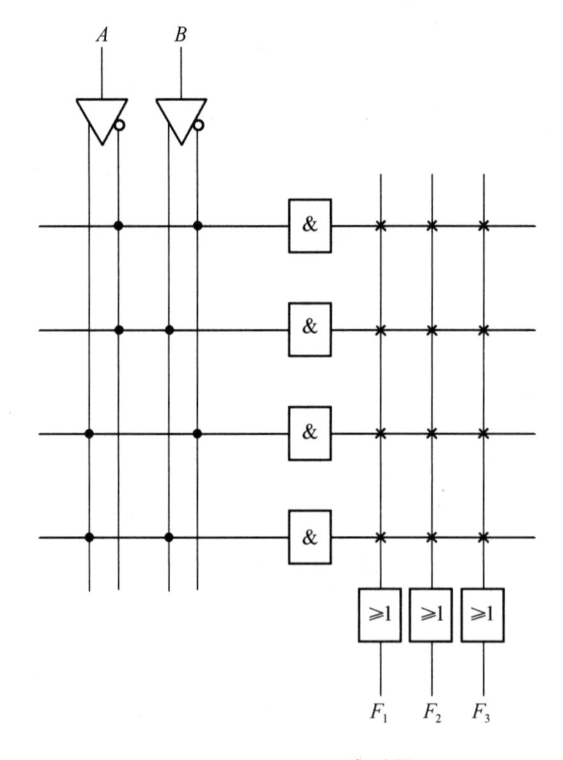

图 8-26　PLD 阵列图

2. 可编程逻辑阵列

PROM 能够实现逻辑函数的最小项表达式,而最小项表达式是一种非常烦琐的与-或表达式,当变量较多时,PROM 实现逻辑函数的效率极低。但按最简与-或表达式实现逻辑函数的成本最低，为此人们针对 PROM 的缺点设计了专门用来实现逻辑电路的 PLA。PLA 的基本结构类似于 PROM，但它提供了对逻辑功能处理更有效的方法，它的与门阵列和或门阵列都是可编程的。图 8-27 所示是一个 PLA 的阵列图，其与门阵列可按需要产生任意的与项，因此，用 PLA 可以实现逻辑函数的最简与-或表达式。

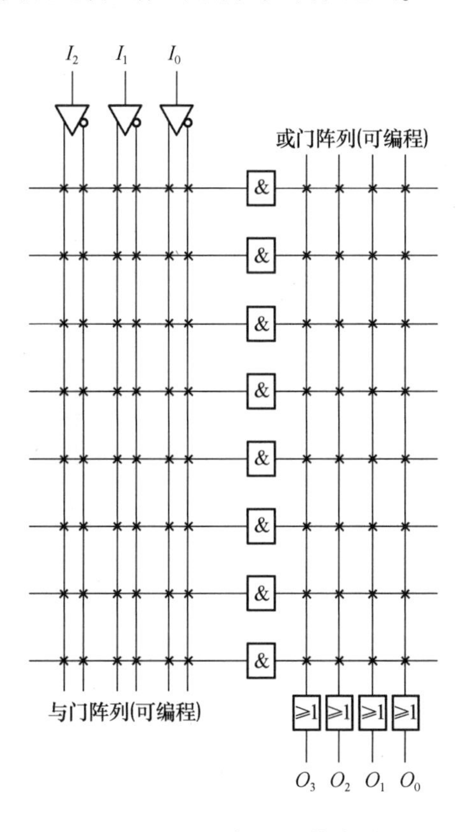

图 8-27　一个 PLA 的阵列图

【例 8-3】　用 PLA 实现下列逻辑函数。

$$Y_1 = A\overline{B}C + AB\overline{C} + \overline{A}BC$$

$$Y_2 = \overline{AC + B\overline{C}} + BC$$

解：Y_1 已经是最简与-或表达式，Y_2 可化简为

$$Y_2 = \overline{AC} \cdot \overline{B\overline{C}} + BC = (\overline{A} + \overline{C})(\overline{B} + C) + BC$$

$$= \overline{A}\,\overline{B} + \overline{A}C + \overline{B}\,\overline{C} + BC = \overline{B}\,\overline{C} + \overline{A}C + BC$$

阵列图如图 8-28 所示。

3. 可编程阵列逻辑

尽管用 PLA 实现逻辑电路的效率远远高于 PROM，但 PLA 也有不足之处，主要是与门阵列和或门阵列均采用可编程开关，而可编程开关需占用较多的芯片面积，并会引入较大的信号延时，因此，PLA 的结构不利于提高器件的集成度和工作速度。20 世纪 70 年代出现了 PAL，图 8-29 所示为一个 PAL 的阵列图。

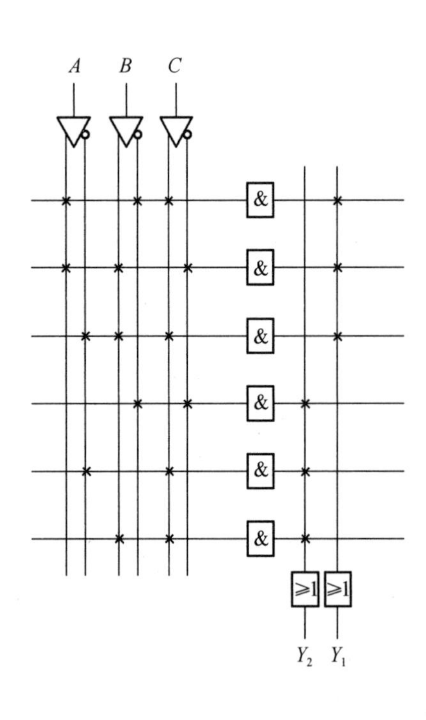

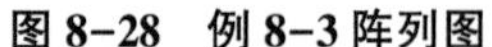

图 8-28　例 8-3 阵列图

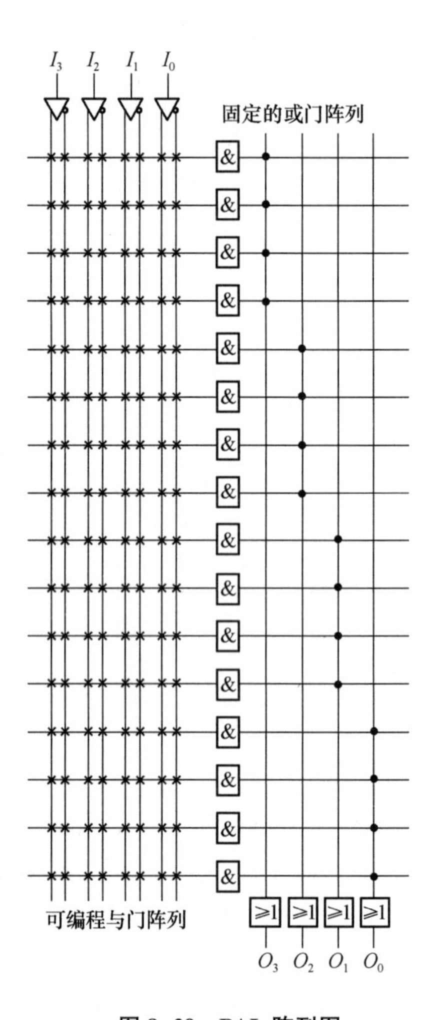

图 8-29　PAL 阵列图

PAL 由与门阵列和或门阵列构成,与门阵列是可编程的,也采用熔丝编程技术来实现,而或门阵列是固定的。PAL 采用与-或表达式的形式实现逻辑函数,由于其或门阵列采用固定连接,为适应不同函数与-或表达式与项数不同的情况,PAL 中或门的输入端数一般不做成一样,而是有多有少,以适应不同函数的需要。图 8-30 所示每个或门的输入端数为 4 个。

4. 通用阵列逻辑

尽管 PAL 设置了多种输出结构,但每个器件的输出形式还是比较单一,且固定不能改变,这就使器件的灵活性和适应性较差。为此,人们就进一步将编程的概念和方法引入输出结构中,设计出一种能对输出方式进行编程的器件——GAL。

GAL 在阵列结构上与 PAL 相类似,由可编程的与门阵列和或门阵列组成,差别在于输出部件的不同。GAL 的每个输出都采用可编程的输出逻辑宏单元(output lotic macro cell, OLMC),从而极大地提高了器件灵活性。

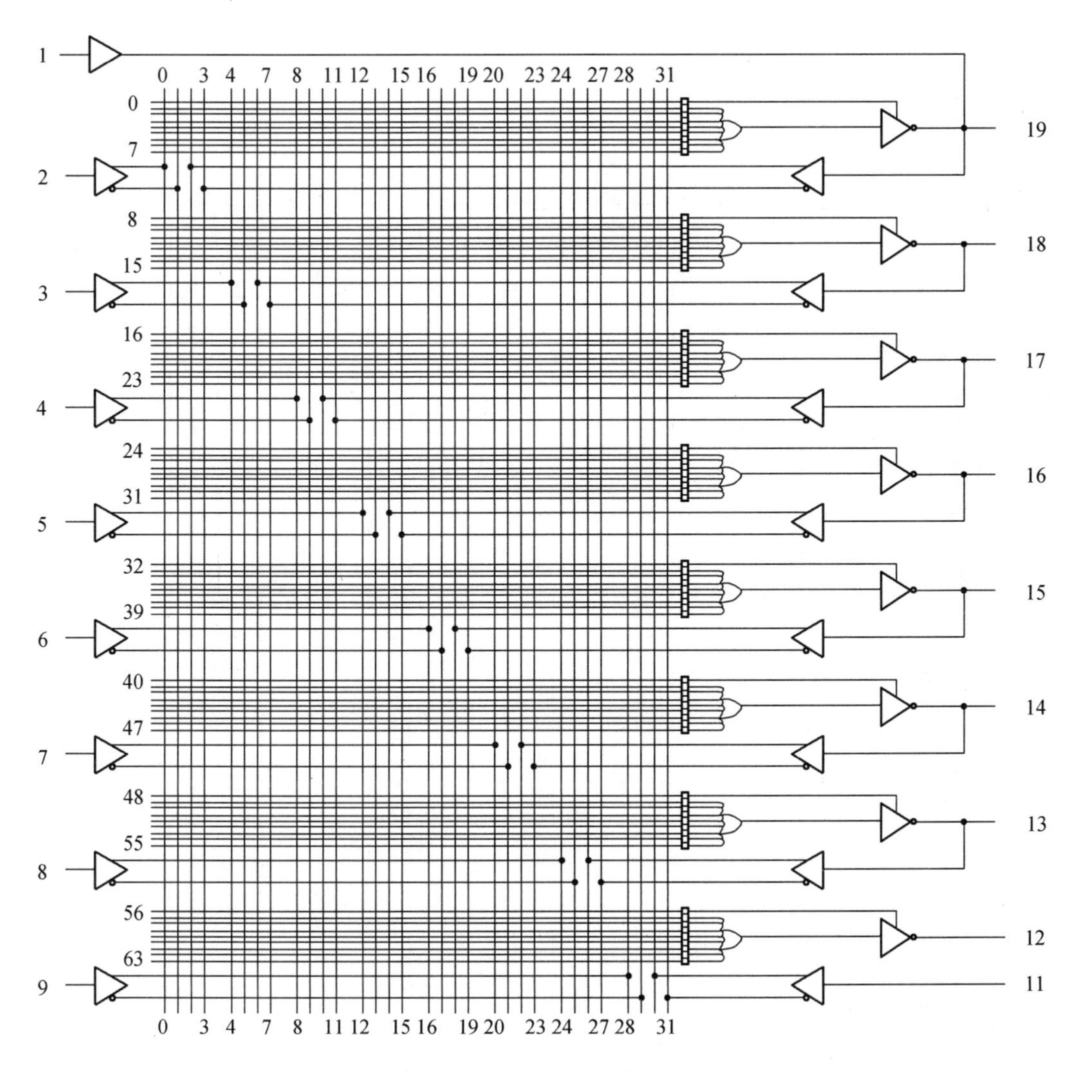

图 8-30　PAL16L8 阵列图

（1）GAL 的阵列结构

图 8-31 给出了一种 GAL 器件 GAL18V10 的阵列图，器件型号中的 18 表示最多有 18 个引脚作为输入端，10 表示器件内含有 10 个 OLMC，最多可有 10 个引脚作为输出端。GAL18V10 的阵列图由五部分组成：10 个输入缓冲器、10 个输出缓冲器、10 个输出逻辑宏单元及可编程与门阵列和 10 个输出反馈/输入缓冲器。除此之外，还有时钟信号、三态控制端、电源及地线端。由于 GAL 中各寄存器的时钟信号是统一的，因此单片 GAL 只能实现同步时序逻辑电路。

（2）OLMC 结构

在 GAL 中可编程方法不但用于与门阵列，而且还被引入输出结构中，从而设计了独特的输出逻辑宏单元，如图 8-32 所示。图中，除了或门，D 触发器和三态门缓冲器以外，还增加了两个数据选择器。通过编程设置各数据选择器地址端的状态，达到控制数据通路的目的，进而改变 OLMC 的输出结构。

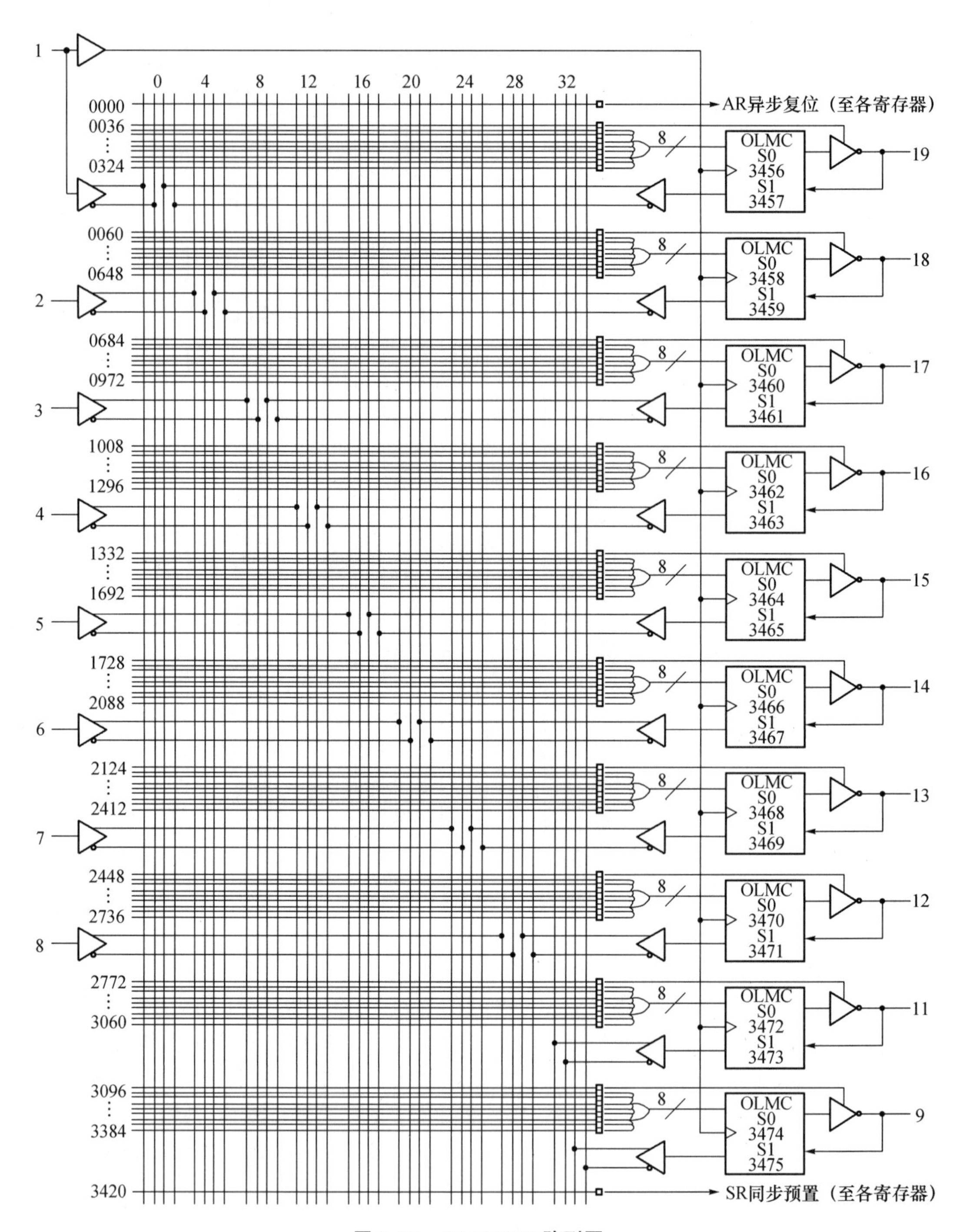

图 8-31　GAL18V10 阵列图

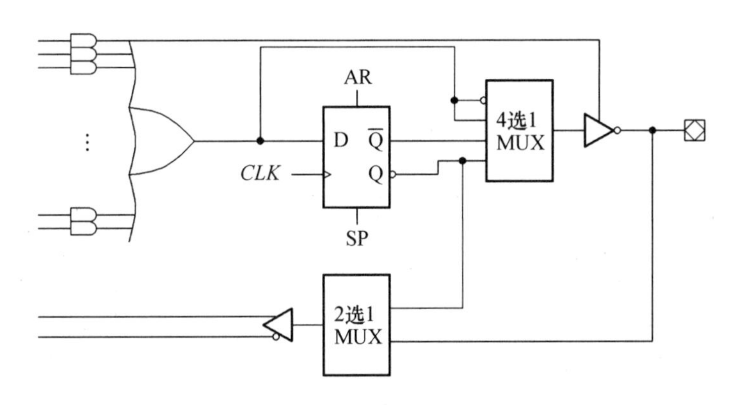

图 8-32 GAL18V10 的 OLMC

总之,由于 GAL 的 OLMC 的结构不固定,用户可以根据需要任意设定,因此它比 PAL 更灵活。关于 GAL 还涉及很多方面的知识,使用时,可查阅相关资料。

8.4.2 高密度可编程逻辑器件

随着集成电路规模的不断提高,在 20 世纪 80 年代出现了比 GAL 规模更大的可编程器件,由于它们基本上沿用了 GAL 的电路结构,故称其为 CPLD,又称为阵列扩展型 PLD。此后在 90 年代初,Lattice 公司率先提出了在系统可编程技术,即无需编程器,可在用户的电路板上对器件直接进行在线编程的技术,并推出了一批具有在系统编程能力的 CPLD,使 PLD 技术发展到了新的高度。由于 CPLD 由若干个大的与或门阵列构成,故又称为大粒度的 PLD。

在可编程器件发展的同时,人们将可编程思想引入另一种半定制器件"门阵列"中,从而出现了可在用户现场进行编程的门阵列产品,称为 FPGA。这种器件尽管也是可编程的,但它的电路结构及所采用的编程方法和 CPLD 不同。典型的 FPGA 由众多的小单元电路构成,故又称为单元型 PLD,也称为小粒度 PLD。

CPLD 和 FPGA 各具特点,互有优劣,因此在发展过程中也在不断地取长补短,相互渗透,不断出现新型的产品。

1. 复杂可编程逻辑器件

CPLD 基本上沿用了 GAL 的阵列结构,在一个器件内集成了多个类似 GAL 的大模块,大模块之间通过一个可编程集中布线池连接起来。在 GAL 中只有一部分引脚是可编程的(OLMC),其他引脚都是固定的输入脚;而在 CPLD 中,所有的信号引脚都可编程,故称为 I/O 脚。

图 8-33 给出了一个典型 CPLD 的内部结构框图。在全局布线池(GRP)两侧各有一个巨模块,每个巨模块含 8 个通用逻辑模块(GLB)、1 个输出布线池(ORP)、1 组输入总线和 16 个输入/输出单元(I/OC)。GRP 是一个二维的开关阵列,负责将输入信号送入 GLB,并提供 GLB 之间的信号连接。

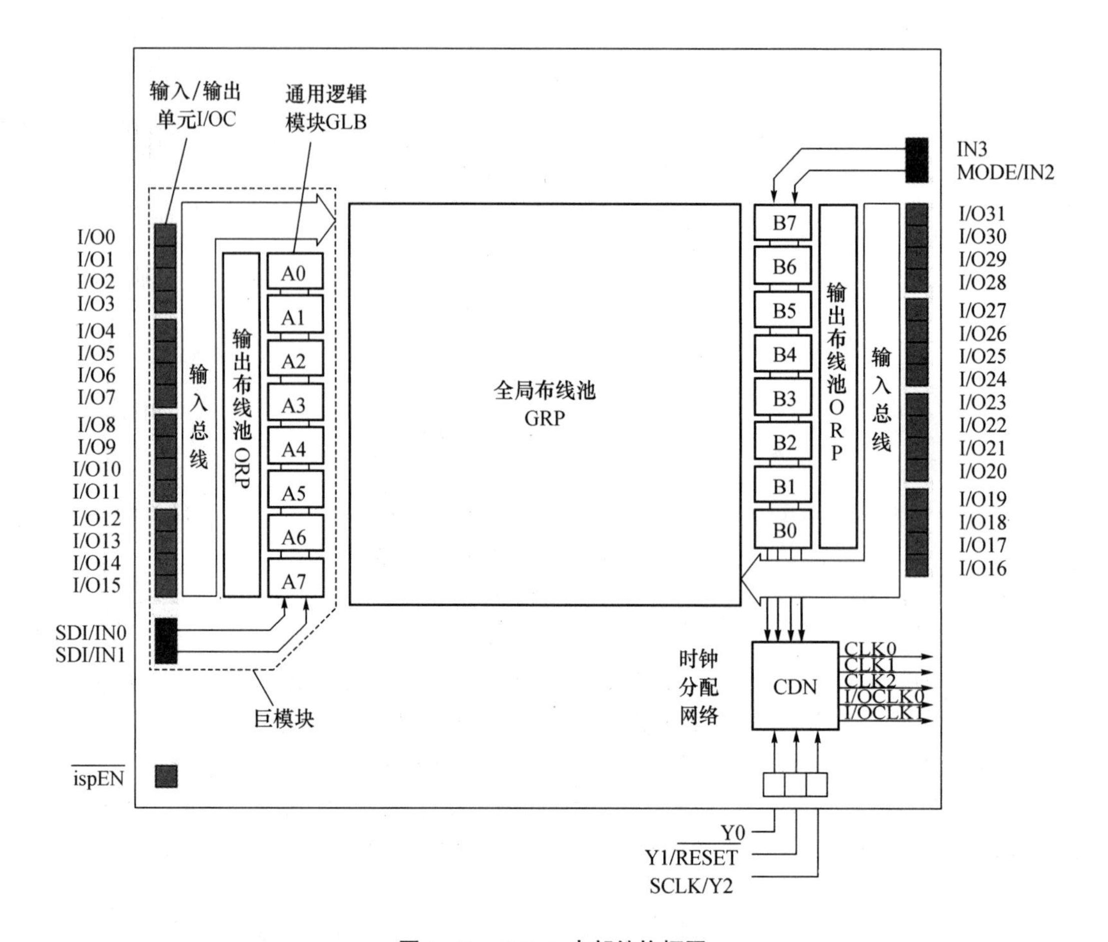

图 8-33　CPLD 内部结构框图

(1) GLB

GLB 的作用主要是实现逻辑功能。它由可编程与门阵列、共享或门阵列及可重构触发器等电路组成,其中最具特色的是共享或门阵列。首先,各或门的输入端固定,属于固定型或门阵列,但各或门的输入端个数不同,既便于实现繁简程度不一的逻辑函数,又可提高与、或门阵列的利用率;其次,四个或门的输出又接到一个 4×4 的可编程或门阵列中,在需要时可实现或门的扩展,以应付特别复杂的逻辑函数。

可重构触发器组可以根据需要构成 D、JK 或 T 触发器,GLB 内部的所有触发器都是同步工作的,时钟信号可以有四种选择。

GLB 与门阵列的输入可能是经 GRP 连接来自其他 GLB 的信号,也可能是经输入总线连接来自 I/OC 的信号。GLB 的输出可能是送至 GRP 以便连到其他 GLB,也可能送至 ORP 以便连到 I/OC。

(2) I/OC

I/OC 的作用主要是确定引脚的输入/输出方式,其逻辑电路如图 8-34 所示。

① 专用输入方式:MUX1 输出恒定的低电平,使输出三态缓冲器呈高阻态,通过 MUX4 和输入总线直接输入信号或经触发器锁存/寄存后接至 GRP,以便连接到 GLB 中。MUX5 和 MUX6 分别选择触发器的时钟信号和触发极性。通过对 R/L 控制信号编程,可使触发器

为电平锁存器或边沿寄存器。

② 专用输出方式:MUX1 输出恒定的高电平,使引脚作为输出脚,输出信号来自经 ORP 驳接的 GLB,一个信号经 ORP 直通过来,另一个信号经 ORP 的可编程元件转接过来,通过 MUX2 进行选择,MUX3 用于选择输出信号的极性。

③ 双向 I/O 方式:MUX1 由来自 GLB 的特定的与项控制。从而使引脚既可以输出来自 MUX3 的信号,又可以经 MUX4 输入信号,呈双向 I/O 方式。

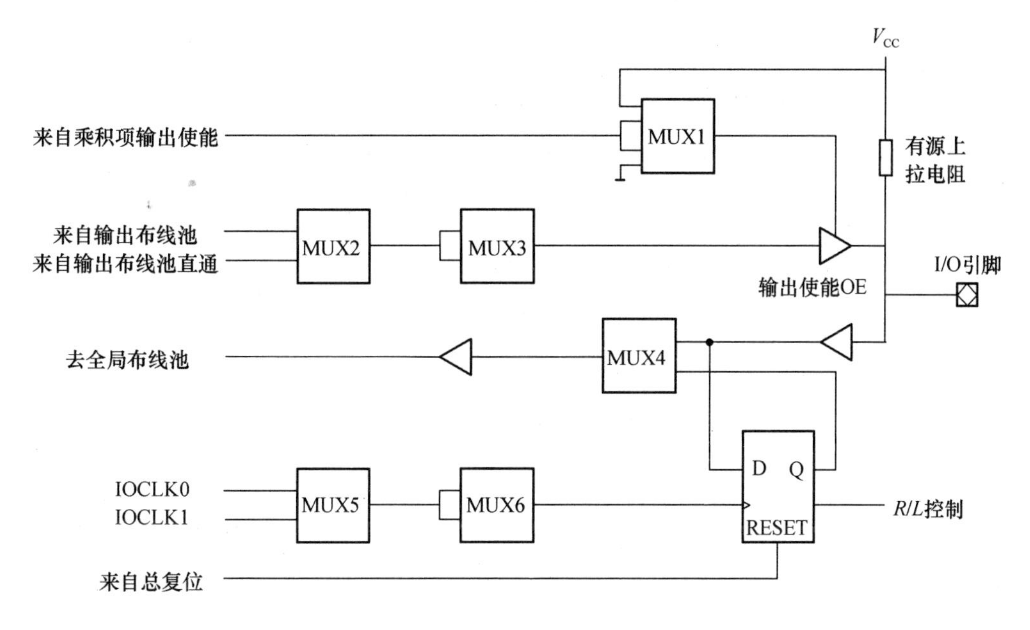

图 8-34 I/OC 逻辑电路

2. 现场可编程门阵列

FPGA 出现于 20 世纪 80 年代中期,它由普通的门阵列发展而来,其结构与 CPLD 大不相同,内含许多独立的可编程逻辑模块,用户可以通过编程将这些模块连接起来实现不同的设计。由于模块很多,所以在布局上呈二维分布,布线的难度和复杂性较高。FPGA 具有高密度、高速率、系列化、标准化、小型化、多功能、低功耗、低成本,设计灵活方便,可无限次反复编程,并可现场模拟调试验证等特点。使用 FPGA,可在较短的时间内完成一个电子系统的设计和制作,缩短了研制周期,达到快速上市和进一步降低成本的目的。目前,FPGA 在我国也得到了较广泛的应用。图 8-35 所示为典型 FPGA 的结构框图。图中,FPGA 由实现逻辑功能的可配置逻辑模块(configurable logic block,CLB)、输入/输出模块(I/O block,I/OB)和可编程连线资源(programmable interconnect resource,PIR)组成。

(1) CLB

CLB 的逻辑框图如图 8-36 所示,其内部包括三个函数发生器、两个 D 触发器和若干个数据选择器。

① 函数发生器:函数发生器实际上就是 SRAM,用于产生逻辑函数,实现特定的逻辑功能。其原理与 PROM 实现逻辑函数的原理相同,只需将欲实现的函数真值表存入 SRAM 中即可。图 8-36 中的三个 SRAM 的规模分别是 $2^4×1$ 的函数发生器 F、$2^4×1$ 的函数发生器 G

和 $2^3\times1$ 的函数发生器 H。采用如此小规模的函数发生器是因为 FPGA 中有大量的 CLB，且小规模的 CLB 应用起来更为灵活。函数发生器 G 和函数发生器 F 既可单独使用，也可以与函数发生器 H 一起使用，以实现较复杂的函数。

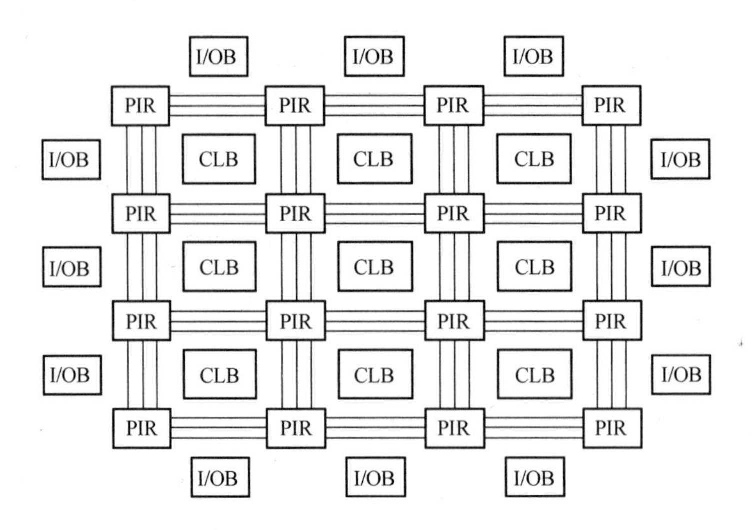

图 8-35　FPGA 结构框图

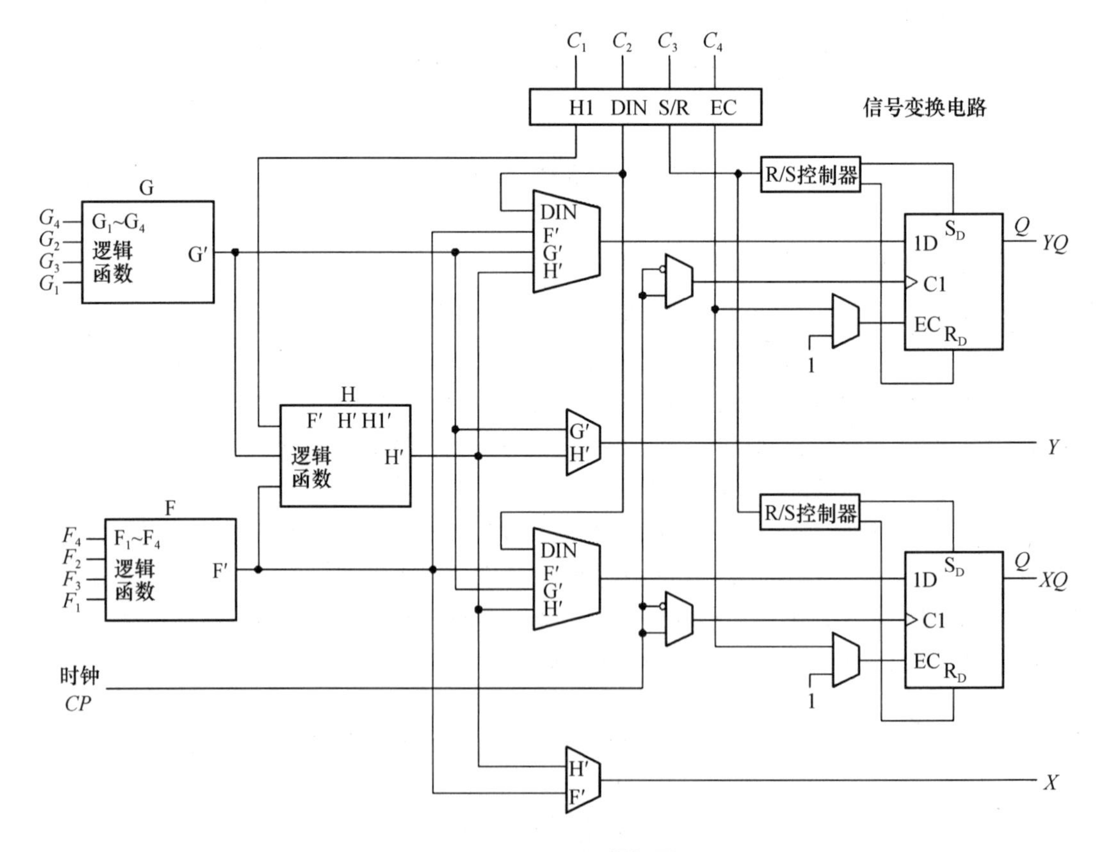

图 8-36　CLB 逻辑框图

② 触发器:每个 CLB 内部含有两个边沿 D 触发器,其触发极性可通过 MUX 选择,并通过 R/S 控制电路对其复位和预置。

③ 输入信号:$G_1 \sim G_4$ 和 $F_1 \sim F_4$ 分别是函数发生器 G 和函数发生器 F 的输入,$C_1 \sim C_4$ 既可以作为函数发生器 H 的输入,又可作为 D 触发器的激励信号、使能信号和复位/预置信号,GP 为触发器的时钟脉冲信号。

④ 输出信号:每个 CLB 提供两个组合型输出和两个寄存器输出。

(2) I/OB

I/OB 是 FPGA 内部逻辑模块与器件外部引脚之间的接口。一个 I/OB 与一个外部引脚相连,在 I/OB 的控制下,外部引脚可作输入、输出或者双向信号使用。

(3) PIR

CLB 之间和 CLB 与 I/OB 之间的连接均通过 PIR 来实现。由于 FPGA 内有很多 CLB,因此需要十分丰富的连线资源。FPGA 内的连线至少有三种:通用单长度线、通用双长度线和专用长线。

① 通用单长度线:这种连线的长度最短,相当于一个 CLB 的宽度,如图 8-37 所示。

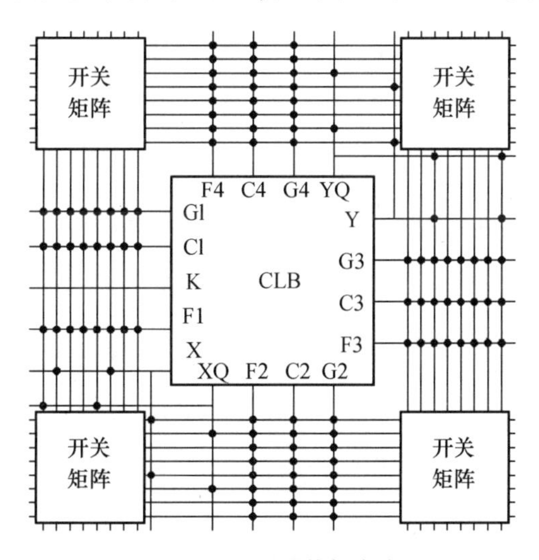

图 8-37 通用单长度线

这些连线是贯穿于 CLB 之间的八条垂直和水平金属线段,在这些金属线段的交叉点处是可编程开关矩阵。CLB 的输入和输出分别接至相邻的单长度线,进而可与开关矩阵相连,通过编程,可控制开关矩阵将 CLB 与其他 CLB 或 I/OB 连在一起。若用单长度线连接两个相距较远的 CLB,则需要多段线经过多个开关矩阵相连,这将大大增加信号的传输延迟。

② 通用双长度线:这种连线的长度相当于单长度线的 2 倍,如图 8-38 所示,它主要用来实现不相邻 CLB 间的连接。

③ 专用长线:单长度线和双长度线为相邻 CLB 之间的快速互连和复杂互连提供了灵活性,但传输信号每通过一个可编程开关矩阵,就增加一次延迟,所以当连接距离较远时,用多段线互连会造成较大的延迟。而 FPGA 中的一些全局性信号,如寄存器的时钟和控制信号等,不仅要驱动多个寄存器,而且要传输 较长的距离,因此在 FPGA 中还设计了一些专用长线以满足这一类要求。专用长线连接结构如图 8-39 所示。长线连接不经过可编程开

关矩阵而直接贯穿整个芯片,由于长线连接信号延迟时间少,因此主要用于关键信号的传输。每条长线中间有可编程分离开关,使长线分成两条独立的连线通路,每条连线只有阵列的宽度或高度的一半。CLB 的输入可以由邻近的任一长线驱动,输出可以通过三态缓冲器驱动长线。

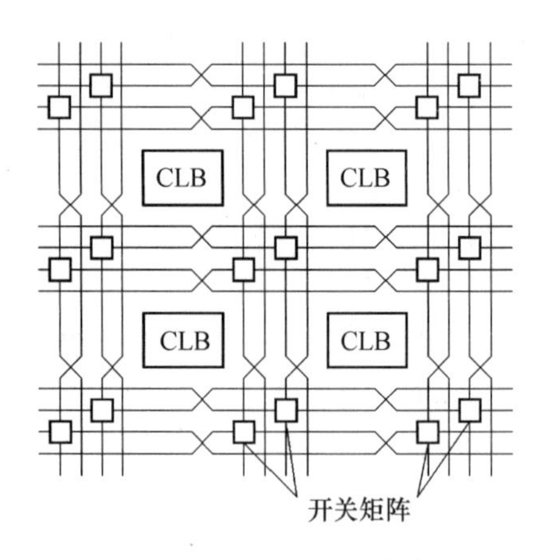

图 8-38　通用双长度线

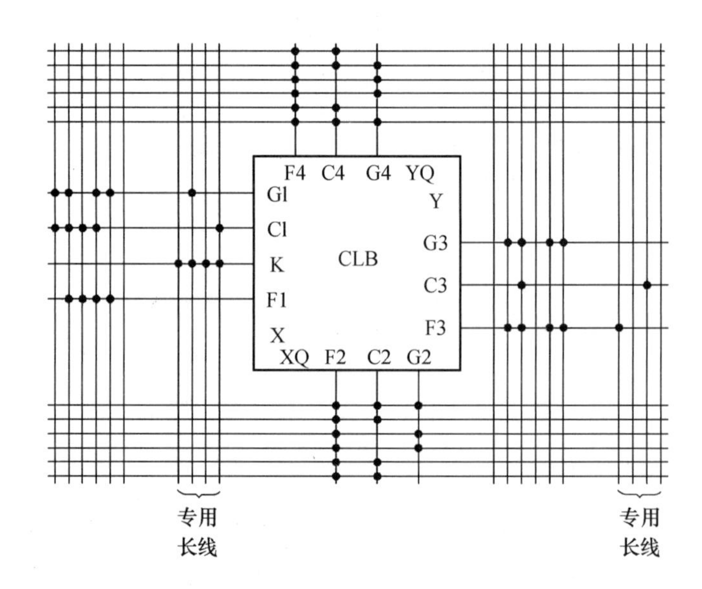

图 8-39　专用长线连接结构

第 8 章习题

8.1　在 ROM 中存储的内容,断电后会________。

8.2　要构成容量为 1 KB×4 的 ROM,需要________片容量为 256×4 的 ROM。

8.3　随机存储器 RAM 具有________功能。

8.4　1 KB×4 的 RAM 具有________根地址线,________根数据线。

8.5 用RAM实现位扩展时,方法是将2片RAM的________、________、________并联在一起。

8.6 1 KB×4的ROM存储器,其存储器的容量是( )。

A. 1 KB　　B. 4 KB　　C. 8 KB　　D. 16 KB

8.7 容量为1 KB×4的存储器有( )个存储单元。

A. 1 KB　　B. 4 KB　　C. 8 KB　　D. 16 KB

8.8 需要( )片1 KB×4位RAM才能扩展成4 KB×4位RAM。

A. 1　　B. 4　　C. 8　　D. 16

8.9 4 KB×4的RAM需要( )根地址线。

A. 1　　B. 4　　C. 12　　D. 16

8.10 ROM存储器具有( )功能。

A. 只读　　B. 读和写　　C. 只写　　D. 可擦写

8.11 断电后,RAM中的内容会( )。

A. 全部消失　　B. 不变　　C. 全变为1　　D. 部分变为1

8.12 1. ROM和RAM的主要区别是什么?

8.13 可编程器件有哪几种?它们的共同特点是什么?

8.14 GAL和PAL电路结构上有何异同?

8.15 有三个存储器,它们的存储容量分别为1024×4位、256×8位、2048×1位,哪一个存储器的存储容量最大?

8.16 需要几片1024×8位的ROM才能组成1024×16位的ROM。

8.17 根据图8-40所示的与或阵列图,写出逻辑函数Y_0、Y_1的表达式。

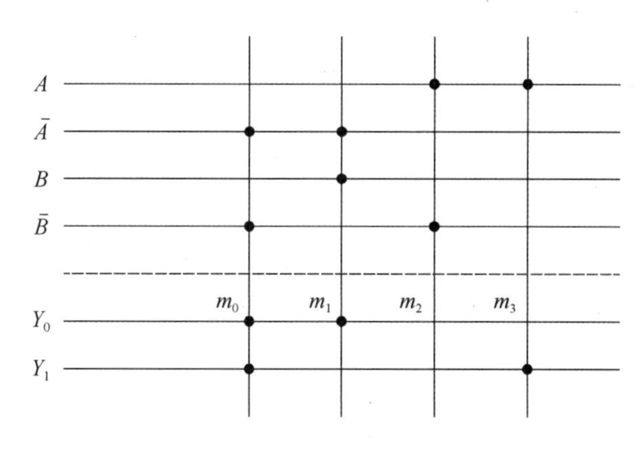

图8-40 8.17题图

8.18 图8-41所示为CT74PAL14L8部分阵列图,写出Y_1~Y_4的表达式。

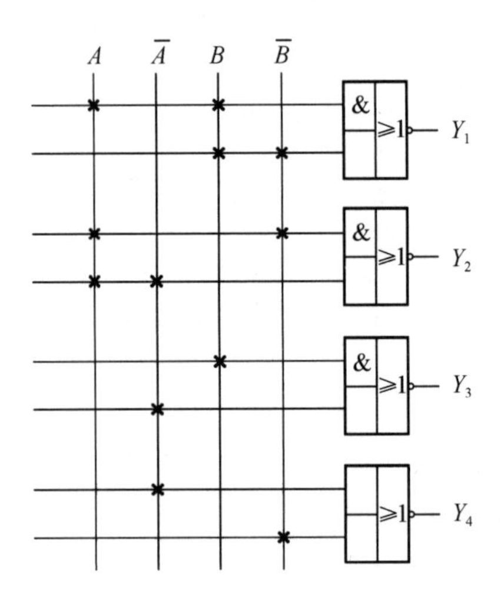

图 8-41　8.18 题图

参 考 文 献

[1] 郭宏. 数字电子技术及应用[M]. 北京：人民邮电出版社,2019.
[2] 钱裕禄. 实用数字电子技术[M]. 2 版. 北京：北京大学出版社,2021.
[3] 张彩荣. 数字电子技术实用教程[M]. 北京：北京理工大学出版社,2017.
[4] 李心广,王金矿,张晶. 电路与电子技术基础[M]. 3 版. 北京：机械工业出版社,2021.
[5] 阎石,清华大学电子学教研组. 数字电子技术基础[M]. 6 版. 北京：高等教育出版社,2016.
[6] 宋婀娜. 数字电子技术基础[M]. 北京：机械工业出版社,2012.
[7] 冯毛官,初秀琴,杨颂华.《数字电子技术基础(第三版)》教、学指导书[M]. 西安：西安电子科技大学出版社,2018.
[8] 康华光,华中科技大学电子技术课程组. 电子技术基础:数字部分[M]. 5 版. 北京：高等教育出版社,2006.
[9] 邬春明,雷宇凌,李蕾. 数字电路与逻辑设计[M]. 2 版. 北京：清华大学出版社,2019.
[10] 孙万蓉. 数字电路与系统设计[M]. 北京：高等教育出版社,2015.
[11] 张俊涛. 数字电子技术基础[M]. 西安：西安电子科技大学出版社,2017.